高等学校统编精品规划教材

水轮发电机组安装与检修

主　编　王玲花

副主编　吴　新　于佐东　鞠小明

参　编　王瑞莲　赵万里　张兰金

中国水利水电出版社
www.waterpub.com.cn

内 容 提 要

本书系统讲述了水轮发电机组的基本结构及特点、安装与检修的基本理论及方法。全书共分8章，第1章讲述水轮发电机组的基本结构，第2章讲述水轮发电机组安装与检修的基本知识，第3章讲述水轮机的安装，第4章讲述立式水轮发电机的安装，第5章讲述卧式机组的安装，第6章讲述水轮发电机组的启动试运行，第7章讲述水轮发电机组的平衡，第8章讲述水轮发电机组的检修与维护。每章均配有学习提示与习题。

本书可作为能源与动力工程专业（水动方向）及相关专业的本科生教材，也可供水利水电工程、流体机械及工程等方向的研究生使用，还可供从事水轮发电机组设计、安装与检修、试验研究、运行与维护的广大科技工作者参考。

图书在版编目（ＣＩＰ）数据

水轮发电机组安装与检修 / 王玲花主编. -- 北京：
中国水利水电出版社，2012.12(2023.7重印)
高等学校统编精品规划教材
ISBN 978-7-5170-0485-1

Ⅰ．①水… Ⅱ．①王… Ⅲ．①水轮发电机-发电机组
-安装-高等学校-教材②水轮发电机-发电机组-检修
-高等学校-教材 Ⅳ．①TM312

中国版本图书馆CIP数据核字(2012)第311993号

书　　名	高等学校统编精品规划教材 **水轮发电机组安装与检修**
作　　者	主编 王玲花　　副主编 吴新　于佐东　鞠小明
出版发行	中国水利水电出版社 （北京市海淀区玉渊潭南路1号D座　100038） 网址：www.waterpub.com.cn E-mail：sales@mwr.gov.cn 电话：(010) 68545888（营销中心）
经　　售	北京科水图书销售有限公司 电话：(010) 68545874、63202643 全国各地新华书店和相关出版物销售网点
排　　版	中国水利水电出版社微机排版中心
印　　刷	清淞永业（天津）印刷有限公司
规　　格	184mm×260mm　16开本　17.5印张　415千字
版　　次	2012年12月第1版　2023年7月第4次印刷
印　　数	9001—10000册
定　　价	**48.00元**

凡购买我社图书，如有缺页、倒页、脱页的，本社营销中心负责调换

水轮发电机组安装与检修

主　编　王玲花

副主编　吴　新　于佐东　鞠小明

参　编　王瑞莲　赵万里　张兰金

前　言

　　近年来，随着水轮发电机组不断向大容量、大尺寸、高参数方向发展，并伴随着机组自动控制技术、计算机监控技术的发展与广泛应用，现代大中型机组的结构越趋复杂、安装调试工程量大、技术难度高，逐步实现由定期检修向状态检修过渡，对机组的安装与检修质量的要求也越来越高，安装难度也越来越大。由于水轮发电机组的安装与检修、运行与维护工作涉及设计、制造、运输、施工、测量与调整试验及发电运行控制技术等方面，专业知识比较广也比较专，实践性与综合性比较强，信息量比较大，学生在课堂短时间内很难系统掌握该门课程。对此，本书从立式水轮发电机组的基本结构出发，详细介绍立式水轮发电机组的安装特点，安装工艺和方法，主要部件的组装与吊装过程，测量、计算、调整、试验的具体内容与步骤等。此外，还介绍了卧式机组的安装特点，水轮发电机组的检修与维护等方面的基础知识。

　　本书共分 8 章，对水轮发电机组的结构、安装与检修作全面的介绍。本书的特点是将水轮机与发电机融为一体，便于读者先了解整个机组的基本结构、各组成部件的功能与安装部位、安装技术要求、安装程序和注意事项等，全面掌握本课程的核心内容；将理论分析与实际应用相结合，既介绍了安装与检修的基本理论，又通过目前水电工程中一些工程实例分析，使读者对机组安装与检修技术有更深刻的印象；内容选取系统完整，深入浅出。针对本课程实践性强的特点，在学习各章内容之前有学习提示，各章之后附有典型习题，供读者练习。

　　本书由王玲花主编，吴新、于佐东、鞠小明副主编。王玲花（华北水利水电学院）编写第 1 章第 1 至 6 节，吴新（河海大学）编写第 5 章与第 1 章第 7 至 8 节；于佐东（河北工程大学）编写第 8 章；鞠小明（四川大学）编写第 2 章；王瑞莲（华北水利水电学院）编写第 6 章与第 7 章；赵万里（华北水利水电学院）编写第 4 章；张兰金（华北水利水电学院）编写第 3 章。华北水利水电学院陈德新教授对全书内容进行了认真的审核，在此表示衷心的感谢。

此外，本书还参阅了国内外大量著作与文献资料，在此一并表示衷心的谢意。

由于编者水平有限，书中难免有错误和不当之处，欢迎使用本书的广大读者给予指正。

编者

于华北水利水电学院

2012 年 7 月

目 录

第1章

水轮发电机组的基本结构

学 习 提 示

内容： 混流式水轮机的基本结构；轴流式水轮机的基本结构；水轮机主轴的结构；水轮机固定部件的结构；水轮机埋入部件的结构；水轮发电机基本知识；水轮发电机的基本结构；水轮发电机的主要组成部件。

重点： 混流式与轴流式水轮机转轮的基本结构，水轮机固定部件与埋入部件的结构。水轮发电机的基本结构，水轮发电机的主要组成部件。

要求： 熟悉水轮机的主要组成部件；掌握水轮机的基本结构；熟悉水轮发电机的主要组成部件；掌握水轮发电机的基本结构。

水轮发电机组是指由水轮机和发电机组成的整体，它是水电站中最重要的主动力设备，在机组安装之前，必须先了解水轮机与发电机的整体结构。

从大的方面来看，同种类型水轮机的组成部件基本相同，但各种类型水轮机由于布置方式、水头高低及单机容量的大小等因素的影响，它们的结构又有不同程度的差异，对安装顺序、安装方法和安装技术质量的要求也有差异。反击式水轮机目前应用最为广泛，其结构形式主要由以下三大部分组成。

（1）转动部分：主要包括转轮、主轴及其附件。

（2）固定部分：主要包括顶盖、底环、导水机构、轴承、主轴密封，以及其他附属设备（包括紧急真空破坏阀、尾水管十字补气架或补气管、各种测压管路、测温装置、信号装置）等。

（3）埋入部分：主要包括座环、基础环或轴流式水轮机转轮室、水轮机室里衬、尾水管里衬、蜗壳、埋设管道等（这些部件埋入混凝土中，由混凝土结构来固定和支撑）。

本章重点介绍目前最常用的立轴混流式与轴流式机组的基本结构，1.1～1.5 节介绍水轮机的基本结构，1.6～1.8 节介绍水轮发电机的基本结构。

1.1 混流式水轮机的基本结构

如图 1-1 所示，为某立轴混流式水轮机的总体结构图（图中蜗壳、尾水管未全部画出）。转轮 4 位于水轮机的中心，上部与主轴 16 连接，带动发电机转动；下部与尾水管 5 相连，将水排至下游；转轮外围均匀布置导水机构，水流经蜗壳→固定导叶 2→活动导叶

3→转轮 4→尾水管 5；活动导叶有 3 个轴颈，下轴颈支承在底环 21 的轴承孔内，上轴颈和中轴颈通过套筒 7 装在顶盖 6 上，并伸出顶盖与导叶传动机构相连；底环侧面与转轮下环配合止漏，底环上端面与活动导叶下端面配合止漏，在底环孔的底部用螺栓柱销分别与基础环 20 定位连接；顶盖用螺栓固定于座环 1 的上环上，盖住转轮和导叶 3；导叶传动机构有接力器（图中未画）、控制环 13、连杆 12、拐臂 11、连接板 8 构成，拐臂 11 套在导叶上轴颈上，两者之间用分半键 9 固定，拐臂与连接板由剪断销 10 连成一体，连杆两端分别与连接板和控制环相连，控制环支撑在支座上，支座固定于顶盖 6 上，接力器通过推拉杆带动控制环转动，控制环的转动依次传递到连杆→连接板→拐臂→活动导叶上，控制导叶开度的大小；座环四周与蜗壳相连，下部与基础环相连，基础环下部连接尾水管里衬；主轴穿过顶盖，由装在顶盖内法兰上的导轴承 15 来保持旋转轴线不变，此外还有主轴密封装置 14、油冷却器 17、顶盖排水管 18、补气装置 19 等。

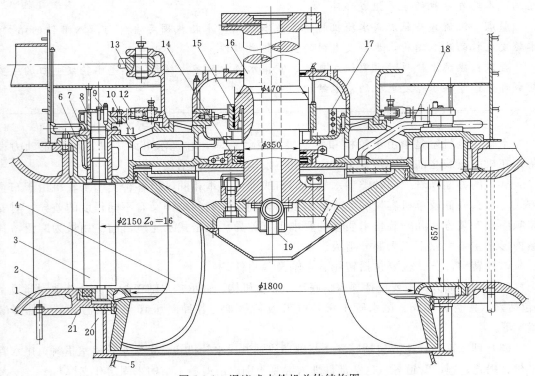

图 1-1　混流式水轮机总体结构图

1—蝶形边座环；2—固定导叶；3—活动导叶；4—转轮；5—尾水管；6—顶盖；7—上轴套；8—连接板；
9—分半键；10—剪断销；11—拐臂；12—连杆；13—控制环；14—密封装置；15—水轮机导轴承；
16—主轴；17—水导油冷却器；18—顶盖排水管；19—主轴补气装置；20—基础环；21—底环

1.1.1　混流式转轮

混流式水轮机转轮由叶片、上冠、下环、泄水锥、止漏环及减压装置组成，如图 1-2 所示。一般有 9～22 个固定叶片，与上冠和下环构成流道；上冠外形与圆锥体相似，其侧面或顶面处装有转动止漏环（对高水头混流式水轮机，上冠顶面还装有减少轴向水推力的减压装置），下部固定泄水锥；下环外缘装有下部转动止漏环；泄水锥主要是将经减压装置上止漏环的漏水（以及橡胶导轴承的润滑水）尽可能平顺地导向尾水管，其外形呈倒锥体，其结构型式有铸造和钢板焊接两种，还可作为主轴的中心补气和部分转轮的顶盖补气通道之用。

由于混流式水轮机的转轮应用水头和尺寸不同，它们的构造型式、制作材料及加工方法均不同，主要有整铸转轮、铸焊转轮、分瓣结构转轮等。

1. 整铸转轮

整铸转轮是指上冠、叶片和下环一起整体浇铸而成的转轮，如图1-2（a）所示。图1-2（b）中转轮因上冠尺寸较大，其中一部分外环做成可拆卸的结构，大中型泄水锥均单独制造并用螺栓固定在转轮上。低水头中小型混流式转轮，可采用优质铸铁 HT20～40 或球墨铸铁整铸；高水头中小型和低水头大型转轮，可采用 ZG30 或 ZG20SiMn 等整铸；高水头和多泥沙河流，为保证强度和增加叶片抗空蚀与泥沙磨损的性能，转轮宜采用不锈钢材料。对于采用普通碳钢的转轮，可在其容易空蚀和磨损的过流部位表面进行防护处理。

整铸结构能保证转轮具有足够的强度，并能适用于任何外形的转轮。缺点是容易产生铸造缺陷，铸造质量不易保证，尤其当转轮尺寸大时，需要铸造设备的能力也大。

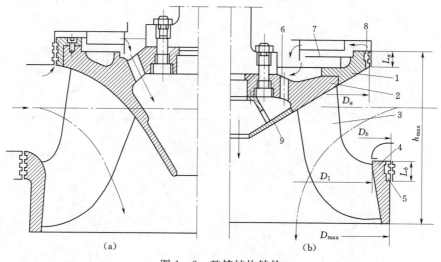

（a）　　　　　　　　　　　　　（b）

图1-2　整铸结构转轮

1—上冠外环；2—上冠；3—叶片；4—下环；5—止漏环；6—减压孔；

7—减压装置；8—上冠止漏环；9—泄水锥

2. 铸焊转轮

铸焊转轮是将形状复杂的混流式转轮分成几个单独铸件，经机加工后再组装焊接成整体，如图1-3所示。目前广泛采用将上冠、下环和叶片单独铸造。

转轮采用铸焊结构，铸件小，形状较简单，易保证铸造质量，有利于提高制造精度及合理使用材料，同时降低了对铸造能力的要求，并且分别铸造和机加工而扩大了工作面，缩短了制造周期。如能在工地现场进行组焊，运输问题就变得较为简单。另外，可对不同部位采用不同的钢种，如上冠和下环采用普通铸钢而叶片采用不锈钢，这样既可提高转轮的抗空蚀能力，又可节省镍铬等金属。这种结构型式在大型水轮机中现已得到了广泛的应用。但铸焊结构转轮焊接工作量大，对焊接工艺要求高，应确保每条焊缝的质量，避免和

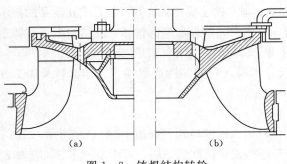

图 1-3　铸焊结构转轮

消除焊接温度应力等。

3．分瓣结构转轮

当转轮直径较大时，因受铁路运输的限制，或因铸造能力不足，必须把转轮分瓣制作，运到现场再组合成整体。转轮分瓣型式较多，主要有以下两类：

（1）过中心面剖分。我国主要采用上冠螺栓连接、下环焊接结构，在上冠连接处有轴向和径向的定位销，如图 1-4

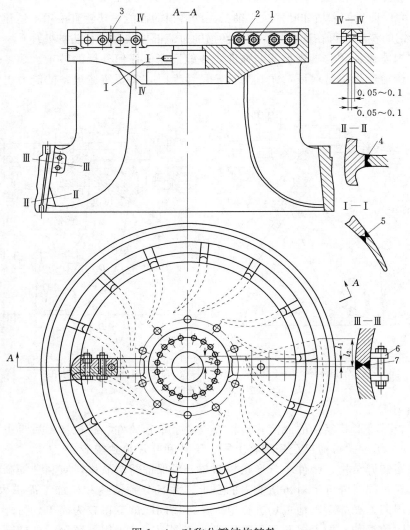

图 1-4　对称分瓣结构转轮

1—把合螺栓；2—把合定位螺栓；3—定位销；4—下部分剖面；
5—上部分剖面；6—临时组合法兰；7—下环分瓣面

所示。这种结构剖分对称，剖分后形状简单，机械加工量小。但有一对叶片的整体性被破坏，需在工地组装、定位后焊接，这往往会出现变形和错位。因此，在组焊后应根据具体情况适当修正叶型及止漏环外圆尺寸。

当转轮叶片数为奇数时，为减少分瓣面叶片的切割，可采用偏心分瓣的剖分法。例如，龙羊峡转轮即是这种分瓣结构（图1-5），该转轮上冠用螺栓把合，分瓣叶片及下环则在工地焊接。

（2）阶梯平面剖分。为避免转轮叶片被切，可采用阶梯平面剖分结构，剖分面是阶梯形。此外，上冠和下环的分瓣面全部采用螺栓把合结构，以避免在工地组焊时引起的错位和变形。这种结构组装后下环外侧要热套或焊接保护环。这种分瓣结构，制造精度高，机加工量大，若叶片数为奇数时，分瓣不可能对称。

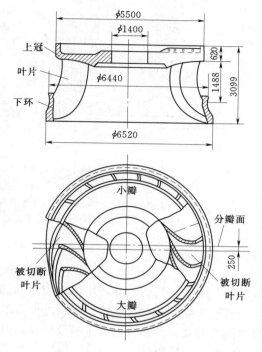

图1-5 偏心分瓣焊接结构转轮

1.1.2 混流式转轮的止漏装置

为减少混流式转轮周围间隙的漏损，在上冠和下环处分别装有止漏装置，它由动环和静环组成。上止漏环的动环固定在上冠侧面或顶面，静环固定在顶盖内侧面上；下止漏环的动环固定在下环的侧面，静环固定在基础环内壁上。止漏环主要有迷宫式、间隙式、梳齿式、阶梯式等，其中以迷宫式、梳齿式最为常见。

1. 迷宫式

迷宫式如图1-6（a）、（b）所示，上止漏动环2装在转轮上冠1上，上止漏静环3装在顶盖4上；下止漏动环6装在转轮下环5上，下止漏静环7装在基础环8上。其特点是止漏效果较好，与转轮的同心度高，制造简单，安装与测量较方便。适于水头 $H < 200\text{m}$ 的清水水电站。

2. 间隙式

间隙式如图1-6（c）所示，与迷宫式无大区别，仅止漏环上无沟槽而已。其特点同迷宫式，但止漏效果差。适于水头 $H < 200\text{m}$ 的多泥沙水电站。

上述两种止漏环与转轮的连接方式，一般对整体转轮可采用热套；分瓣转轮则在工地组焊；对清水电站而转轮尺寸又较小时，可直接在上冠、下环外侧车制迷宫式止漏槽。

止漏环的间隙值 δ 与水头 H、运行时机组的摆度允许值、水导轴承的间隙、制造工艺和安装等因素有关。上述两种止漏环，一般可取其单边间隙 $\delta = (0.5/1000)D_1$，高度取 $(0.04 \sim 0.05)D_1$。对于 $D_1 < 1\text{m}$ 的转轮，可取 $\delta = (0.5/1000 \sim 1.5/1000)D_1$。

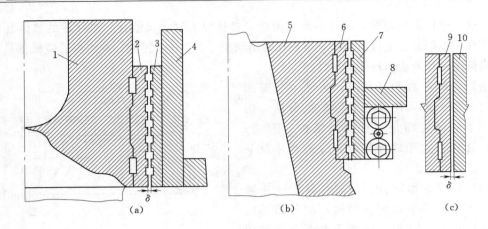

图 1-6 迷宫式与间隙式止漏环结构

(a)、(b) 迷宫式；(c) 间隙式

1—上冠；2—上止漏动环；3—上止漏静环；4—顶盖；5—下环；6—下止漏动环；

7—下止漏静环；8—基础环；9—止漏动环；10—止漏静环

3. 梳齿式

当水头 $H > 200m$ 时，一般采用梳齿式止漏环，如图 1-7 (a) 所示，常与间隙式止漏环配合使用。其动、静环用螺栓固定在转轮、顶盖及基础环上，如图 1-7 (b) 所示。由于该种止漏环存在许多直角，水流方向不断改变，增大了水流阻力，使通过止漏环间隙的水流大大减小。其特点是止漏效果好，但与转轮的同心度难于保证，动、静环易摩擦，梳齿间隙 δ 不易测量。

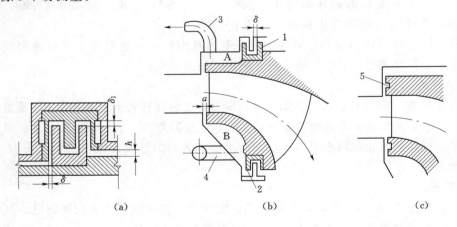

图 1-7 梳齿式止漏环结构

1—上梳齿；2—下梳齿；3—A 腔排水管；4—B 腔排水管；5—环形槽

梳齿式的间隙对机组运行稳定性影响较大。一般可取 $\delta = 1 \sim 2mm$，$\delta_1 = \delta + h$（h 为抬机量，一般 $h = 10mm$），$a > \delta$（a 为外径间隙），$a > D_1/1000$ 但不得小于 $1mm$。为此，在转轮结构上应尽可能使转轮的上、下梳齿布置在同一半径的圆柱面上，这样有利于 A、B 两腔压力的均衡。梳齿式止漏装置由于加工及安装的误差以及机组在运行中产生摆度的影响，圆周方向的间隙会产生不均匀，可能导致转轮径向水作用力的不平衡，严重时产生振动可危及机组正常运行。实践表明，适当加大间隙 a 值，或在 B 腔采用联通环管 4，进口外圆车制环形槽 5 等措施，如图 1-7（c）所示，是可以减弱和消除压力波动的。

图 1-8　阶梯式
止漏环结构

4. 阶梯式

当水头 $H>200m$ 时，还可采用阶梯式止漏装置，阶梯的数目可视水头高低选取，如图 1-8 所示。从机加工及安装方面考虑，阶梯式止漏环间隙的不均匀度容易减小，能够增强机组运行的稳定性，并且阶梯式止漏装置在旋转时的圆盘损失亦较梳齿式为小。其特点是兼有迷宫式和梳齿式止漏环的作用，止漏效果较好，止漏环的刚度高，与转轮同心度易保证，安装、测量均较方便。

止漏环常因磨损和空蚀而损坏。因此结构上要允许损坏后更换。

1.1.3　混流式转轮的减压装置

虽转轮止漏装置可减少漏水量，但仍有一小部分水流从缝隙处漏掉了。从转轮上部止漏环进入转轮上冠外表面的水流具有一定的压力，这部分水压力作用在转轮上冠上，使转轮承受向下的水推力。为减轻水推力，在转轮结构上常采取以下 3 种减压措施。

1. 在上冠上开减压孔

这是最简单的减压措施，如图 1-9（a）所示。减压孔使转轮上冠顶部的压力和尾水管的低压相通，水流由减压孔流向尾水管，减轻了上冠顶部的压力，使轴向水推力减小。减压孔排水总面积，一般要求为上止漏环缝隙面积的 4～6 倍。据此可以确定减压孔的个数和直径。泄水孔最好开成顺水流方向倾斜角 $\beta=20°\sim30°$。

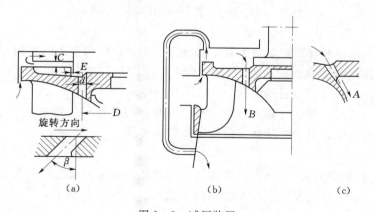

（a）　　　　　　　　　（b）　　　　　　　　　（c）

图 1-9　减压装置

2. 减压板与泄水孔联合减压

对高比转速混流式水轮机转轮除开有减压孔外，还在上冠处装设减压装置，以进一步减小轴向水推力，如图 1-9（a）所示。减压装置主要由两块环形板（减压板）构成，它们分别固定在顶盖底面和转轮上冠上，两板之间形成间隙 C。当漏水进入间隙 C 时，由于

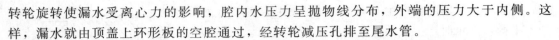

转轮旋转使漏水受离心力的影响，腔内水压力呈抛物线分布，外端的压力大于内侧。这样，漏水就由顶盖上环形板的空腔通过，经转轮减压孔排至尾水管。

此型式的减压效果与引水板面积、间隙 E 和 C 的大小及泄水孔的直径 d 有关。一般认为减压板和泄水孔面积越大，间隙 E 和 C 越小，减压效果越显著。确定间隙 C 时应考虑机组的抬机需要，一般 $C > 20$mm。

转轮减压板焊接在转轮上冠上，顶盖上的减压板一般是用埋头螺钉固定在顶盖的立筋上。减压板的材料常用 A3 钢板。

3. 设置减压排水管或与减压孔联合减压

有的水轮机，由于转轮上冠上没有足够开孔面积，采用了减压排水管的方法，或减压排水管与减压孔联合减压，如图 1-9（b）所示。顶盖内有数条排水管与尾水管相连，使上冠上面的漏水一部分经排水管泄至尾水管，另一部分经转轮上的泄水孔排入尾水管。另外，对于这种类型还有经泄水锥内腔排入尾水管的，如图 1-9（c）所示。经转轮上的泄水孔排入尾水管，使转轮上面的压力降低，从而减轻作用在转轮上的轴向水推力。但图 1-9（b）所示的方式可能在泄水锥的过流表面上产生空蚀损坏和磨损；而图 1-9（c）所示的方式又有可能影响补气的效果。

1.1.4　混流式转轮的泄水锥

泄水锥为一锥体形状，其作用是引导由叶片流出的水流顺利通过并变成轴向，避免水流相互撞击和旋转造成水力损失。小型转轮的泄水锥与上冠浇铸为一体，大中型转轮的泄水锥常用铸钢整铸或用钢板焊接。可直接焊在转轮上冠的下部，或用螺钉把合在上冠上，再点焊加强，如图 1-2、图 1-3 所示。

1.2　轴流式水轮机的基本结构

轴流式水轮机一般都采用立轴装置，与混流式相比，结构上最明显的差别是转轮，其他过流部件大体相近。轴流式水轮机包括转桨式和定桨式两种。由于定桨式转轮结构简单，下面主要介绍转桨式转轮的结构。

如图 1-10 所示，轴流转桨式转轮主要由叶片、转轮体（也称轮毂）、叶片转动操作机构和泄水锥等组成，其中叶片转动操作机构较为复杂。

1. 转轮体

转桨式的转轮体外形多为球面，这样能使转轮体与叶片内缘之间在各种转角下都能保持较小的间隙，转轮体内要安装叶片转动操作机构。

2. 叶片

叶片通过悬臂固定在转轮体上，水轮机运转时受力最大的位置在叶片根部（轮毂端），所以叶片根部较厚，越向叶片边缘越薄。叶片数与应用水头有关，水头高，则叶片增多。

转桨式转轮叶片，其末端有一枢轴（枢轴和叶片可做成整体或组合的结构），插入转轮体相应的孔中，与操作机构的转臂相连。当负荷变化时，操作机构带动叶片作相应的旋转，以适应工况变化。

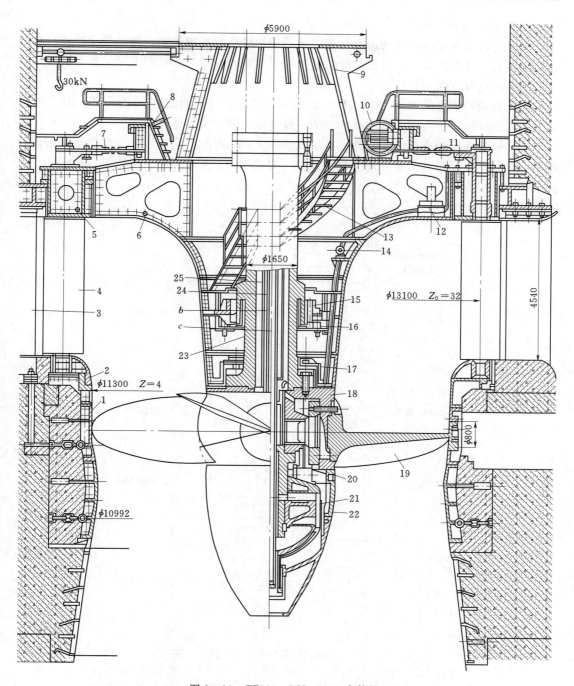

图 1-10 ZZ560-LH-1130 水轮机

1—转轮室；2—底环；3—固定导叶；4—活动导叶；5—顶盖；6—支持盖；7—连杆；8—控制环；
9—轴承支架；10—接力器；11—安全销；12—真空破坏阀；13—扶梯；14—排水泵；
15—水轮机导轴承；16—冷却器；17—轴承密封；18—转轮体；19—轮叶；20—轮
叶连杆；21—轮叶接力器活塞；22—泄水锥；23—主轴；24、25—操作油管

3. 叶片转动操作机构

轮叶的转动与导叶的转动由双调节调速器的协联机构实现协联。叶片转动操作机构装在转轮体内，其作用就是在调速器的自动控制下，在改变导叶开度的同时，所有叶片通过操作机构同时改变同一转角。

叶片转动操作机构有多种型式，它们的主要区别在于轮叶接力器的位置、有无操作架、曲柄连杆机构等方面，其中最常见的主要有以下两种类型。

(1) 带操作架的直连杆式机构。其示意如图 1-11 所示，它利用一个操作架来实现叶片同步转动。叶片转动由轮叶接力器活塞 13、活塞杆 4、操作架 8、连杆 9、转臂 10、枢轴 12 等组成。

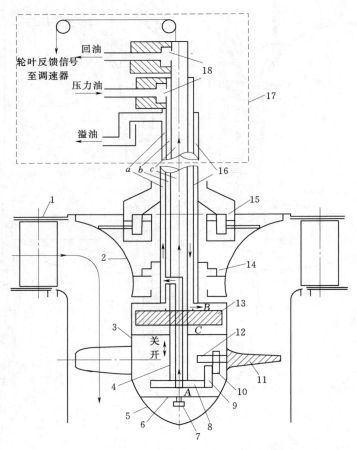

图 1-11　转桨式转轮与受油器油路示意图

1—顶盖；2—支持盖；3—转轮体；4—活塞杆；5—泄水锥；6—底盖；7—泄油阀；
8—操作架；9—连杆；10—转臂；11—轮叶；12—枢轴；13—轮叶接力器活塞；
14—主轴密封；15—水导轴承；16—操作油管；17—受油器；18—油腔

(2) 无操作架的活塞—套筒式机构。为减轻转轮重量和减少加工工时，还可取消操作架和活塞杆，而采用活塞或接力器缸直接代替操作架的结构，其示意如图 1-12 所示。活塞 3 上装有和轮叶数相同的套筒 5，套筒 5 穿过转轮体上部隔板 2，并可随活塞 3 在隔板 2

的套筒衬套（图中略）中上下移动。连杆 6 的上端用圆柱销（图中略）连接在套筒内，下端则和转臂 7 的轴销（图中略）相接。

4. 受油器与操作油管

（1）受油器。位于发电机轴的最上端，其作用是将外部的固定油管与主轴内的操作油管相连通，如图 1-11 所示。受油器底部是回油腔，操作油管的外层溢油道 a 的回油经旋转油盆进入回油腔。内外操作油管进入受油器后，被固定的导管分隔成与 b、c 相通的两腔 18（图中未画旋转油盆和导管等部件）。

在受油器的上部还布置有轮叶反馈机构，将反馈信号引入调速器。

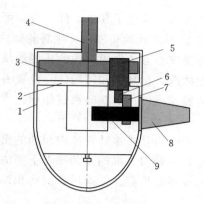

图 1-12 无操作架的活塞—套筒式
机构示意图

1—转轮体；2—转轮体上隔板；3—轮叶接力
器活塞；4—操作油管；5—套筒；6—连杆；
7—转臂；8—轮叶；9—枢轴

（2）操作油管。在机组主轴的中心孔内，布置两个同心的内外操作油管，与主轴一起转动。操作油管与主轴中心孔内壁形成 a、b、c 三个油道，将轮叶接力器活塞上、下油腔与受油器相应油腔连通起来。油道 a（最外层油道）与受油器回油腔相通，漏入转轮体下腔的油经连通管 A 进入油道 a；内、外操作油管形成的 b、c 油道则和受油器的两个操作油腔相通，分别向轮叶接力器的上、下油腔提供压力油和回油。

操作油管一般分为几段，分段数和机组主轴的段数有关。若机组主轴从下到上由水轮机、发电机、励磁机三段，则操作油管也分为下、中、上三段，分段处用法兰连接，管和管之间用螺钉定位。操作油管在主轴内要随轮叶接力器活塞作上下移动，因此在主轴法兰面接口处分别布置有导向钢套以增加其刚度。在钢套处装有导向管以利于操作油管滑动。受油器与操作油管也是通过法兰进行连接的。

（3）连通管。如图 1-11 所示，连通管 A 设在转轮接力器活塞杆 4 中心，它向上与 a 油道相通，溢油由此上升到受油器的回油腔。连通管起到了溢油和补偿回油的作用，可以降低转轮体下腔的漏油压力。

（4）受油器与转轮叶片的操作油路。在导叶转动的同时，轮叶协联机构发出信号以控制主配压阀的两个油腔（一个高压给油，一个低压回油）。来自主配压阀的高压油进入受油器 17 的操作油腔，如图 1-11 所示，再经操作油管 16 到转轮接力器活塞 13 的一腔，接力器活塞的另一腔的油则顺着另一条油管返回到主配压阀的低油压腔中。

（5）轮叶的动作过程。轮叶接力器活塞 13 靠压力油可控制上、下移动，当压力油从主轴中心孔内的第二层油管经 B 孔进入活塞上腔，而同时活塞下腔的油经 C 孔进入主轴中心孔内油管进行排油时，推动活塞 13 下移，通过活塞杆 4 带动操作架 8 及连杆 9 向下移动，连杆 9 下移使转臂 10 与枢轴 12 顺时针转动，从而使叶片开度增大。反之，当轮叶接力器活塞下腔进油而同时上腔排油时，轮叶接力器活塞向上移动，叶片逆时针转动，叶片开度减小。

5. 叶片密封装置

轮叶接力器下腔的高压油会沿着活塞杆和转轮体衬套之间的间隙漏入转轮体下腔内，

叶片转动机构处于其中，低压漏油可以润滑叶片转动机构。大型机组从受油器到转轮体一般有 20～30m 的高程差，则转轮体内的漏油压力约有 0.15～0.3MPa，另外转轮转动时漏油还受离心力的作用。为防止漏油从叶片法兰的转动间隙漏出和转轮体外的高压水渗漏到转轮体内，在叶片和转轮体间设置有双向密封装置。常用的有"λ"型密封圈、皮碗型密封装置等，以达到双向密封作用。

6. 泄油阀

泄油阀是排出转轮体内积油的出口。如图 1－11 所示，泄油阀 7 位于转轮体底盖 6 的中心，主要由上部的止油阀和下部的螺塞组成。当卸掉其下部螺塞后积油不会泄出，必须拧入排油管顶起止油阀后才能将积油排出。

1.3　水轮机主轴的结构

水轮机主轴要同时承受轴向力、径向力及扭矩的综合作用。其结构随机组类型、布置方式、容量大小和导轴承结构型式的不同而异。按布置方式分为卧轴布置和立轴布置型式。下面主要介绍立轴布置型式。

1.3.1　水轮机主轴的型式

大中型机组一般立轴布置，采用双法兰主轴。如图 1－13 所示，主轴由上部法兰（与发电机轴下部法兰相连）、轴身和下部法兰（与水轮机转轮相连）三部分组成。主轴两端分别与转轮、发电机主轴均采用螺栓连接。主轴直径较小时采用实心轴；当主轴直径较大时，为减轻轴的重量，提高轴的抗弯强度和刚度而做成空心轴，且可消除轴心部分材料组织疏松等材质缺陷，便于进行轴身质量检查，还可满足结构上的需要，例如混流式水轮机

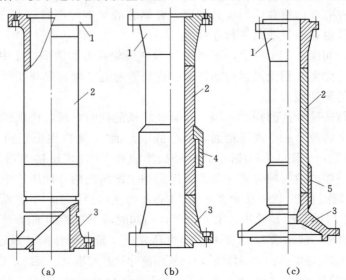

（a）　　　　　　　　　　（b）　　　　　　　　　　（c）

图 1－13　立轴型式

（a）整锻主轴；（b）焊接结构主轴轴身带轴领；（c）焊接结构主轴轴身不带轴领

1—上部法兰；2—轴身；3—下部法兰；4—轴领；5—不锈钢轴衬

可通过主轴中心孔向尾水管补气。

主轴的材料一般采用优质碳素钢或合金钢。轴的全部表面都要加工光滑，在法兰表面、连轴螺孔、轴颈等处，要求有很高的加工精度。

当主轴尺寸较小时，采用整体锻造结构，如图1－13（a）所示，可改善材料质量，但其法兰尺寸比轴身大，需较大的冶炼和锻造设备，且其坯料的工艺性和经济性也较差，所以限制了在大型机组中的应用。

当主轴的尺寸较大时，也可采用焊接结构，主要有三种连接方式：①锻造轴身、铸造法兰，用环形电渣焊连接；②锻造轴身与法兰，再用环形电渣焊连接；③轴身用钢板卷成两个半圆后再焊接，法兰用铸钢，最后用环形电渣焊连接成轴。

主轴轴身有带轴领和不带轴领两种型式，如图1－13（b）、（c）所示。带轴领的主轴适用于稀油油浸式整体瓦或分块瓦式轴承；不带轴领的主轴适用于采用水润滑和稀油润滑的筒式轴承。当采用水润滑导轴承时。为防止主轴锈蚀，在与轴承瓦面相应部分的轴身表面要包焊不锈钢轴衬。

1.3.2 主轴的连接结构

1. 主轴与发电机轴的连接

采用连轴螺栓将水轮机主轴法兰与发电机主轴法兰连接起来，连轴螺栓传递扭矩，如图1－14所示。如厂房布置和锻造条件允许，还可把水轮机主轴和发电机轴设计为整体结构，由于没有中间连接法兰，可减少主轴重量和加工量，并可使主轴受力，轴承载荷等都得到改善，安装时也方便。

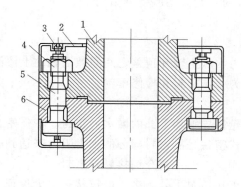

图1－14　水轮机轴与发电机轴的连接结构
1—发电机轴；2—护罩；3—圆柱头螺钉；4—连轴螺母；5—连轴螺栓；6—水轮机轴

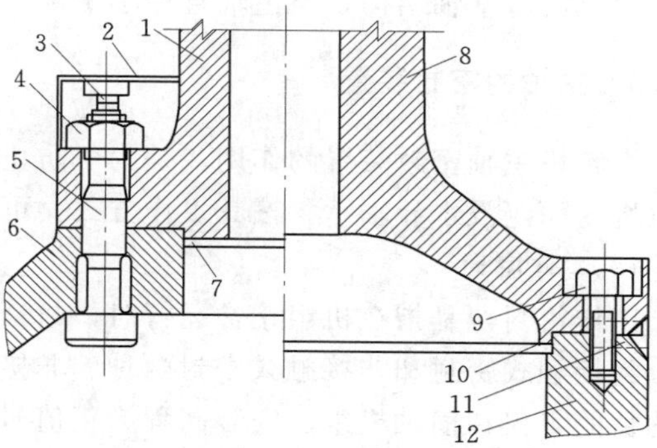

图1－15　水轮机轴与轴流式转轮的两种连接结构
1、8—水轮机轴；2—护罩；3—圆柱头螺钉；4—连轴螺母；5—连轴螺栓；6—转轮上盖；7、10—密封条；9—螺栓；11—圆柱销；12—转轮体

2. 主轴与转轮的连接

混流式与轴流式有不同的连接结构，主要有以下两点。

（1）主轴与轴流式转轮的连接。有两种连接结构，均采用连轴螺栓传递扭矩，如图1－15所示，左边一种结构是主轴法兰用螺栓5连接在转轮体的上盖上；右边一种结构是将主轴法兰扩大作接力器上盖，另外再用螺栓9连接在转轮体壁上，采用横向圆柱销11传递扭矩。显然后种型式比较简单,加工量也较少。

(2) 主轴与混流式转轮上冠法兰的连接。如图 1-16 (a) 所示为常用的铰孔螺钉连接方式,连轴螺栓 5 同时承受轴向力和扭矩;图 1-16 (b) 所示为用圆柱键传递扭矩的连接方式,连轴螺栓 9 只承受轴向力,用键传递扭矩可节省螺钉孔的铰孔工作,制造上有一定优点,安装较方便,但目前只应用在小型水轮机上。为减小损失在连接法兰处通常装有护罩。

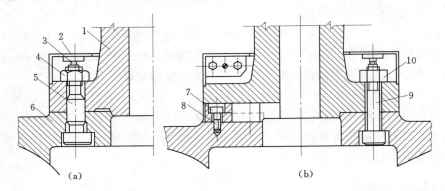

图 1-16　水轮机轴与混流式转轮的两种连接结构
(a) 铰孔螺钉连接;(b) 圆柱键传递扭矩连接

1—水轮机轴;2—护罩;3、7—圆柱头螺钉;4、10—连轴螺母;5、9—连轴螺栓;6—混流式转轮上冠;8—键

我国水轮机制造厂对主轴的结构型式及尺寸已经标准化。有两种标准系列,一种为轴身壁厚大于法兰厚度的厚壁轴标准;另一种为轴身壁厚小于法兰厚度的薄壁轴标准。近年来设计的大型水轮机广泛采用薄壁轴结构,在新产品设计中,当主轴直径超过 600mm 时,建议用薄壁轴结构;当主轴直径小于 600mm 时,则采用厚壁轴结构。

1.3.3　主轴的密封装置

水轮机主轴密封装置的作用,是为了防止压力水从主轴和顶盖之间间隙沿轴向上渗漏到机坑内而淹没水导轴承。按其工作方式,可分为工作密封和检修密封。

1. 工作密封

工作密封,是指在机组正常运行时,封堵水轮机导轴承下部的漏水的密封。工作密封又分为接触式密封和非接触式密封两种。非接触式密封是靠密封部分的水力阻力来达到密封的目的,仅在横轴机组、安装高程为正值时采用。下面主要介绍接触式密封。

接触式密封,封水性能好,但密封件在正常工作情况下处于半干摩擦状态。为保证密封件安全可靠运行,除密封件材料要求耐磨耐蚀外,在结构上还要考虑在摩擦面间给予必要的润滑和冷却。主要有以下几种。

(1) 填料密封。又称盘根密封,图 1-17 所示为其中一种型式的结构。一般用几层橡胶石棉盘根作填料,放入填料箱 2 中,填料与主轴 3 接触而封住下部的水流上溢;压环 4 调节填料的松紧度,使运行时有少量漏水润滑和冷却填料摩擦面,有的在填料中间(层)加注压力水也是起同样的作用。其特点是结构最为简单、封水性能好。但由于填料磨轴且填料本身易损,故一般应用于小型和低水头水轮机上。

(2) 橡胶平板密封。利用橡胶和固定在主轴上的动环形成端面接触,靠水压压紧接触

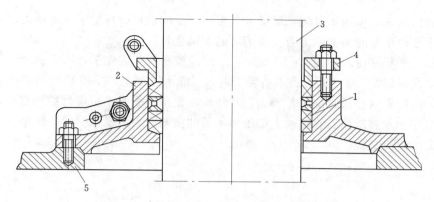

图 1-17 填料密封

1—填料；2—填料箱；3—主轴；4—压环；5—顶盖

面进行密封。其优点是不磨主轴，结构简单，更换方便，密封适应性好，摩擦系数小。橡胶平板密封又分为单层和双层结构。

单层橡胶平板密封，如图 1-18 所示，靠水压使橡胶平板紧贴固定在主轴上的转环下

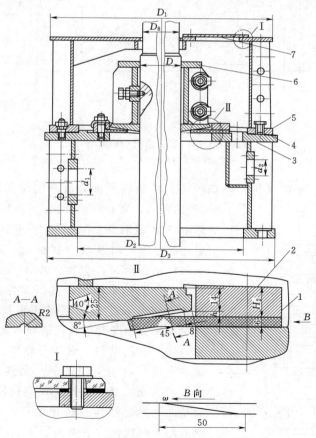

图 1-18 单层橡胶平板密封

1—橡胶平板；2—压块；3—压力水箱；4—衬垫；5—封水箱；6—旋转动环；7—观察窗

面的抗磨板以封水，但抬机时漏水量增大。多用于水润滑橡胶导轴承上部压力水箱的主轴密封，或水质较干净时稀油润滑导轴承下部的主轴密封。

　　双层橡胶平板密封，如图 1-19 所示，上层橡胶平板 6 固定于水箱 5 的上环，下层橡胶板 4 固定在转架 3，清洁的压力水由管 7 引入，靠水压使上、下橡胶板贴紧抗磨板而封水。同样，这种密封抬机时漏水量增大，其结构也比单层橡胶平板密封结构复杂，调整也较复杂。多用于水润滑橡胶导轴承上部压力水箱的主轴密封和稀油润滑导轴承下部的主轴密封和多泥沙河流电站。

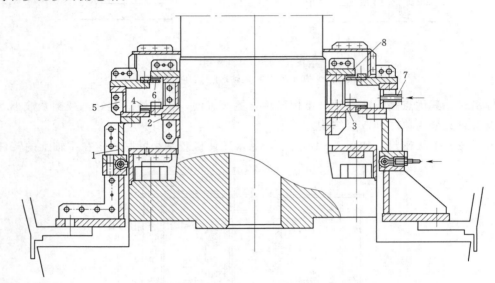

图 1-19　双层橡胶平板密封
1—支架；2—衬架；3—转架；4、6—橡胶板；5—水箱；7—进水管；8—转环

　　（3）径向密封。是指采用径向调整密封件的松紧度方法来实现圆周向的密封。如图 1-20 所示，密封件由 3～4 层密封环组成，每一密封环由几块扇形环拼成。密封环常用碳精、氟塑料、尼龙等工程塑料及软金属材料。通常用弹簧围成圈来调整密封环的松紧度。要求水润滑与冷却，需在相应轴颈上包不锈钢，其密封性较好，但密封环的接口要错开及定位，以保证密封环不随主轴旋转。密封环加工精度要求高，磨损后调整量小。

　　（4）端面密封。对于稀油轴承，主轴密封设在轴承下面。由于空间狭窄，尤其是中小型机组，检修维护不便，要求密封装置结构简单，工作寿命长，而端面密封正好具有这些优点，在立式机组中被广泛采用。有机械式端面密封和水压式端面密封两种。

　　机械式端面密封，如图 1-21 所示，利用托架 5 的机械滑动进行密封环磨损后的位置补偿。图中转环

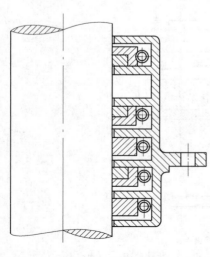

图 1-20　径向密封

2 固定在水轮机主轴上，密封环 3 用压环 4 固定在托架 5 上，密封环一般由 2~4 块扇形环搭接成圈，其材料常用橡胶、碳精或工程塑料；托架 5 与支座 8 之间沿圆周布置数个弹簧 7，靠弹簧的弹力使密封圈紧贴在转环的下端面上而起密封作用。主轴密封装置结构的密封性较好，磨损后轴向调整量较大，在水质较干净的电站采用较为有利；其缺点是当弹簧作用力不均时，密封易偏卡偏磨，性能不够稳定，现一般多采用水压代替弹簧。

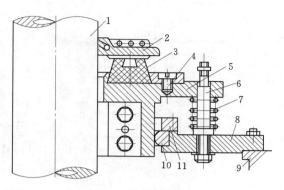

图 1-21 机械式端面密封
1—主轴；2—转环；3—密封环；4—密封压环；
5—托架；6—引导柱；7—弹簧；8—支座；
9—顶盖；10—封环；11—压圈

水压式端面密封，如图 1-22 所示。其特点是结构简单、安装方便、性能可靠，靠水压作用使密封圈 2 紧贴转动的抗磨衬板 5 的端面上而封水，克服了机械端面密封受力不均匀的缺点。图 1-22（a）为直接利用密封圈自重和漏水压力使密封圈贴紧的结构，适用于低水头、水质清洁的电站；图 1-22（b）引入清洁压力水，利用水压封水，适用于水质较差的电站。

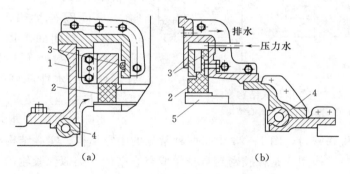

(a)   (b)

图 1-22 水压式端面密封
（a）利用密封圈和漏水压力封水；（b）引入清洁压力水封水
1—支承板；2—密封圈；3—橡皮条；4—检修密封；5—衬板

2. 检修密封

对于下游水位高于导轴承的机组，在停机检修导轴承或工作密封时，封堵尾水从顶盖涌出，这种密封称为检修密封。其结构型式常用的有机械式、抬机式和围带式等。

（1）机械式检修密封。如图 1-23（a）所示，它是在转动部分与固定部分之间装设硬橡胶密封环 1，正常运行中采用机械方式（如螺杆 3）提起，停机检修时把密封环压下封水。其结构简单，但操作不便，仅适用于小型水轮机。

（2）抬机式检修密封。如图 1-23（b）所示，它是在主轴法兰护罩上装设橡胶平板密封 1，停机检修时将转动部分抬起来，使橡胶板受压紧贴在密封座 4 的锥表面上而封水。

（3）围带式检修密封。如图 1-23（c）所示，围带式检修密封 1 一般设在主轴法兰 2

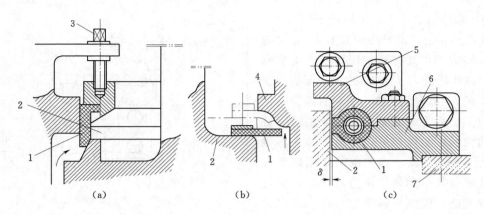

图 1 - 23　检修密封结构

（a）机械式；（b）抬机式；（c）围带式

1—密封；2—主轴法兰；3—螺杆；4—密封座；5—围带压板；6—托板；7—顶盖

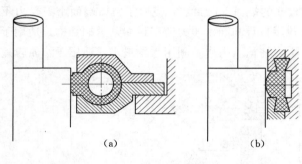

图 1 - 24　空气围带式结构型式

（a）中空结构；（b）实心结构

的部位。橡胶围带装在顶盖上托板 6 的槽内。机组正常运转时，围带内缘与转动部分的间隙 δ 保持 $1\sim2mm$；停机检修时，充入 $0.5\sim0.7MPa$ 的压缩空气使围带扩张，抱紧旋转部件（主轴），封闭间隙以达到封水目的，此时检修密封处于工作状态。具有操作简便、封水性能好的特点，在大中型水轮机中应用较多。

实际上，国内外大多数水轮机都采用空气围带式检修密封，图 1 - 24 中是两种常见的中空结构、实心结构类型的空气围带式检修密封。中空结构型式是橡胶密封自身做成空心结构，类似橡胶轮胎；而实心结构型式则是橡胶密封与固定部件之间形成一空腔。

1.4　水轮机固定部件的结构

1.4.1　顶盖

顶盖呈圆环状，呈箱形结构，固定在座环上。其作用一方面封堵水流形成流道；另一方面起支持和固定水轮机一部分零件的作用。

水轮机顶盖上安装有控制环（通过支持环支承在顶盖上）、导叶传动机构及水轮机导轴承等。大型水轮机结构中也有将接力器或推力轴承放在顶盖上的。

1. 混流式水轮机顶盖

混流式水轮机顶盖，由导水机构顶环（支承导叶上套筒）、顶盖（支承控制环）两部分组成，两者合二为一。其结构决定于机组的尺寸、转轮型式、推力轴承布置的方式等。

当推力轴承布置在顶盖上时，由于刚度的要求，顶盖的高度要比一般的高得多。

混流式水轮机的顶盖有铸造和焊接两种结构。铸造结构一般采用铸铁 HT21-40 或铸钢 ZG30，主要取决于工作水头和顶盖的尺寸。大中型机组一般采用钢板焊接结构，图 1-25 给出了几种焊接结构的顶盖型式（半个剖面），其中图 1-25（c）为推力轴承支架和顶盖结合在一起的结构，焊接顶盖多数设计成箱型结构，由外环板、内环板、上平板、底板构成，内外圈钢板间用径向筋板加强。

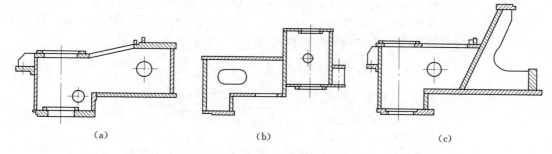

图 1-25 混流式焊接顶盖

顶盖外缘法兰有单层、双层两种型式。单层法兰结构简单，但对法兰焊缝的焊接质量要求高。顶盖法兰用螺栓固定在座环上，接合面间用止水橡胶皮条封水。

2. 轴流式水轮机顶盖

轴流式水轮机顶盖，由于要引导水流转弯并向下延伸，为了使构件尺寸不致太大，结构上常由导水机构顶环、顶盖、支持盖（支承导轴承和主轴密封装置）三部分组成。一般顶环和顶盖可分开设置，以便检修转轮时不必拆卸顶环和导叶。但对于中小型机组，有时为简化结构，通常将它们设计成整体的。

图 1-26（a）为一轴流式水轮机的焊接顶盖结构，图 1-26（b）焊接顶环结构。与混流式相同，均采用箱型结构。顶盖通过法兰 1 固定在顶环上，其下翼板 7 为轴流式水轮

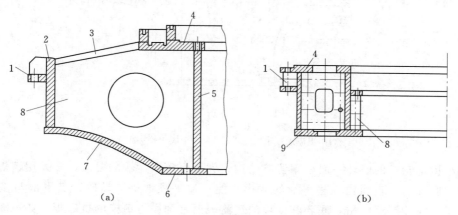

图 1-26 轴流式焊接顶盖和顶环

（a）焊接顶盖结构；（b）焊接顶环结构

1—法兰；2—外环板；3—斜板；4—上平板；5—内环板；6—下环板；7—下翼板；
8—内法兰；9—下平板

19

机过流通道表面的一部分，下环板 6 则下接支持盖，形成转轮前的过流通道。支持盖的下翼板 7 为水轮机过流通道表面的一部分，应做成流线型，该过流表面有承受转轮前水流压力的作用。当推力轴承安置在支持盖上时，支持盖还承受着作用在转轮上的轴向水推力和转动部分的重量。

1.4.2　底环

底环，是导叶的下支撑部件，与顶盖形成环形流道并实现对导叶轴的定位与调整作用。底环为圆环型箱体结构，如图 1 - 27 所示。底环固定于座环的下部内法兰上，在底环上的导叶轴线分布圆周上，均布与导叶数相等的圆孔，安放导叶下轴颈。

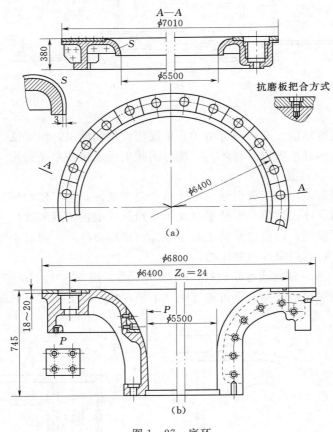

图 1 - 27　底环
(a) 混流式水轮机底环；(b) 轴流式水轮机底环

中小型水轮机的底环一般采用铸造结构；大型底环因运输的要求，多采用铸焊分瓣组合结构。底环的上表面内缘呈平滑的弧形，使水流平顺地进入转轮；其下部与基础环相连。对于多泥沙河流电站，底环和顶环的过流表面常铺设可更换的抗磨板。如三峡水轮机在底环下部槽中均布着永久垫块，放置于基础环上，通过永久垫块调整底环水平和高程；底环上设压缩空气补气孔，并预留压缩空气补气管道，若在机组启动或运行过程中发生不稳定运行时，可通过补气管补入适量压缩空气，促使机组稳定运行。

轴流式水轮机的底环，因安装时悬挂转轮的需要，结构上设计有若干凹槽，如图 1-27（b）所示，转轮安装后用垫块封闭成形。

　　在导水机构有端面密封的结构上，顶环和底环过流表面应有鸽尾槽或压板式橡胶密封槽。

1.4.3　导水机构

　　径向式导水机构广泛用于反击式水轮机，它主要由顶盖（或顶环）、底环、导叶和其传动机构等组成，如图 1-28 所示。调速器改变导叶接力器活塞两侧油压使推拉杆向压力减小侧移动。

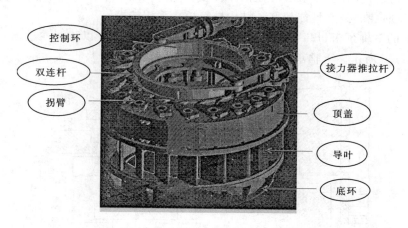

图 1-28　导水机构结构示意图

　　1. 导叶

　　（1）导叶的结构。导叶由导叶体和上、下转轴组成。导叶体断面形状为翼型，在保证强度的基础上能减少水力损失。导叶可采用整铸和铸焊结构。中小型水轮机导叶常做成实心的，采用整体铸造。对于大型水轮机，为节约金属，导叶体常做成内部中空的，可采用铸焊结构，有两种：①导叶分三段铸造（上轴颈和导叶上端部、导叶体、下轴颈和导叶的下端部），然后组焊成整体；②导叶端部为一具有导叶形状的平板。

　　导叶体通常不加工，仅进行打磨，故铸造应保证表面的线型及质量。

　　（2）导叶轴承及润滑。导叶转动要求灵活，常在轴颈处装有导叶轴承。近代大中型水轮机由于受力较大，一般采用三个轴承支承：下部轴承套（简称轴套，即轴瓦）装在导水机构底环上，上部两个轴承套安装在顶盖圆筒形导叶轴套内。

　　导叶轴套材料取决于其润滑方式。过去多采用锡基青铜铸造，加注黄油润滑，抗磨性能良好，单位面积的承载力较大，但需要昂贵的有色金属且轴套的润滑和密封设备也比较复杂。近年来正在推广用工业塑料代替，不但能简化水轮机的结构，而且大量节省有色金属，降低了制造成本，如三峡水轮机的上、中、下导叶轴套衬有含油酮基的自润滑材料，内表面喷涂含有四氟乙烯粉粒及粘结剂的 DG22 黑色涂料，长期运行可保证良好的自润滑性能。

　　当水头不高且河流水质较清时，导叶下轴承可采用水润滑。

　　（3）导叶轴颈的密封。导叶的中、下轴颈需密封，以防压力水从导叶轴颈处泄漏。

1）导叶的中轴颈密封。在导叶中轴颈处设有密封装置，多装在导叶套筒的下端，常用的密封主要有"U"型和"L"型结构，如图 1-29（a）、（b）所示。

"U"型密封圈开口向下，置于导叶轴颈和套筒之间，张开时紧贴在导叶轴颈和套筒上，在下面压力水的作用下止漏面接触更为严密。少量渗漏水经金属环 4 和套筒上的排水孔，由专设的排水管引入顶盖中，或直接由排水孔排入顶盖内。"U"型密封圈材料一般为牛皮或橡胶。这种密封封水性能较好，但结构较复杂，现较少采用。

"L"型密封圈与导叶中轴轴颈之间靠水压贴紧而封水，在轴套和导叶套筒 8 上开有排水孔，以形成压差。密封圈的端面靠导叶套筒紧压在顶盖 10 上形成止漏，所以套筒与顶盖端面配合尺寸应保证橡胶有一定的压缩量。"L"型密封圈材料一般为中硬耐油橡胶，模压成型。这种密封封水性能较好，结构较简单，采用较多。

2）导叶的下轴颈密封。一般采用"O"型橡胶密封结构，以防泥沙进入，磨损轴颈，如图 1-29（c）所示。下轴承必须为油润滑或用尼龙轴套。

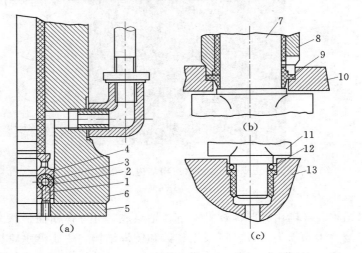

图 1-29　导叶上、下轴颈密封装置
（a）U 型密封；（b）L 型密封；（c）O 型密封
1—压紧环；2—U 型密封圈；3—橡皮条；4—密封垫环；5—压板；6、8—套筒；
7、11—导叶；9—L 型密封圈；10—顶盖；12—O 型密封圈；13—下轴套

（4）导叶的立面与端面间隙与密封。导叶关闭后应封水严密，应尽量减小导叶间隙，以减小水流的漏损和空蚀破坏，以及调相运行时的漏气量。导叶间隙分为立面间隙（导叶与导叶之间）和端面间隙（导叶与顶盖、底环之间）。

对于端面间隙：应小到不以卡住导叶为原则，结构上还必须采取相应的封水措施。常在上端面的顶盖、下端面的底环处开沟槽，其内装设橡皮条，以进行端面密封。

对于导叶立面间隙：①中低水头的大中型水轮机，一般采用橡皮条密封，有两种结构。导叶全关时，导叶尾部靠接力器的作用力压紧在相邻导叶头部的橡皮条上，但在运行中会出现橡皮条脱落现象；橡皮条用压条和螺钉固定在导叶上，使用中不易脱落，广泛应用于中水头水轮机；②高水头水轮机的导叶立面密封，主要靠研磨接触面来达到。

2. 导叶传动机构

导叶传动机构主要由控制环、连杆、连接板、拐臂、导叶转轴等组成，其作用是通过外部动力（接力器的油压作用力）使导叶转动，从而调节水轮机流量。

（1）控制环。受到接力器推拉杆传递的力使控制环转动，带动连接其上的导叶连杆与拐臂等使导叶转动。控制环安装在顶盖（顶环）上，在控制环与顶环（顶环）的接触表面，分段装设了抗磨板。控制环上部的大耳环与推拉杆相连，下部均匀布置的销孔与叉头或耳柄相连，通过它使每个导叶的传动机构同步动作。

（2）导叶传动机构的型式。导叶传动机构通常布置在顶盖上，用于转动导叶。导叶传动机构有多种型式，目前使用较多的是叉头式和耳柄式。

1）叉头式传动机构。其组成如图 1-30 所示，有两个叉头，左边的叉头用叉头销与连接板连接，右边的叉头用叉头销 2 与控制环 1 相连，一头为左旋螺纹而另一头为右旋螺纹的连接螺杆 8 将两个叉头连在一起。安装中转动螺杆，可调整导叶的立面间隙，调整螺钉 10 可调整导叶上、下端面间隙。分半键 7 能保证在调整导叶端面间隙时，导叶上、下移动而其他传动部件的位置不受影响，结构如图 1-31（a）所示。

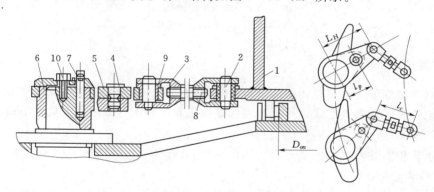

图 1-30　叉头式传动机构

1—控制环；2—叉头销；3—叉头；4—剪断销；5—连接板；6—拐臂；
7—分半键；8—连接螺杆；9—补偿环；10—调整螺钉

剪断销是导水机构的安全装置，其结构如图 1-31（b），中部做成薄弱的断面，在正常调节导叶转动时，剪断销有足够的强度传递操作力矩。当关小导叶时，若有异物卡在导叶之间，所需操作力急剧增加，操作力增大到正常应力的 1.5 倍时，剪断销被剪断，被卡住的导叶失去控制，而其他导叶继续向关闭方向运动。剪断销的中心孔内装有信号装置，当剪断销被剪断时发出信号。

2）耳柄式传动机构。如图 1-32 所示，它取消了连接板，拐臂 1 用剪断销 3 直接与耳柄 2

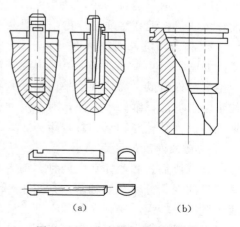

（a）　　　　　　（b）

图 1-31　分半键与剪断销结构

相连，导叶的立面间隙是通过旋套 4 调整的。这种结构中，连杆的水平中心线与拐臂的水平中心线不在同一平面内，使连杆销和剪断销都受有附加弯矩作用，因而剪断销的剪应力不稳定，容易受轴套配合间隙及装配质量影响，但它结构简单，多用于中小型水轮机。

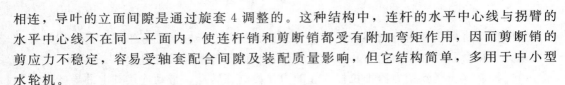
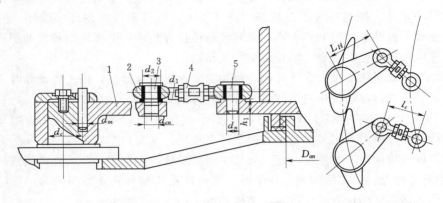

图 1-32　耳柄式传动机构
1—拐臂；2—耳柄；3—剪断销；4—旋套；5—连杆销

1.4.4　水轮机导轴承

水轮机导轴承承受水轮机转动部分的径向力，是保持转轮和主轴绕旋转中心转动的部件。根据水轮机主轴布置型式，可分卧轴水导轴承和立轴水导轴承两大类。下面主要介绍立轴水导轴承。

立轴水轮机的导轴承，主要有以下几种结构型式。

1. 水润滑橡胶导轴承

如图 1-33 所示，基本上是由轴承体 1、橡胶轴瓦 2、压力水箱 4、密封装置 6 等四大部分组成。其优点是结构简单可靠，安装检修方便，轴瓦与转轮位置较近，并有一定吸振作用，有利于机组的稳定运行。但经多年运行证明，主轴轴颈包不锈钢轴衬后仍有不同程度的腐蚀，轴承运行的稳定性和机组摆度不如稀油轴承好，对润滑水要求也高，逐渐被稀油轴承取代，但在水质洁净的电站仍是一良好的导轴承结构型式。

2. 稀油润滑筒式导轴承

如图 1-34 所示，基本上是由旋转油盆 6、轴承体 4、冷却系统 3 与油面监视装置 7 等主要部件组成。筒式轴承平面布置紧凑，承载能力大，刚性好，运行可靠，但主轴密封位于轴承下部，维修不方便，对于尺寸较小的筒式轴承，油盆安装很困难。与水润滑橡胶轴承相比，转轮与轴承的悬臂距离较大。

3. 稀油润滑油浸式轴承

有分块瓦式和整体瓦式两种，前者适用于大中型机组，后者在水轮机中尚未应用。稀油润滑油浸式分块瓦导轴承，如图 1-35 所示，受力均匀，轴瓦刮研、调整方便，虽有平面布置尺寸较大，密封在轴承下部，转轮悬臂大及主轴带轴领、成本高等不足，但运行安全可靠，目前大中型机组较多采用这种结构。

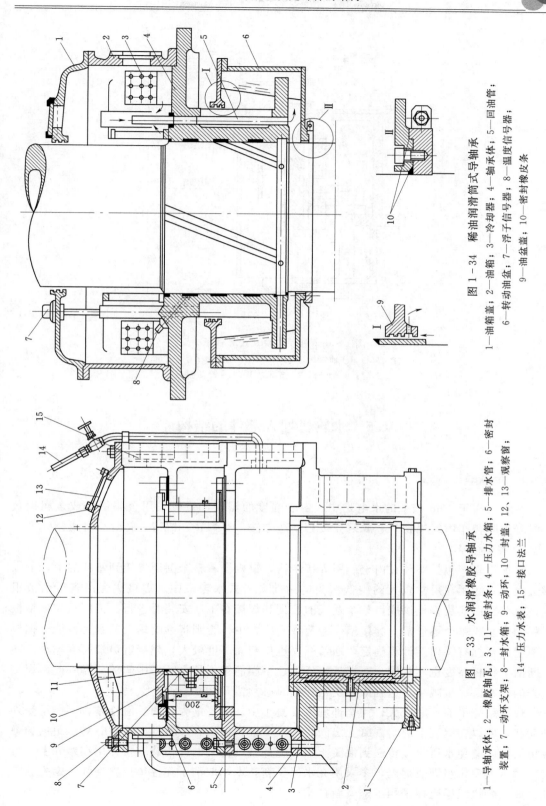

图 1－34　稀油润滑筒式导轴承

1—油箱盖；2—油箱；3—冷却器；4—轴承体；5—回油管；
6—转动油盆；7—浮子信号器；8—温度信号器；
9—油盆盖；10—密封橡皮条

图 1－33　水润滑橡胶导轴承

1—导轴承体；2—橡胶轴瓦；3、11—密封条；4—压力水管；5—排水管；6—密封
装置；7—动环支架；8—封水箱；9—动环；10—封盖；12、13—观察窗；
14—压力水表；15—接口法兰

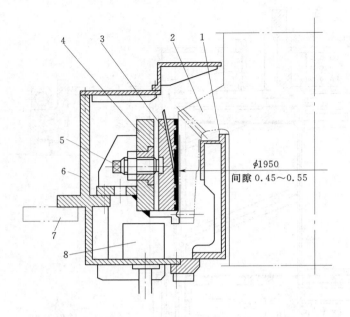

图 1-35   油浸分块瓦式导轴承
1—挡油箱；2—轴领；3—分块瓦；4—轴承体；5—支顶
螺丝；6—油箱；7—支承法兰；8—冷却器

1.5   水轮机埋入部件的结构

1.5.1   金属蜗壳

在水头高于 40m 以上的水电站中，由于强度的需要，一般采用金属蜗壳或金属钢板与混凝土联合作用的蜗壳。金属蜗壳按其制造方法，有焊接、铸造、铸焊三种类型。

1. 焊接蜗壳

这种蜗壳，包括座环在内全部用焊接结构，钢板沿着整个圆周焊接到座环的上、下蝶形边上。一般用在尺寸较大的中低水头电站的混流式水轮机中。焊接蜗壳由若干个节组成，每节又由几块钢板拼成，整个蜗壳的装配和焊接在工地安装时进行。工厂只完成钢板下料和卷制成单个环形节。焊接蜗壳的节数不应太少，否则将影响蜗壳的水力性能。钢板的厚度应根据有关强度计算确定，通常蜗壳进口断面厚度较大，越接近鼻端厚度越小。同一断面上钢板厚度也不相同，在接近座环上、下端的钢板较在断面中间的要厚一些。焊接蜗壳的焊缝应尽量减少，遇到十字交错焊缝时必须错开 300mm 以上。

焊接蜗壳平面尺寸较大，需全部埋入混凝土中。由于蜗壳壁薄、刚性差，不能承受外部荷载，所以在蜗壳上部与混凝土之间，一般要铺设由沥青、石棉、毛毡等材料组成的弹性垫层，以避免水压直接传递到混凝土上和上部基础传来的外荷载直接作用在蜗壳上。目前，对于大型机组埋设蜗壳，多采用充水保压新技术，取消了弹性垫层，增强了蜗壳的刚度，如三峡机组蜗壳即采用了这一新技术。

2. 铸造蜗壳

这种蜗壳的刚度较大，能承受一定的外压，常作为水轮机的支承点并在它上面直接布置导水机构及其传动装置。铸造蜗壳一般不全部埋入混凝土。根据应用水头不同，铸造蜗壳可采用不同的材料，水头小于 120m 的小型机组一般用铸铁件，水头大于 120m 时则多用铸钢制作。

3. 铸焊蜗壳

这种蜗壳与铸造蜗壳一样，适用于尺寸不大的高水头混流式水轮机。铸焊蜗壳的外壳用钢板压制而成，固定导叶的支柱和座环一般是铸造，然后用焊接方法把它们联成整体。焊接后需进行必要的热处理以消除焊接应力。

大中型机组的蜗壳上设有进人孔和排水孔。一般进人孔直径为 650mm，位置设在蜗壳的底部，并与蜗壳圆形断面中垂线成 15°，这样是为了打开进人门时不会有积水漏出。

另外，在蜗壳内部最低处，均设有排水阀，以便检修时排出积水。

在厂房的基础上，设有若干个均布的支墩，用于安放蜗壳，并用千斤顶和拉杆拉紧，把金属蜗壳牢固地固定在基础上，以免浇注混凝土时蜗壳位置变动。

1.5.2 座环

座环，既是承重部件又是过流部件，还是混流式机组的一个重要安装基准件。它承受水轮机的轴向水推力、机组的重量、座环上部混凝土的重量等荷载，并把荷载传递到下部基础上，其强度、刚度必须满足要求，其过流表面应为流线型。

座环位于蜗壳和活动导叶之间，是一个环形结构部件，通常由上环、下环和若干个固定导叶组成。上环、下环的圆周与蜗壳相连接，上环内圈法兰与顶盖连接，下环内圈法兰上安装基础环。

对于混流式水轮机，处于蜗壳尾部的几个固定导叶中设有排水管，以作为顶盖排水的通道之用。此外，在下环上开有多个灌浆孔，以备安装完毕后回填灌浆之用。

座环的结构、工艺方案，主要取决于水轮机的参数、尺寸、制造和运输能力等条件。

1. 座环的结构类型

（1）单个支柱型。如图 1-36（a）所示，单个支柱带有上、下法兰，通过法兰和地脚螺栓与混凝土牢固地结合在一

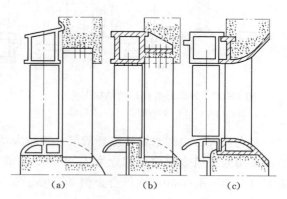

图 1-36 座环结构示意图
(a) 单个支柱型；(b) 半整体型；(c) 整体型

起。在特大型低水头轴流式水轮机中，由于制造与运输的问题，常采用该结构座环。

（2）半整体型。如图 1-36（b）所示，支柱下端法兰直接固定在混凝土中，而上端则用螺栓连接或直接焊接在座环上。有的座环上环和顶盖的顶环合二为一。

（3）整体型。如图 1-36（c）所示，座环的支柱、上环、下环为整体结构。这种结构刚性好，在制造厂可进行预装配，是一最佳结构。

对于低水头大型轴流式水轮机，其蜗壳一般为混凝土，其座环既可是分件也可是整体的，一般可采用上述三种结构。而对于混流式水轮机，其座环通常采用整体型结构。

2. 座环的结构工艺

如图 1-37 所示，按座环的结构工艺，可分为如下几种形式。

（1）铸造结构。座环整铸或分瓣铸造。

（2）铸焊结构。座环的上环、下环和固定导叶分别铸造后再焊成整体。

（3）全焊结构。上环、下环和固定导叶均用钢板压制成形后再焊接成整体。全焊结构的固定导叶数一般和导叶数相同，以减小导叶钢板厚度，使之便于成形（其他结构中为减小水力损失，固定导叶数为导叶数的一半）。这种座环的机械加工量小，耗材少，部件重量轻，施工灵活，易于保证质量和精度，是大型机组中比较适合的结构。

按座环与金属蜗壳的连接方式，还可分为：

（1）带蝶形边的座环，如图 1-37 所示。座环的蝶形边和蜗壳钢板采用对接焊缝焊接。这种座环结构受力不够合理，蜗壳对固定导叶有附加弯矩作用，必须加厚钢板；结构较笨重，径向尺寸较大；当用焊接结构时，其蝶形边需加压成形，工艺复杂，精度也不易保证。

（2）无蝶形边的箱型结构座环，如图 1-38 所示。座环径向尺寸有所减小，适合于全焊接。其特点是上、下环为箱型结构，刚度好，与蜗壳的联结点离固定导叶中心近，改善了受力情况；上、下环外圆焊有圆形导流板，改善了座环进口的绕流条件。

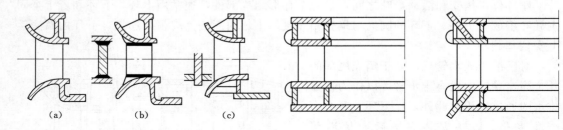

图 1-37 带蝶形边座环的结构工艺　　　　　　　　图 1-38 无蝶形边座环
（a）铸造结构；（b）铸焊结构；（c）全焊结构

总之，大、中型水轮机座环的尺寸均较大，无论铸造、焊接、全焊结构，常因运输问题而采用分瓣组合结构。可分为 2、4、6、8 瓣等，分瓣面用螺栓把合。座环常用材料为碳钢 A3，铸钢 ZG30，或低合金钢 ZG20MnSi 与 15MnTi 等。

1.5.3　基础环与转轮室

1. 基础环

基础环是混流式水轮机的埋设部件（图 1-1），预埋在混凝土中。其作用如下：

（1）基础环是连接座环和尾水管进口直锥段的基础部件。

（2）形成了混流式水轮机的转轮室，转轮的下环在其内转动，可能承受转轮室传来的水力振动，因而要求与混凝土结合牢固。

（3）基础环是底环安装的基础部件，底环通过螺栓与基础环把合。

（4）基础环是布置混流式转轮下静止漏环的基础。

（5）基础环下法兰面也是安装和拆卸水轮机时落放转轮的基础，它与转轮下环底面之间有一定的间隙，作为安装时放置斜楔、调整转轮水平之用。

基础环通常与座环直接连接，或者与座环作成一个整体。大中型机组的基础环一般采用钢板焊接而成，其上部法兰面与座环下环用螺栓把紧，其下法兰直接与尾水管进口锥管里衬焊接；对于中小型水轮机，若运输允许，可将基础环和座环作成一整体。

2. 转轮室

水轮机转轮室，主要是指转轮在其内转动的圆周空间。如图 1-10 所示，轴流式水轮机转轮室是水轮机过流通道的一部分，其上部与底环连接（起部分支承作用），其下部与尾水管的锥管段连接。其作用相当于上述混流式基础环作用的"（2）"、"（3）"，但不与座环连接，对座环无支承作用。

转轮室的外形和选用的转轮型号有关。一般在叶片水平中心线以上为圆柱形，在中心线以下为球形，其形状和叶片外缘相吻合，以保证叶片转动时转轮仍具有最小的间隙。但也有采用全球形转轮室的，如三门峡水电站 1 号机改造后即是如此，叶片在各工况下均有最小的间隙，进一步减小了水流漏损，但不足的是在检修时需拆卸上半部转轮室。

转轮室的结构和转轮的大小、工作水头有关。小型机组一般采用碳素钢铸造结构，大中型机组一般采用焊接结构。由于大型机组的转轮室尺寸较大，多采用钢板卷焊而成，一般可分为上、下环二部分（或上、中、下环三部分），每一环分几瓣，用法兰及螺栓把合。转轮室的内壁在叶片出口处常产生严重的磨蚀，通常采取的抗磨蚀措施是在转轮室内壁铺焊不锈钢板或堆焊不锈钢保护层。

运行时由于水流的压力脉动，在转轮室上作用有很大的周期性荷载，为加强转轮室的刚度和改善它与混凝土的结合，在其四周布有环向和竖向的加强筋，并用千斤顶和拉杆把转轮室牢固地固定在二期混凝土中。千斤顶在安装转轮室时还起调整中心的作用。

另外，转轮室一般设有进人孔，以便于进入转轮室检查叶片和修复叶片外缘。

1.5.4　尾水管

根据不同类型的机组和工作水头，其尾水管的具体结构有所不同。

对于轴流式和水头小于 200m 的混流式水轮机，一般采用混凝土尾水管，但在直锥段内衬有钢板卷焊而成的里衬，以防水流冲刷。为增加里衬的刚度，在里衬的外壁需加焊足够的环筋和竖筋。在混凝土中里衬要用拉杆或拉筋固定，以防机组运行时引起尾水管的振动。在里衬上还开有进人孔，以便于安装和检修时进入。

对于高水头混流式机组，尾水管直锥段不用混凝土浇注而由钢板焊接而成，一般不埋入混凝土中，而作成可拆卸式，用螺栓把合在基础环上，以便于检修转轮时能从下面拆装，而不必拆装发电机。对于高水头水轮机，其尾水管内的水流流速较大，在混凝土肘管段内也衬有金属里衬以防冲刷。由于高水头尾水管直锥段没有混凝土固定，因此必须有足够的刚度和强度，结构上可根据机组的尺寸分为几节，每节也可分瓣用螺栓把合。

另外，在尾水管底板的最低点，设有盘形阀、相应的操作机构和排水管，以用于机组检修时排除尾水管内的积水。

关于尾水管的详细结构，可查阅《水轮机》等有关书籍。

1.6　水轮发电机基本知识

1.6.1　水轮发电机的基本工作原理

与水轮机配套使用的发电机称为水轮发电机。在结构上水轮发电机是一种凸极式三相同步发电机，其磁极一个个地挂在磁轭外圆上并凸出在外。由于水轮机的转速较低，要发出工频电能，相应的发电机的极数就比较多，所以做成凸极式在结构工艺上就比较简单，如图 1-39 所示。外圈静止部分为水轮发电机定子，它主要由机座、铁芯和电枢绕组等组成，铁芯是硅钢片叠装而成的，在铁芯部分开有槽，槽内安放三个绕组（A-X、B-Y、C-Z）代表三相定子绕组；内圈部分为水轮发电机凸极转子，主要由磁极、励磁绕组（转子绕组）和转轴等组成。将直流电流引进励磁绕组后将会建立磁场（该磁场对转子来说是恒定的），当水轮机拖动发电机转子旋转时，旋转的转子磁场切割定子铁芯内的导线，在定子绕组中就会产生三相感应电势，当电枢绕组与外界三相对称负载接通时，定子绕组内将产生交流电流。

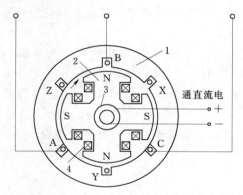

图 1-39　水轮发电机工作原理图
1—定子；2—凸极转子；3—滑环；
4—励磁绕组

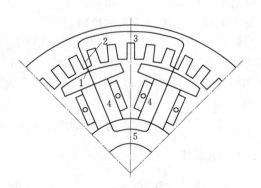

图 1-40　电机磁路
1—空气隙；2—定子齿；3—定子轭；
4—磁极；5—转子轭

从上述发电机工作原理可知，磁路是发电机建立磁场的必要条件。对于旋转发电机，每对相邻磁极扇形段有一个磁路，如图 1-40 所示。励磁电流是维持磁场恒定的关键，一般励磁电流由直流励磁机或交流电源通过整流变成直流后供给。励磁系统是水轮发电机的重要组成部分之一，它由励磁主电路和励磁调节电路两部分组成。

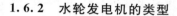

1.6.2 水轮发电机的类型

1. 卧式和立式

按水轮发电机转轴布置的方式不同，可分为卧式和立式两种。通常小容量（单机容量小于1MW）的水轮发电机一般采用卧式，适合配用混流式、贯流式、冲击式水轮机；中等容量的两种皆可；大容量的则广泛采用立式结构，适合配用混流式和轴流式水轮机。水轮发电机的结构型式在很大程度上与水轮机的特性和类型有关。

2. 悬式与伞式

对于立式机组，根据推力轴承位置的不同又分为悬式水轮发电机和伞式水轮发电机。

悬式水轮发电机是指把推力轴承布置在转子上部的型式，把整个机组转动部分悬挂起来，一般适用于高中速（在100r/min以上）水轮发电机，其优点是机组径向机械稳定性好，推力轴承磨损小，维护与检修方便；缺点是机组较高，消耗钢材较多。

伞式水轮发电机是指把推力轴承布置在发电机转子下部的型式，一般适用于低速（在150r/min以下）水轮发电机，其优点是机组高度低，可降低厂房高度，节约钢材；缺点是推力轴承损耗大，不便于安装与维护。

3. 空冷式与内冷式

按水轮发电机的冷却方式不同，可分为空气冷却和内冷却两种型式。目前空冷式应用较为广泛。

空冷式是利用空气循环来冷却水轮发电机内部所产生的热量。空冷式又分为封闭式、开启式和空调式三种。目前大中型水轮发电机多采用封闭式，小型的采用开启式通风冷却，空调冷却很少采用，仅在一些特殊条件下才采用。

内冷却式又分为水冷却和蒸发冷却两种。水冷却包括双水内冷却和半水冷却。双水内冷却即将经过处理的冷却水通入定子和转子绕组空心导线内部，直接带走发电机产生的热量，定子与转子绕组都复杂，一般不采用；半水冷却即定子绕组水冷却而转子仍为空气通风冷却，目前大容量水轮发电机都采用半水冷却方式。蒸发冷却式，即将液态冷却介质通入定子空心铜线内，通过液态介质蒸发，利用汽化传输热量进行发电机冷却，这是我国具有自主知识产权的一项新型的冷却方式。

4. 常规式与非常规式

按水轮发电机的功能不同，分为常规水轮发电机和非常规的蓄能式水轮发电机两种。常规水轮发电机一般为同步发电机；而蓄能式水轮发电机为发电电动机，有双向运转的要求，通常转速较高。

1.7 水轮发电机的基本结构

水轮发电机在结构上是一种凸极式三相同步发电机，其磁极一个个地挂在磁轭外圆上并凸出在外。由于水轮机的转速较低，要发出工频电能，相应的发电机的极数就比较多，所以做成凸极式在结构工艺上就比较简单。

由于大中型水轮发电机尺寸较大，故多为立式布置。下面将着重介绍悬式和伞式这两种型式水轮发电机的结构与特点。

1.7.1　悬式水轮发电机的结构

悬式水轮发电机有两种型式：①在上机架中装有上导轴承，也有在推力头外缘装有上导轴承，同时在下机架中还装有下导轴承，连同水轮机的水导轴承组成了所谓三个导轴承的结构型式，如图 1-41（a）所示；②取消了发电机的下导轴承，保留上导轴承和水导轴承，组成所谓两个导轴承的结构型式，如图 1-41（b）所示。至于采用何种结构型式和确定上导轴承的位置，应根据机组的临界转速和轴系的稳定性来选择。

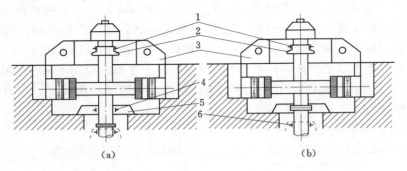

图 1-41　悬式水轮发电机结构示意简图
（a）有上、下导轴承；（b）有上导而无下导轴承
1—上导轴承；2—推力轴承；3—上机架；4—下导轴承；5—下机架；6—水导轴承

此外，采用无下导轴承和下机架的结构型式，可降低发电机的高度，使发电机的重量减轻和厂房的高度降低。但大型水轮发电机若选用悬式结构，则其上机架要承受较大的机组总轴向力并传递到定子基座上，对定子基座的刚度要求较高。因其成本较高，现只用于高速水轮发电机。如图 1-42、图 1-43 所示，是悬式水轮发电机的典型结构。

悬式发电机定子机座除了用来固定定子铁芯，还要支撑发电机上机架和推力轴承。因此，必须在机座结构上增加横向立筋或盒型筋来加强机座的刚度。一般中、小容量水轮发电机，机座直径在 4m 以下均设计成整圆机座，目前都采用钢板焊接结构，整圆机座整体性好，不用对机座强度作特殊要求；容量较大的水轮发电机的机座通常采用分瓣结构，分瓣数由机座直径而定，常用的有 2、3、4、6、8 瓣，其中3、8 瓣较少使用。

1.7.2　伞式水轮发电机的结构

根据导轴承的数量和布置的位置，伞式水轮发电机又分为以下三种结构类型。

1. 全伞式结构

全伞式水轮发电机，有一个推力轴承和一个下导轴承，如图 1-44（a）所示，主要

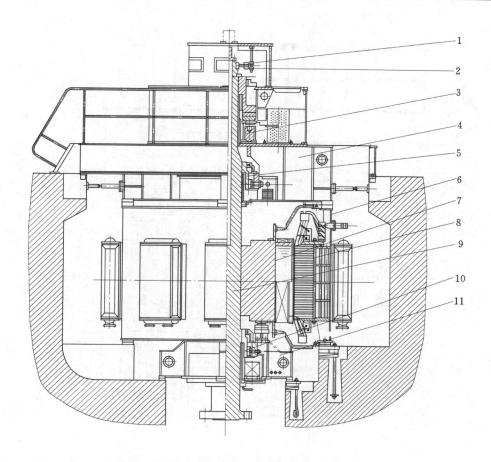

图 1-42 普通悬式结构

1—集电环；2—电刷装置；3—推力轴承；4—上机架；5—上导轴承；6—定子；
7—转子；8—定子铁芯；9—发电机轴；10—下导轴承；11—下机架

适用于转速 150r/min 以下的低速大容量发电机。

2. 半伞式结构

半伞式水轮发电机，有一个推力轴承和一个上导轴承。上导轴承可以增加机组的稳定性。这种结构可以扩大伞式结构的适用范围，其转速适用范围也可以扩大到 200～300r/min。目前，国外的半伞式结构发电机转速已提高到 500r/min。

3. 有两个导轴承的半伞式结构

有两个导轴承的半伞式水轮发电机，推力轴承、上导轴承、下导轴承各一个，如图 1-44（b）所示。该结构适用于大容量机组，其下导轴承的布置有两种结构型式。

（1）将下导轴承与推力轴承设计在同一油槽内，如图 1-45 所示。

（2）将下导轴承设计成一个独立的与推力轴承分开的油槽结构，如图 1-46 所示。

具体采用何种结构型式，应根据机组轴系的稳定性和临界转速来选择，从轴承的冷却和油循环考虑，下导轴承和推力轴承分开的结构更为优越。

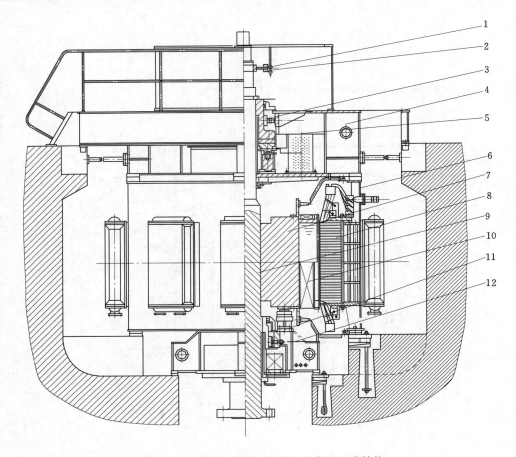

图 1-43　上导轴承置于推力头外缘的悬式结构

1—集电环；2—电刷装置；3—上导轴承；4—上机架；5—推力轴承；6—定子；
7—转子；8—定子铁芯；9—轴；10—磁极；11—下导轴承；12—下机架

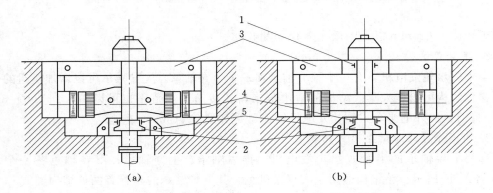

图 1-44　伞式水轮发电机结构示意简图

（a）全伞式；（b）半伞式

1—上导轴承；2—推力轴承；3—上机架；4—下导轴承；5—下机架

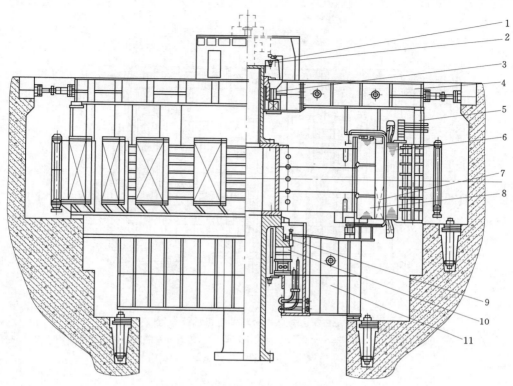

图 1-45 下导轴承与推力轴承布置在同一油槽的半伞式结构

1—集电环；2—电刷装置；3—上导轴承；4—上机架；5—定子；6—定子铁芯；
7—磁极；8—转子；9—下导轴承；10—推力轴承；11—下机架

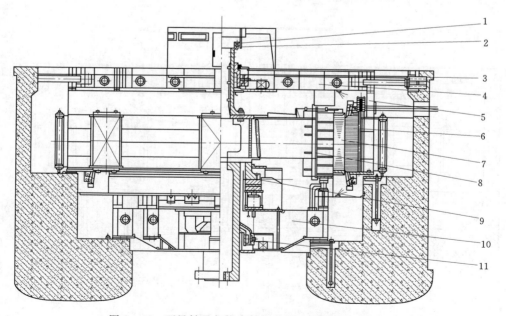

图 1-46 下导轴承与推力轴承分开油槽的半伞式结构

1—集电环；2—电刷装置；3—上导轴承；4—上机架；5—定子；6—定子铁芯；
7—磁极；8—转子；9—推力轴承；10—下机架；11—下导轴承

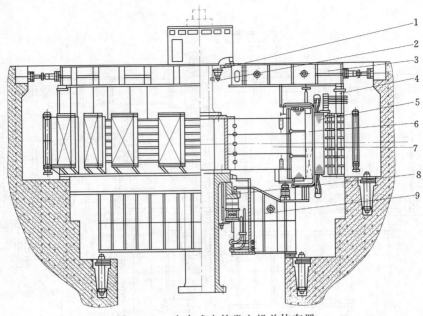

图 1-47 全伞式水轮发电机总体布置

1—集电环；2—电刷装置；3—上机架；4—定子；5—定子铁芯；6—磁极；7—转子；8—推力轴承；9—下机架

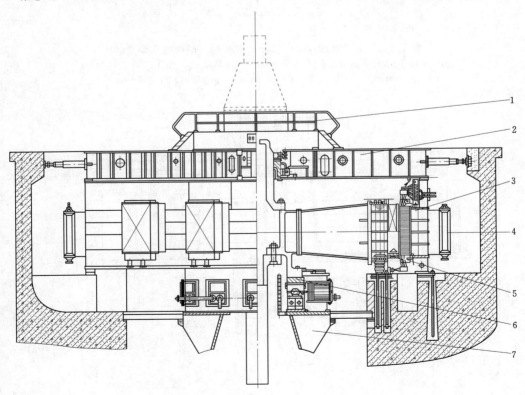

图 1-48 半伞式水轮发电机总体布置

1—外罩；2—上机架；3—定子；4—空气冷却器；5—转子；6—推力轴承；7—推力支架（下部略去）

伞式结构在大型水轮发电机中越来越显示出其优越性。一般采用此结构的发电机转子可设计成分段轴结构，其最大优点是可以解决由于机组大而引起的大型铸锻件问题。同时也可减轻转子起吊重量，降低起吊高度，从而降低厂房高度。这种结构的推力头也可设计成与大轴为一体，便于在车床上一次加工，既保证了推力头与大轴之间的垂直度，又消除了推力头与大轴之间的配合间隙，免去镜板与推力头配合面的刮研和加垫，使安装调整及找摆度十分方便。

另外，伞形结构的推力轴承一般布置在下机架上，下机架是承重机架，承受推力轴承传递过来的轴向力并传递给机墩，如图 1-47 所示。大型机组的推力轴承也可以有自己的推力支架承重，布置在水轮机的顶盖上，通过顶盖将轴向力传递到固定导叶，然后传递到基础，如图 1-48 所示。推力轴承的这两种布置方式，都可以减轻定子基座的受力。例如国外的伊泰普、大古力，国内的三峡、隔河岩、岩滩、龙羊峡、乌江渡等水电站的推力轴承，即是布置在下机架上；俄罗斯的萨彦-舒申斯克，国内的葛洲坝、大化、水口、铜街子等电站的推力轴承，即是通过推力支架布置在顶盖上。

但是，伞式结构因其推力轴承直径较大，故轴承损耗比悬式结构的大。

1.8 水轮发电机的主要组成部件

水轮发电机主要由定子、转子、推力轴承、导轴承、机架、空气冷却器和永磁机等部件组成。下面将介绍一些主要部件的结构特点。

1.8.1 定子

定子是发电机产生电磁感应的电枢，是将旋转机械能转换为电能的主要部件，主要由机座、定子铁芯、定子绕组、端箍、铜环引线、基础板及基础螺杆等组成，如图 1-49 所示。

1. 定子机座

定子机座的作用是用来固定定子铁芯的。定子机座承受在定子绕组短路时产生的切向力和半数磁极短路时产生的单边磁拉力，同时还要承受各种运行工况下的热膨胀力，以及额定工况时产生的切向力和定子铁芯通过定位筋传来的 100Hz 的交变力。

立式机座应用较为普遍，除了用于固定定子铁芯外，其顶部还要支承上机架，对悬式水轮发电机还要支承推力轴承等部件，因此在结构上应增加轴向立筋来加强机座的刚度以承受轴向力。机座外侧面开有风口，在风口处安装有空气冷却器。

一般中小容量机组的定子机座直径在 4m 以下时，均设计成整圆机座以增加其刚度，整圆机座目前都采用钢板焊接结构；大中容量机组则要分瓣，采用钢板焊接结构机座。定子机座的平面形状呈圆形或多边形。机座的立筋多采用普通立筋、盒形筋或斜形筋结构，如小湾水电站定子机座采用的就是斜立筋结构。

2. 定子铁芯

定子铁芯是发电机磁路的主要组成部分，并用以固定定子绕组。它主要由扇形冲片、通风槽片及铁芯固定用零件装压而成。定子铁芯是用硅钢片冲成扇形片叠装于

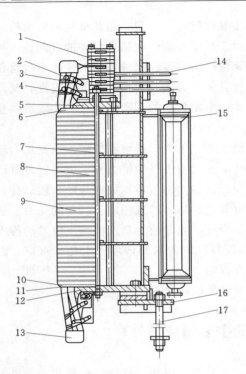

图 1-49　定子结构

1—铜排引线；2—定子绕组；3—端箍；4—碟形弹簧；
5—上齿压板；6—上压指；7—机座；8—拉紧螺杆；
9—定子铁芯；10—槽楔；11—下压指；12—大齿
压板；13—绝缘盒；14—引出线；15—空气冷
却器；16—基础板；17—基础螺杆

定位筋上。对于采用径向通风的大中型水轮发电机，在定子铁芯段上都有一定数量的通风槽片构成的通风沟，以利于径向通风。

发电机运行时，定子铁芯将受到机械力、热应力及电磁力的综合作用，因此应保证定子铁芯运行中稳固。定子铁芯固定用零件主要由定位筋、拉紧螺杆、托板、齿压板、调节螺杆、固定片、碟形弹簧等组成。定位筋主要起固定扇形冲片的作用，定位筋通过托板焊于机座环板上，并通过上、下齿压板用拉紧螺杆将铁芯压紧成整体而成。拉紧螺杆对铁芯起压紧作用；托板与齿压板是固定铁芯的主要零件，铁芯的轴压紧力是通过齿压板及拧紧螺母和拉紧杆而产生并维持的；调节螺杆主要是在定子铁芯松动时起压紧作用；固定片是为了防止拉紧螺杆在运行中发生振动或抖动；碟形弹簧是为了补偿铁芯的收缩，保证定子铁芯长期运行而不松动。

3. 定子绕组

定子绕组属于发电机的导电元件，其作用是当转子磁极旋转时定子绕组切割磁力线而感应出电势。目前水轮发电机的定子绕组多为三相、双层多匝圈式或单匝条式绕组。定子电流通过绕组的出线端经铜环引线和铜排引出发电机机座外壁，再由铜母线引出发电机机坑，与系统中的电气设备连接，将电流送入系统。

4. 定子基础部件

由于悬式机组的定子基础部件承担整个机组转动部分轴向力、定子与上机架的重量，而伞式机组的下机架基础部件承担整个机组转动部分轴向力、下机架的重量，因此这些基础部件受力较大。

立式水轮发电机的定子主要通过定子基础部件固定在发电机基础混凝土上。为使基础部件便于调整其高程和水平度以及有足够的承压面积，需在基础板底部设基础垫板和楔形板。定子基础部件包括基础板、楔形板、螺栓、销钉及基础螺杆和套管等，如图 1-50 所示。

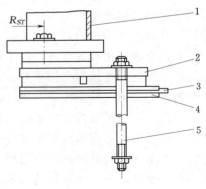

图 1-50　定子基础部件

1—定子机座；2—基础板；3—楔形板；
4—垫板；5—基础螺杆

1.8.2　转子

水轮发电机的转子是转换能量和传递转矩的主要部件，其作用是产生磁场。位于定子里面且与定子保持一定的空气间隙，转子通过主轴与水轮机轴连接。转子一般由磁极、转子体、主轴等部件组成，如图1-51所示。

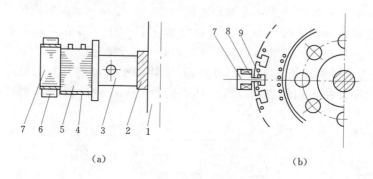

（a）　　　　　　　　　　　　　　　　（b）

图1-51　转子基本结构示意图

（a）立面图；（b）平面俯视图

1—主轴；2—轮毂；3—轮臂；4—制动环；5—磁轭；6—风扇；7—磁极；8—转子励磁线圈；9—磁极键

1. 磁极

磁极是提供励磁磁场的磁感应部件，属于转动零件。主要有磁极铁芯、励磁线圈、阻尼绕组等零部件组成。

（1）磁极铁芯。主要由磁极冲片、压板、螺杆（拉杆）或铆钉等零件组成。磁极铁芯固紧结构有铆钉固紧结构、拉紧螺杆固紧结构、拉杆固紧结构、套筒螺杆固紧结构等。

（2）励磁线圈。由铜线或铝线制成，立绕在磁极铁芯的外表面上，匝与匝之间用石棉纸板绝缘，线圈绕好后经浸胶热压处理，形成坚固的整体。磁极线圈与集电环连接是指从线圈的两个引出线，径向向下引到转子体上，最后引至轴上。立轴悬式水轮发电机中间插入推力轴承，使引线在轴的表面上通过，必须在轴上开槽或钻孔，使引线穿过槽或轴孔引至集电环。铜排引线采用线夹固定在转子磁轭和转子支架上，要求有防止引线在运行中径向移动的结构措施。

（3）阻尼绕组。其作用是当水轮发电机产生振荡时起阻尼作用，使发电机运行稳定，在不对称运行时它能提高担负不对称负载的能力。实心磁极因本身有很好的阻尼作用，故不装设阻尼绕组。

2. 转子体

水轮发电机的转子体，一般由磁轭、转子支架、轮毂等部件组成。有整体结构和组合结构两种型式。整体结构的转子体，是由磁轭圈、支架和轮毂合为一体的结构；大、中型水轮发电机尺寸都较大，若将转子体做成整体结构，会给加工制造、安装、运输等方面带来不便，因此在设计制造时将转子体分为磁轭、转子支架和轮毂等部分，成为组合结构的转子体。

（1）磁轭。其作用是构成磁路、固定磁极，产生转动惯量 GD^2 的主要部件。磁轭主要由扇形冲片、通风槽片、定位销、拉紧螺杆、磁轭键、锁定板、卡键、磁轭上下压板等组成。磁轭有整体磁轭和叠片磁轭两种结构。一般小型发电机的转子体做成整体结构，其磁轭为整体磁轭，采用热套方式通过键与轴连成一体；大、中型发电机转子采用叠片磁轭，磁轭是通过转子支架与轮毂和轴连成一体，这种磁轭是由扇形冲片交错叠成并用拉紧螺杆固紧，扇形冲片上冲有 T 尾或鸽尾槽以固定磁极。

（2）转子支架。其作用是连接主轴和磁轭的中间部分，并起到固定磁轭和传递转矩的作用。它由轮毂和轮臂两部分组成，通过合缝板连成一体。其结构型式是依据发电机容量、转速、尺寸及运输条件设计与选择，主要有以下几种结构。

1）磁轭圈为主体的转子支架。整体结构转子体的中小型水轮发电机适宜采用此种结构，支架由磁轭圈、辐板和轮毂组合成一体，转子支架与轴之间依靠键传递扭矩，如图1-52（a）所示。

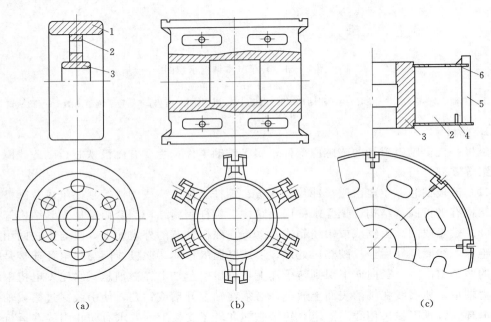

图 1-52　转子支架结构
（a）带磁轭圈转子体；（b）整体铸造结构转子架；（c）简单圆盘式支架
1—磁轭圈；2—辐板；3—轮毂；4—下圆板；5—立筋；6—上圆板

2）整体铸造或焊接转子支架。中型水轮发电机由于尺寸适中（定子铁芯外径在410～550cm 范围内），采用整体铸造或焊接转子支架，结构紧凑、简单。如果采用铸件，则轮毂、辐板和立筋须铸成一体，如图 1-52（b）所示。整体铸造结构虽有一些优点，但质量要求高，加工量大，近年来焊接结构已逐渐代替铸造结构。焊接结构的整体支架的轮毂可用钢板卷制成筒形，也可用铸件。

3）简单圆盘式转子支架。此种支架为焊接结构，由轮毂上、下圆盘，腹板和立筋组成，如图 1-52（c）所示。具有重量轻、刚度大的优点，特别适合于径向通风的水轮发电机，为满足通风要求，须在支架圆盘上开通风孔。

4）支臂式转子支架。大中型水轮机由于受到运输条件的限制，一般采用由中心体和支臂装配组合而成的结构。中心体由轮毂、上圆盘、下圆盘、筋板及合缝板组成，采用铸造轮毂和钢板焊接或全用钢板焊接结构，中心体外径一般控制在 4m 左右，超过限制可制成分瓣结构，但很少采用。支臂有"工"字形和盒形两种结构。悬式发电机常用"工"字形结构；盒形结构，支臂比较轻，每个支臂能布置两根立筋，与"工"字形结构相比，支臂数少了一半。

5）多层圆盘式转子支架。大容量、大尺寸水轮发电机大多采用此种结构。如伊泰普、二滩、三峡电站的大型发电机就是采用这种转子支架。

6）斜支板圆盘式转子支架。将支臂板设计成斜元件，它连接两个处在同一平面而有不同直径的环形元件（转子中心体和圆盘）。

除上述部件外，转子上还有集电装置等部件。

3. 发电机主轴

（1）发电机主轴的结构。发电机主轴与水轮机主轴连接，主要起传递转矩、承受机组转动部分的总重量及轴向水推力的作用。主轴有一根轴和分段轴两种结构。如图 1-53 所示为一根轴结构，悬式水轮发电机，特别是中小型发电机都采用一根轴结构；如图 1-54 所示为分段轴结构，由上端轴、转子支架中心体和下端轴组成，中间段以转子支架中心体作为组成部分，无轴段，所以又称无轴结构。下端轴可为单独一根轴，也可与水轮机轴设计成一根轴（取消两根轴连接法兰，可缩短机组高度，节省钢材）。

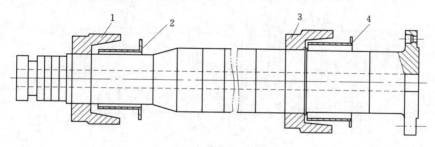

图 1-53 一根轴结构

1—上导轴领；2—上导挡油管；3—下导轴领；4—下导挡油管

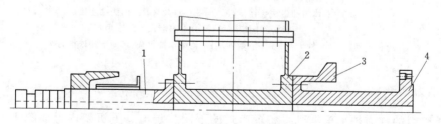

图 1-54 分段轴结构

1—上端轴；2—转子支架中心体；3—推力头；4—下端轴

轴法兰，是连接轴与转子支架中心体和水轮机轴的过渡部分。轴法兰主要有外法兰和内法兰两种结构型式。外法兰直径一般比轴身直径大，外法兰结构优点是轴连接方便，一般适用于中小型悬式水轮发电机；内法兰结构与轴外径一致，此种结构法兰连接在内径处，结构较复杂，广泛适用于大型分段轴结构的水轮发电机。

小型水轮发电机，采用整锻的实心轴身结构；大中型水轮发电机采用整锻空心轴结构。近年来大型水轮发电机还采用焊接结构，轴身与法兰采用电渣焊工艺，将锻造法兰和锻造的轴身焊成整体。目前，一些特大型发电机轴身采用钢板卷焊结构，此种轴常为薄壁结构，与整锻的厚壁轴身有差别。

（2）发电机主轴的连接。发电机主轴的连接，对于一根轴结构，是指发电机轴与水轮机轴的连接；对分段轴结构，是指上端轴与转子支架中心体、下端轴与转子支架中心体及水轮机轴的连接。

发电机主轴的连接方式，主要通过连轴螺栓在轴或转子支架中心体的法兰处连接。发电机轴与转子支架中心体的连接方式，可根据支架中心体的结构采用不同的连接方式。图1-55（a）为转子支架中心体与轴内法兰连接结构，推力头固定在转子支架中心体上；图1-55（b）为转子支架中心体与推力头铸成一体，在中心体（轮毂）内法兰处连接，优点是轮毂上的止口和推力头的外圆可以一次加工，保持同心，安装时便于找正轴线，缺点是大型铸件，质量难以保证；图1-55（c）为推力头与发电机下端轴锻或焊成一体，加工时可将轴的外径与推力头外圆一起加工，保持同心，安装时方便调整轴线；图1-55（d）、（e）都属于外法兰连接方式，图1-55（d）中推力头固定在转子支架中心体上，而图1-55（e）中推力头固定在轴的法兰上。

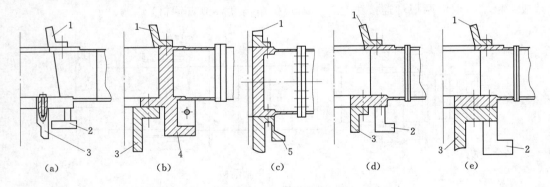

图 1-55　转子支架中心体的连接方式

（a）中心体与轴内法兰连接；（b）中心体（轮毂）内法兰连接；

（c）、（d）外法兰连接；（e）推力头固定在轴的法兰上

1—上端轴；2—推力头；3—下端轴；4—轮毂带推力头；5—下端轴推力头

1.8.3　推力轴承

立式机组的推力轴承根据机组布置型式的不同装于上、下机架内。如图1-56所示，推力轴承由转动和固定两部分组成。转动部分主要包括推力头、镜板等；固定部分主要包括推力瓦、推力轴承支承、冷却装置、减载装置等。立式机组运行时其推力轴承将承受机组旋转部分的重量和轴向水推力，并把这些重量和轴向水推力通过机架传递到混凝土基础上。同时，推力轴承又是决定机组轴线是否铅直的重要轴承，为保证机组正常运行，它应达到如下基本要求：

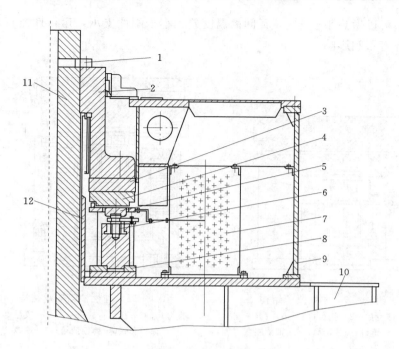

图 1－56　推力轴承基本结构

1—卡环；2—推力头；3—镜板；4—推力瓦；5—托盘；6—支柱螺钉；
7—油冷却器；8—轴承座；9—油槽；10—机架；11—轴；12—挡油管

（1）转动部分连接紧密，不允许松动，镜板的工作平面与轴线应垂直。

（2）推力瓦工作表面应呈水平状态，达到应有的工作高程，各推力瓦受力均匀一致。

（3）推力头与镜板、轴承座与油槽间应设绝缘垫。

大中型立式发电机都采用扇形瓦推力轴承，属于滑动轴承。滑动轴承接触面之间有油膜，因此建立有一定厚度的稳定液体动态压力油膜，是推力轴承工作的基本条件。

推力轴承是水轮发电机的主要部件，其性能优劣将直接影响机组是否能安全、可靠、长期运行。随着单机容量和转速的不断增长，推力负荷也相应增大，这对大负荷推力轴承性能的要求就更高了。

1. 推力轴承支承结构

推力轴承支承结构是支承推力负荷的主要部件，必须具有足够的弹性，能尽量将承载向推力瓦面各处扩散和均衡，能使沿周向各瓦块之间具有自动调节负载的性能。推力轴承支承结构主要有以下几种。

（1）刚性支承。主要由托盘、支柱螺钉及套筒等零件组成，如图 1－57 所示。其结构简单，便于制造，轴瓦转动较灵活，但轴瓦属于单支点支承，承载力较小，轴瓦受力不均且受力靠调节支柱螺钉的高低来实现，较难调整。一般用于中小型推力轴承，中小型混流式机组多采用这种型式。

（2）液压弹性油箱支承。也属于单支点支承。弹性油箱和支柱螺钉作为轴瓦的支承件，如图 1－58 所示。主要特点是利用油箱的轴向变形及油压传递使各瓦受力均匀，每块瓦间的受力差可以做到小于 3%，瓦间的温度差也小于刚性支承，运行性能较好，但这种结构对油循环有不利影响。

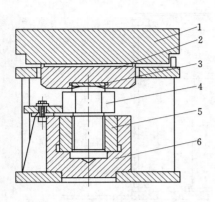

图 1-57 刚性支承结构

1—推力瓦；2—托盘；3—垫片；4—支
柱螺钉；5—套筒；6—轴承座

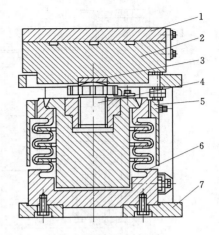

图 1-58 弹性油箱支承结构

1—推力瓦；2—托瓦；3—垫片；4—支柱螺钉；
5—保护套；6—弹性油箱；7—底盘

（3）平衡块支承。利用上、下平衡块的互相搭接组成一个整体系统，也属于单支点支承，如图 1-59 所示。平衡块推力轴承运行时推力负荷作用在轴瓦上，引起平衡块间的互相作用，从而连续自动调整每块瓦上的受力，改善轴瓦受力的均匀性，提高了推力轴承瓦的单位压力和运行可靠性，且结构简单、制造方便、易安装。这种结构适用于中低速推力轴承，如葛洲坝发电机 3800t 推力轴承采用的便是这种结构。

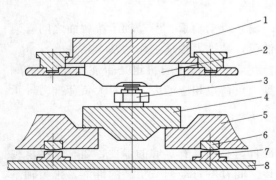

图 1-59 平衡块支承结构

1—推力瓦；2—托盘；3—支柱螺钉；4—上平衡块；
5—下平衡块；6—接触块；7—垫块；8—底盘

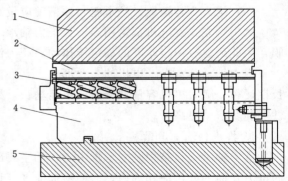

图 1-60 弹簧束支承结构

1—镜板；2—推力瓦；3—弹簧束；
4—底座；5—支架

（4）弹簧束支承。这是一种多支点支承，推力瓦放置在一簇具有一定刚度，高度又相等的支承弹簧上（过去采用圆柱螺旋弹簧，现在采用承载力较大的碟形弹簧），如图 1-60 所示。支承弹簧除承受推力负荷外，还能均衡各块瓦间的负荷和吸收振动。弹簧束支承结构具有较大的承载能力，较低的轴瓦温度和运行稳定性等优点。不仅适用于低速重载轴承，也适用于高速轴承。可适用于一般水轮发电机和发电电动机。如碟形弹簧束支承已在三峡4600t的发电机推力轴承上得到应用。

（5）弹性杆支承。属于多支点支承。采用双层轴瓦，其中薄瓦支承在装有若干不同直径销钉（即有不同弹性）的厚瓦上，如图1-61所示。薄瓦的变形主要取决于支承销钉在荷载下的变形（缩短），由轴瓦温度梯度引起的销钉缩短是次要的。这样有利于薄瓦散热，减少温差并使受力均匀，可大幅降低轴瓦的热变形和机械变形。此种支承结构，国外已在多个电站得到使用，如ABB公司提供的三峡发电机推力轴承就采用了此支承结构。

（6）弹性圆盘支承。推力瓦支承在由两个相对组合在一起的弹性圆盘上，如图1-62所示。弹性圆盘呈蝶形，采用专门工艺的高强度合金钢制作而成。弹性圆盘具有一定的弹性，以确保推力负荷在轴瓦上均匀分布，弹性圆盘表面做成平头的圆锥体，头部呈球形，可使轴瓦自由偏转，以形成楔形的油膜。

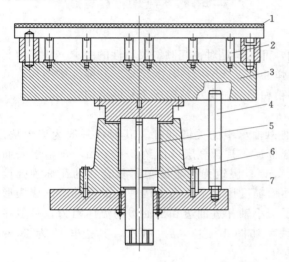

图1-61 弹性杆支承结构
1—推力瓦；2—弹性杆；3—托瓦；4—抗扭销；
5—弹性支柱；6—负荷测量杆；7—支柱座

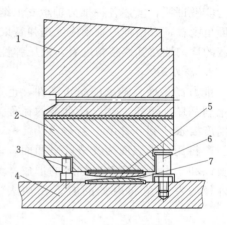

图1-62 弹性圆盘支承结构
1—推力头与镜板一体；2—推力瓦；3—挡块；
4—轴承座；5—上弹性圆盘；6—挡块；
7—下弹性圆盘

（7）弹性垫支承。推力瓦支承在橡胶弹性垫上，如图1-63所示。弹性垫采用耐油橡胶板制成，其尺寸比轴瓦略小，在径向支承轴线上有两个定位销孔，用以限定轴瓦的位置，也有弹性垫做成圆形的，此时承载面积较小，装配时将3～4片弹性垫放在圆形槽内。但弹性垫支承长时间使用后，容易塑性变形，在周边胀出并形成鼓形，材料也易老化，虽然结构简单，安装维护方便，但只能适用于小负荷推力轴承。

（8）支点—弹性梁支承。如图1-64所示，兼有支点型和弹簧型两种支承的优点，既能使负荷均匀分布在各块轴瓦上，又使轴瓦极易倾斜，油膜容易形成。一般用于大负荷、径向宽度大的推力轴承，如我国水口水电站的发电机推力瓦即采用这种支承结构。

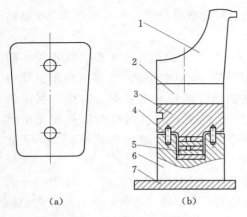

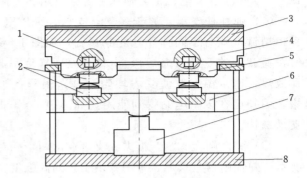

图 1-63　弹性垫支承结构

（a）扇形弹性垫；（b）圆形弹性垫

1—推力头；2—镜板；3—推力瓦；4—定位筋板；

5—弹性垫；6—轴承座；7—机架

图 1-64　支点—弹性梁支承结构

1—销钉；2—垫块；3—推力瓦；4—托瓦；5—托盘；

6—弹性梁；7—支持块；8—轴承座

　　实践证明，上述各种推力轴承支承结构，都能满足对轴瓦倾斜灵活性的要求。从推力瓦变形角度看，大型推力轴承应优选弹簧束、弹性杆支承结构，其次是支点—弹性梁结构；从负载的均匀性及其调整角度看，液压弹性油箱和平衡块支承结构优于其他结构。

　　2. 推力瓦

　　推力瓦是推力轴承的静止部件，也是推力轴承中的关键部件。其形状一般为扇形块。在钢制瓦坯上浇筑一层巴氏合金的瓦称为合金瓦，其合金层厚度约 5～8mm，合金层表面粗糙度要求达到 0.8μm，接触点为 1～3 个/cm²；浇筑弹性金属塑料复合层的瓦称为弹性金属塑料瓦，其表面为光滑的平凹面，表面粗糙度比合金瓦高。两种瓦的进油边刮成楔形斜坡以利于发电机启动时油膜的形成。为了减小轴瓦进油边和出油边的流体阻力，一般在瓦外径的左上角和内径的右下角切去一块，如图 1-65（a）所示，其边长约为 30～

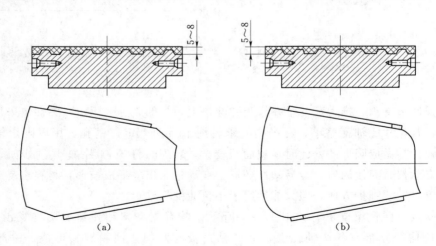

图 1-65　推力瓦块（单位：mm）

（a）直线形；（b）圆弧形

100mm，若切去的部分为圆弧形或双曲线形则更好，如图 1-65（b）所示。

（1）合金瓦。合金瓦主要有以下几种。

1）普通轴瓦。结构简单，用 60～150mm 的钢板作为瓦坯，加工出鸽尾槽，浇铸轴承合金或采用堆焊轴承的合金方法，适用于一般中小型水轮发电机。

2）双层轴瓦。由一个带有轴承合金的上层薄瓦（厚 60mm 左右）和一个厚托瓦（厚 240～280mm）组成。瓦托刚度大，可以减少瓦的压力变形。薄瓦刚度小，仍被压服在托瓦上面，以达到推力瓦综合变形减小的目的。这种瓦的特点是瓦上、下两面温差小，整个推力瓦的变形小，具有良好的运行性能。广泛用于大中型水轮发电机。

3）水冷轴瓦。在轴瓦体内埋设冷却水管，通以冷却水，直接带走轴瓦摩擦表面的大部分损耗，降低瓦温，提高轴承承载能力。其特点是承载力高，但沿轴瓦厚度方向温度梯度差很大，瓦面凉，瓦底热，造成瓦变形不均匀，会引起烧瓦事故。曾在一些大负荷推力轴承上应用过，近年来应用较少。

4）绝热轴瓦。用耐油橡胶包在瓦的底部和两侧，可使轴瓦内的温差降至最小。

5）双排轴瓦。将承载量很大的狭长推力瓦在径向一分为二，用刚性支柱螺钉将各自下面的托盘固定在略具弹性的平衡梁上，以合理分配内、外排瓦上的负载。该瓦能有效地解决承载量很大的狭长推力瓦变形过大问题，但推力瓦受力不均匀性仍较严重。

（2）弹性金属塑料瓦。弹性金属塑料瓦主要由塑料层、铜丝层和瓦坯三部分组成，如图 1-66 所示。塑料层一般用聚四氟乙烯板材，厚度为 3～4mm，铜丝网层厚度在 7～8mm，用直径为 0.3～0.4mm 的青铜丝绕成直径为 3mm 的弹簧圈层与塑料板压在一起，成为瓦面复合层，然后用纤焊与瓦坯焊成一体。现代中小型水轮发电机多采用这种瓦。

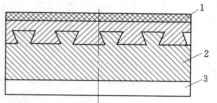

图 1-66 弹性金属塑料瓦块
1—氟塑料层；2—弹性金属层；3—瓦坯

3. 推力头

推力头是承受轴向负荷和传递扭矩的重要结构部件。一般用热套法装在主轴上，以保证两者连接紧密且同心，用卡环连接以传递轴向力，用键连接以传递扭矩。推力头的材料一般为焊接性能和铸造性能良好的合金结构铸钢，应有足够的刚度和强度以承受轴向推力产生的弯矩，不至于产生有害变形和损坏。

推力头的结构型式随发电机的总体结构而变化。通常有以下几种。

（1）普通型推力头，如图 1-67 所示，这种推力头的纵剖面的一半形状似 L 形，故称 L 形推力头。一般采用平键与主轴连接，为过渡配合。对于单独油槽的悬式水轮发电机的推力轴承，多采用此结构。

（2）混合型推力头，如图 1-68 所示。中、小型悬式水轮发电机，推力轴承与导轴承设在同一油槽内，一般采用此结构。

（3）组合式推力头，如图 1-69 所示。推力头与转子支架轮毂把合在一起的组合式结构。用螺钉和止口方式与轴连接。大、中型伞式水轮发电机推力轴承多采用这种结构。

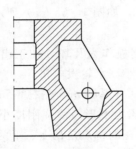

图 1-67　普通型推力头

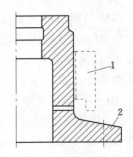

图 1-68　混合型推力头

1—导瓦；2—推力头

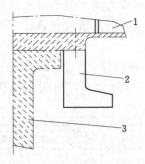

图 1-69　组合式推力头

1—转子支架；2—推力头；3—大轴

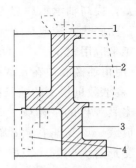

图 1-70　与轮毂一体推力头

1—上端轴；2—轮毂部分；3—推力头部分；

4—下端轴

（4）与轮毂一体推力头，如图 1-70 所示。这种推力头多采用热套法套在轴上。常用于大型伞式水轮发电机。

（5）与轴一体推力头，如图 1-71 所示。分段轴结构的伞式水轮发电机，常将推力头与大轴做成一体，保证推力头与大轴之间的垂直度，消除推力头与大轴间的配合间隙，免去镜板与推力头配合面的刮研和加垫，便于安装调整和大轴找摆度。

（6）弹性锁紧板结构推力头，如图 1-72 所示。沿推力头圆周装设 6～10 个辐射排列的弹性锁紧板，在板端固定点上加垫进行调整，使其受力均匀，并具有一定的预紧力，以适应轴向不平衡负荷。国外工程曾采用过这种结构。

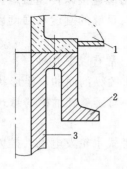

图 1-71　与轴一体推力头

1—转子支架；2—推力头；3—轴身

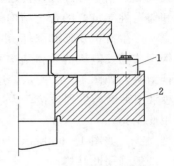

图 1-72　弹性锁紧板结构推力头

1—弹性锁紧板；2—推力头

4. 镜板

镜板是推力轴承的重要结构部件，固定在推力头下面，随大轴一起转动。镜板与推力瓦构成动压油膜润滑，以承受轴向荷载。镜板使用的材料大部分为锻钢，也有采用特殊钢板。镜板要求有较高的精度和光洁度，满足推力轴承在不同工况下的需要；镜板上、下两平面的平行度将直接影响机组的安装和机组摆度的调整，并对机组运行的稳定性有直接影响。中小型机组一般采用镜板与推力头做成一体的结构，大容量机组则采用镜板与推力头分开的结构。当镜板的尺寸超过运输极限时则采用分瓣镜板结构。

除以上部件之外，推力轴承还有托盘、轴承支架、绝缘垫等部件。

1.8.4 水轮发电机导轴承

水轮发电机导轴承，主要承受机组转动部分的径向机械和电磁的不平衡力，使机组在规定的摆度和振动范围内运行。

对于卧式机组，发电机导轴承和水轮机导轴承分别装在发电机转子的两端轴上。对于立式机组，根据布置需要，布置于上机架或下机架内，或同时布置于上、下机架内。

1. 水轮发电机导轴承的结构类型

现在大部分大中型发电机都采用分块式扇形瓦导轴承，属于滑动轴承，这种轴承具有较大的承载能力，容易调整且结构紧凑。导轴承可以布置在推力轴承镜板工作面或推力头工作面的外圆处；若布置在这两个位置的导轴承圆周速度大，会引起过大的损耗，也可以设计成在推力头的轴颈外圆处或直接布置在轴领（又称滑转子）处。发电机导轴承的结构、数量，与发电机的容量、转速及机组总体布置有关。发电机导轴承主要有以下两种结构形式。

（1）独立油槽的导轴承。此种导轴承为一个独立的油槽，一般有轴领，导轴承瓦直径较小，瓦块数也少，如图 1-73 所示。其运行条件良好，轴承损耗也小，适用于大中型悬式或半伞式发电机的上导轴承。

（2）合用油槽的导轴承。导轴承与推力轴承合用一个油槽，推力头兼做导轴承的轴领，如图 1-74 所示。其结构紧凑，但导轴承直径较大，瓦块数较多，轴承损耗较大，适用于全伞、半伞式发电机的下导轴承以及中小型悬式发电机的上导轴承。

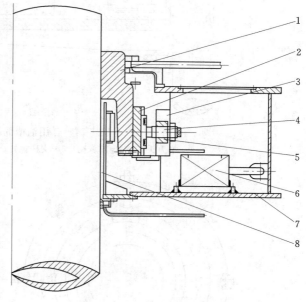

图 1-73 独立油槽导轴承
1—轴领；2—导轴承瓦；3—座圈；4—支柱螺钉；
5—套筒；6—油冷却器；7—机架；8—挡油管

2. 导轴承的主要组成部件

导轴承主要由导轴承瓦、支承结构、套筒、座圈、轴领等部件组成，如图 1-75 所示。

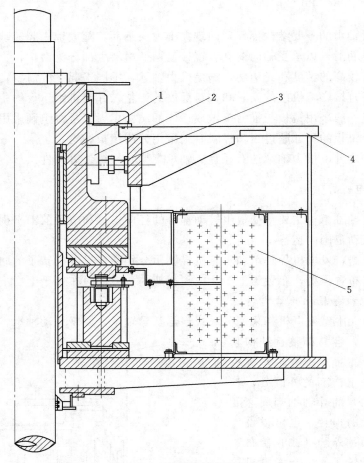

图 1-74　合用油槽的导轴承

1—推力头；2—导轴承瓦；3—支柱螺钉；4—机架；5—油冷却器

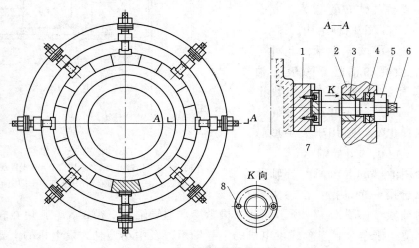

图 1-75　典型导轴承结构

1—导轴承瓦；2—座圈；3—套筒；4—密封圈；5—螺帽；6—支柱螺钉；7—轴领；8—固定螺钉

导轴承瓦主要有瓦坯、轴承合金、槽型绝缘、支持座、绝缘套组成，如图 1－76 所示。瓦坯采用铸钢，每块瓦坯留有加工余量；轴承瓦面为合金材料；槽型绝缘、绝缘套用来防止轴电流通过轴瓦损伤瓦面；支持座支承导轴承支柱螺钉。

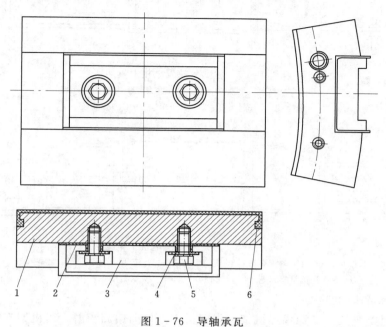

图 1－76　导轴承瓦
1—瓦坯；2—槽型绝缘；3—支持座；4—绝缘套；5—固定螺钉；6—轴承合金

导轴承支撑结构有支柱螺钉支承和楔子板支承两种。套筒与导轴承支柱螺钉需要互相配合，要求套筒底面与座圈接触良好。导轴承座圈在与机架焊接前加工，大型导轴承座圈要求备有调节轴瓦间隙的顶丝螺孔。轴领表面与导轴承瓦摩擦面组成了一对润滑表面，轴领要求热套于轴上并与轴一起加工，轴领内径的轴向长度设计时应考虑与挡油管的高度相匹配。

1.8.5　机架

机架是安置水轮发电机推力轴承、导轴承、制动器及轴流式水轮机受油器的主要支撑部件，由中心体和支臂组成。其结构型式一般取决于水轮发电机的总体布置。

立式机组的机架包括上机架和下机架。上机架安装于定子之上，用螺栓固定于定子机座上，如图 1－77 所示；下机架一般布置在定子内部下端和转子制动环之下，如图 1－78 所示。

机架按受力性质又可分为负重和非负重两种类型。支撑推力轴承的机架为负重机架，其主要承受来自水轮机水推力和整个机组转动部分的全部重量以及机架自重和作用在机架上的其他负荷；非负重机架承受的轴向负荷较小，主要承受径向负荷（若该机架上布置有导轴承时），径向负荷由发电机导轴承及水导轴承共同承担，通过导轴瓦的油膜传递到机架上。如悬式发电机的上机架为负重机架，而下机架则为非负重机架。

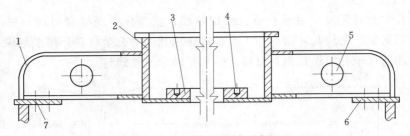

图1-77　立式水轮发电机上机架

1—机架支臂；2—支架中心体；3—推力轴承支座；4—限瓦
螺钉孔；5—起吊孔；6—定子机座；7—连接螺栓

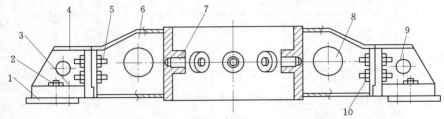

图1-78　立式水轮发电机下机架

1—机架基础板；2—机架紧固螺钉；3—机架固定销；4—支腿；5—机架连接螺栓；6—支臂；
7—下导瓦抗重螺钉座；8—机架起吊孔；9—支腿起吊孔；10—销子螺栓

1. 立式机架结构型式

（1）辐射型机架。又称星形机架，支臂由中心体向四周辐射，当机架支臂外端的对边尺寸小于4m时，通常采用机架中心体与支臂焊为一体的结构。当超过4m时，可采用可拆式机架，即将中心体和支架分开，运到工地后可将两者用合缝板组合或焊接成整体。辐射型各支臂和中心体受力均匀，适用范围比较广，适用于大中型水轮发电机的负重上、下机架和非负重下机架及一些低速大容量跨度较大的上机架。

（2）井字形机架。机架的各支臂与中心体构成井字形机架，由于受力原因，一般用于大中型水轮发电机的非负重机架。井字形机架支臂外端对边尺寸大于4m时，可将4个支臂做成可拆式的结构，以满足运输要求。

（3）桥形机架。中小型水轮发电机的推力负荷不大，机架尺寸比较小，无论负重和非负重机架都可采用此结构。

（4）斜支臂机架。机架的每个支臂沿圆周方向都偏扭一个支撑角，使支架支臂在运行时具有一定的柔性，支撑角大小由机架需要的柔性而定，由此定子铁芯的热膨胀可不受上机架的影响，同样上机架采用斜支臂也可减少机架与基础件由于热膨胀而引起的应力，而刚度仍与径向式支臂的机架相同。此结构适用于大容量水轮发电机的上、下机架。

（5）多边形机架。两个相邻支臂间用工字钢连接成整体，构成多边形的机架，每对支臂的连接处焊有人字形支撑架，采用键（切向键）与基础板连接，键与支撑架之间留有一定的间隙以适应热膨胀的需要。支撑架与上机架焊接前，在间隙处应根据间隙的大小，垫上临时垫片以确保间隙值，并在键两侧放入侧键，以调节支臂中心。此结构最大特点是可以把导轴承传出的径向力，经连接的支撑架转变为切向力，可以减少径向力对基础壁的作用，适用于大容量水轮发电机的上机架。

（6）三角环形机架。没有支臂，重量轻，与支臂式机架相比重量可轻一半，而强度相同或高，当高速大容量水轮发电机转子下部没有足够空间安置支臂式机架时，可采用此结构，目前国内还未采用。

2. 立式机架的主要构件

机架是由中心体、支臂组成的钢板焊接结构。

中心体是由上、下圆板和若干条立板组成的焊接部件。根据发电机总体布置不同，中心体的结构形式各有差异，有带导轴承的机架中心体，有推力轴承与导轴承合用一油槽的机架中心体等。

支臂，是机架的主要结构部件。按其截面不同，分成"I"字形支臂和盒型支臂两种。"I"字形支臂由上、下翼板和腹板组成，可根据机架的功能选择不同的型式。盒型支臂用钢板焊接，强度大，重量轻。当机架超出运输尺寸限制时，可做成可拆式结构，组合有大合缝板结构和小合缝板结构两种，大合缝板结构形式是在工地用合缝螺栓把合成一体，小合缝板结构是先在工厂用小合缝板加工定位，运到工地后再焊接成整体。

此外，为了减小水轮发电机的径向振动，对于高速水轮发电机，常在上机架支臂外端与机坑之间装设千斤顶。

习　题

1.1　反击式水轮机结构由哪三大部分组成？各包括哪些主要部件？

1.2　混流式水轮机转轮有哪几种结构？

1.3　转轮止漏装置有哪几种形式？各有何特点？

1.4　为什么混流式转轮要装减压装置？常采用哪些减压措施？

1.5　轴流转桨式转轮有哪几部分组成？叶片转动操作机构主要有哪些类型？

1.6　水轮机主轴有哪几种型式？

1.7　水轮机主轴工作密封与检修密封各有哪几种类型？各有何特点？

1.8　顶盖、底环各有何作用？导叶轴颈采用哪些密封？

1.9　导叶传动机构的组成？导叶传动机构是如何传力的？

1.10　金属蜗壳有哪几种类型？

1.11　座环有何作用？有哪几种结构类型？

1.12　基础环有何作用？转轮室的组成如何？

1.13　水轮机导轴承有何作用？一般安装在什么位置？

1.14　水轮发电机有哪些主要部件？有哪些类型？各自的结构特点有哪些？

1.15　发电机转子由哪些部件组成？各部件有何作用？

1.16　发电机定子由哪些部件组成？各部件有何作用？

1.17　推力轴承有何作用？其组成部件有哪些？有哪几种结构类型？

1.18　发电机导轴承有何作用？其组成部件有哪些？有哪几种结构类型？

1.19　上、下机架有何作用？其组成部件有哪些？有哪几种结构类型？

第 2 章

水轮发电机组安装与检修的基本知识

学 习 提 示

内容： 概述；水轮发电机组安装与检修的特点；水轮发电机组安装与检修的基本要求；水轮发电机组零部件的组合与装配；校正调整与基本测量；水电站的吊装工作。

重点： 水轮发电机组零部件的组合与装配基本工艺，校正调整与基本测量，水轮发电机组主要部件的吊装方法。

要求： 了解水轮发电机组安装与检修的特点与基本要求；熟悉零部件的组合和连接的一般形式，机组安装与检修工作中的常用工具，吊装工作的基本要求；掌握水轮发电机组零部件的组合与装配基本工艺、校正调整与基本测量、水轮发电机组主要部件的吊装方法。

2.1 概 述

水轮发电机组的整个安装期（即工期）是指从机组预埋件开始埋设起至机组启动试运行结束止这一时期。

对于水轮机转轮、发电机转子和定子等部件，一般尺寸较大且较重，大型的还须分瓣、分件制造，运到工地后再组装成整体，因此安装工程包括了很多制造厂未能完成的工作，现场安装工作总是边安装边组合。如由混凝土结构支撑的埋设部件，必须在现场定位与调整；零部件之间的组合和连接要在安装过程中进行（包括对组合面的加工、修整、相互间定位及定位销孔的加工，以及必要的组合与焊接等工作）；部件之间的位置测量和调整要在安装过程中进行；机组轴线的检查与调整、轴承的组装等工作，只能在安装工程后期进行。因此，制造厂应保证零部件的制造质量并为安装工程做好必要的技术准备，但最终决定机组整体质量的是安装过程。

在机组正式投产后，除了应达到设计的流量、出力等工作参数外，还必须保证运行的稳定性、可靠性和长期性。而这些运行性能的好坏，除受机组的选型、设计、制造等影响外，在一定程度上还是取决于机组的安装质量。

所谓运行的稳定性是指机组在运行中各部件的振动和摆度值要在允许的范围之内。当振动超过规定的允许值时，便会影响机组的供电质量、安全运行及其寿命、附属设备及仪器的性能、机组的基础和周围的建筑物，甚至对整个水电站的安全经济运行等都会带来严重的危害。目前随着巨型水电站的建设，机组的重量与尺寸越来越大，其稳定运行就更为重要，如三峡水电站水头变幅大，水轮机在高、低水头运行区偏离最优工况运行的时间分别占全年的 30％以上，极有可能引发机组运行不稳定，因此对水轮机的稳定性指标和考核方法应有明确的规定。

所谓运行的可靠性是指机组在规定的使用期内和规定的使用条件下，能够无故障（或少故障与事故）地连续运行并发挥其应有的功能。当机组部件存在制造质量问题或有严重的缺陷时，会直接影响其安全可靠运行。

所谓运行的长期性是指动力设备应具有制造厂规定的使用寿命期。水轮发电机组是一个复杂的零部件系统，每个部件都各有结构特征，所以在实际运行工况下有其自身寿命期，不同的零部件寿命期也不同。由于水轮机工作在水流中，其过流部件尤其是转轮的抗空蚀和抗磨损性能是决定其寿命的主要因素，一般在 25～40 年（小型机组 25 年，大型机组 40 年）以上甚至更长时间；而水轮发电机工作在电磁场中，定子绕组是决定其寿命的主要因素，一般水轮发电机运行 20 年以上就开始或已经老化。

以上这些运行性能除跟机组的设计、制造和运行管理有直接关系外，还与机组的安装质量好坏和运行中对机组的维护检修也有密切关系。若安装出现问题，例如转轮的止漏环间隙不均匀、发电机转子与定子间的气隙不均匀、立式机组的轴线不垂直、轴承松动或轴瓦间隙不正确等，都会引起机组振动与摆动，主要零部件将承受额外的周期性交变力的作用，从而加快磨损甚至造成破坏，机组运行不稳定，故障或事故在所难免，使用寿命就会缩短。因此，要保证机组按要求进行安装，并对安装过程进行监督，安装完成后要进行必要的检修，将各种隐患排除，以保证机组正常运行。

机组运行中总会发生空蚀、泥沙磨损、机械磨损、绝缘老化等损坏，其工作参数会发生变化，运行性能也会随之逐渐变差。因此，应对机组进行状态监测，做好机组日常维护，尽可能延长机组的正常运行时间，适时安排机组检修工作，保证检修质量，不断恢复甚至改善其工作参数，使机组能够保持稳定、可靠与长期运行。

大型水轮发电机组的结构越来越复杂，对机组性能的要求越来越高，对安装与检修质量的要求也越来越高。因此，必须在牢固掌握机组安装与检修基本知识的基础上，及时了解并掌握安装与检修工作中不断涌现出的新工艺和新技术。

2.2　水轮发电机组安装与检修的特点

水轮发电机组的安装与检修工作较为复杂和特殊，有自己的一套程序和方法。其基本特点有以下 4 个。

1. 起重和运输工作很重要

现代水轮发电机组的尺寸大、重量重、零部件形状与工艺复杂、技术条件要求严格，给机组的制造和运输工作带来较大困难。又由于现场机组的安装空间和装配间隙很小，因而在安装及检修过程中，零部件的起吊和运输就显得特别重要。如厂房内常用的有桥式起重机与平衡梁等，厂外进水闸门与尾水闸门常用的门式起重机、启闭机等，没有这些起重工具，将无法完成安装与检修工作。专业安装队伍和不少水电站都配有专门的起重工人，甚至设有起重专职技术人员。重视起重工作，确保设备及人员的安全是机组安装与检修工程的首要问题。

2. 安装与检修工作的综合性和复杂性及要求较高

（1）机电设备安装与土建施工交叉进行。水轮机的尾水管里衬、座环、蜗壳等部件，发电机的定子、下机架等，都是由混凝土结构支撑和固定的，安装时由下而上逐件进行，每装好一件就要浇注混凝土。

（2）多工序、多工种协调配合。水轮发电机组的安装远不是简单的摆平与放正，包括了对零部件的组合、检查，零部件之间的连接，以及各种高精度的测量和调整工作。机组的安装与检修需要钳工、焊工、管道工等很多工种，而且必须严密组织，协调配合才能保证质量。

（3）安装与检修质量要求非常严格。不仅零部件的形状、尺寸必须符合要求，而且其重心位置、高程，以致水平度及垂直度等的误差也必须在允许范围内。零部件的表面质量，尤其是某些组合面还有很高的结合质量要求。至于机组的整体轴线，更必须达到非常高的质量精度。如立轴水轮机座环的顶平面，发电机定子的顶平面都必须安装成水平位置，水平度误差不超过每米直径 0.08mm；对悬式机组来说，水轮机导轴承远离推力轴承，轴线检查时它的摆度（双摆幅）却不允许超过 0.1～0.3mm。这样高的精度要求，对尺寸和重量都很大的水轮发电机组来说，其难度远远超过其他行业的设备安装。为此，水轮发电机组的安装与检修已形成了一套特有的测量项目、仪器、工具和方法，而且国家有专门的技术规范和统一的技术标准。

3. 各种机组的安装程序、方法及工艺有差别

不同类型的水轮发电机组，其安装方式和工艺是有差别的，甚至有些部件的安装和调整的程序与方法及安装工艺差别还很大。如轴流转桨式水轮机轮毂内的叶片操作机构、主轴内的操作油管和上部的受油器等部件的安装，要比混流式与冲击式水轮机复杂得多；悬式与伞式发电机的推力轴承、导轴承位置不同，其荷载机架也不同，安装方式也有差异；特别是抽水蓄能电站机组双向运行，机组转速较高，工况变换频繁，机组结构很复杂，其安装工作比常规机组更为复杂。

4. 安装与检修工作的理论性和技术性很强

安装工作中大量精度要求较高的检查、测量、调整、试验和计算工作，理论性和技术性都很强。如各部件焊接质量的检查；环形部件的内、外圆柱面的圆度与同心度的检查，以及中心位置的测定；平面的水平度、垂直度的测定与调整；各部件的安装高程的测定与调整；机组轴线的检查与调整；导轴承间隙的调整；调速器的调整试验；大型螺栓紧固力和伸长的计算；轮辐烧嵌温度的计算；机组投产前的调整与试运行，水轮机转轮的静平衡试验与发电机转子的动平衡试验等。在被测部件尺寸很大的情况下，要保证达到高精度，还必须采用一些特殊的工具和仪器以及相应的检测方法，这些工作必须在一定的专业理论知识指导下才能进行。

2.3　水轮发电机组安装与检修的基本要求

机组安装与检修工作，必须在保证质量的前提下，尽量缩短工期，减少人力、物力的消耗，还要为电站的今后管理准备条件，具体要求包括以下几方面。

1. 制定科学合理的安装（检修）工作计划

对所需人员、工具、材料、经费等作出计划，对各工种的实施和衔接作出安排，必须合理，既要保证质量和进度，又要留有余地。

（1）安装（检修）队伍的组织及要求。可由专业施工单位承包，也可由电站自身组织人员，包括工程技术人员、熟练技术工人、辅助劳力。其中工程技术人员的选择最为重要，主要起到制定施工方案、进行施工组织、监理、检测与指导等作用，以保证安装与检修质量。

要求工程技术人员掌握机组安装与检修方面的基础理论和专业知识，掌握机组安装工程与施工图纸等技术资料，能够按工程技术要求和质量标准制定施工方案及安全技术措施，并能在施工中进行技术指导和监督检查等工作。

（2）安装前的技术准备。

1）熟悉机组安装质量标准，充分了解水电站机组安装工程内容、工地具体条件、工期和技术要求，取得水电站工程的设计说明书和技术资料。

2）取得机组设备制造厂的安装装配图、说明书，设备出厂合格证、出厂检验记录、发货明细表等技术资料，组织有关人员检查设备的到货情况，对已到货设备进行开箱检查、清点、验收，并且妥善保管。

（3）安装工具及消耗材料的准备。根据机组型式、容量大小及台数多少进行。安装工具包括起重、钳工、电焊、管道、小型机械加工机床以及各种测量调整用的仪表量具等；消耗材料主要包括零件清洗、除锈用的材料，主要包括：

1）棉纱、汽油、柴油、酒精、甲苯。

2）制作各种垫片用的铜片、石棉板、橡胶板。

3）设备调整用的楔子板、自制千斤顶、螺丝以及各种钢材等。

（4）施工组织工作。主要包括施工条件分析；制定施工程序、方法和进度计划；安装场地布置；临时性工程的规划和施工；施工安全措施等。

2. 按机组安装（检修）标准进行安装，严格质量检查，确保安装质量

国家标准中对机组安装的每道工序、检修的基本项目、质量要求都有规定，施工时必须严格执行。先由施工人员自查，填好安装（检修）记录；再由技术监理检查、验收，填写质量检验记录，严格质量检查与控制。

3. 及时做好各种记录，建立机组技术档案

应及时将机组安装或检修的全过程用文字或电子文档形式记录下来，建立一套完整的机组技术档案，为电站运行管理提供技术资料。主要包括：

（1）零部件到货时的检查、验收记录。

（2）产品缺陷及处理记录。

（3）主要工序的安装记录。

（4）质量检验记录。

（5）轴线检查、调整及轴瓦间隙调整记录。

（6）盘车原始记录，从第一遍开始数字变化及处理。

（7）机组启动试运行及各种试验检查记录等。

4. 认真做好工程总结

在机组安装或检修工作结束后，要及时进行工程技术总结，通过总结可以回顾工程的全貌，总结经验与教训，为今后工作打下基础，必须重视此项工作。

2.4　水轮发电机组零部件的组合与装配

2.4.1　零部件组合和连接的一般形式

零件是组成机械设备的最小单元，是不可再拆卸的独立体。部件是指机械设备中具有一定功能作用的部分，通常由若干个零件组合而成。

水轮机、发电机都是由成百上千个零件构成的，但所划分的部件则只有几个或十几个。机组的安装工作，就是要把这些零件组合成部件，安放到它应有的位置上，并且正确地连接起来，从而形成一台完整的水轮发电机组。零部件之间的组合和连接就成了机组安装的重要内容，其中还可能包括某些大型零件或部件本身的拼合工作。

零部件之间的组合和连接，可能有各种不同的形式，但从最基本的相互关系看，不外乎相对运动与相对静止这两大类。

1. 相对运动的组合关系

（1）滚动配合。如电动机、水泵等小型设备常用滚动轴承，轴承的滚动体与内、外圈之间就是相对滚动的配合关系。不过，滚动轴承的尺寸及运动精度等，都是由制造厂规定和保证的，安装或检修时只进行必要的清洗、检查、润滑，而且往往是进行整体装、拆的，其工艺过程相对简单。

（2）滑动配合。水轮发电机组的轴承，除极少数以外，都是滑动轴承，一种是圆柱面的导轴承，另一种是平面的推力轴承，其中轴领和镜板转动，而导轴瓦和推力轴瓦不转动，构成了相互滑动的配合关系。另外，导叶轴与轴套之间，控制环与顶盖之间也是滑动配合，不过滑移的范围小，速度低。

2. 相对静止的组合关系

（1）螺栓连接。用各种螺栓把两个甚至多个零件连在一起，组成可以拆卸但又相对固定的组合关系，这是广泛采用的连接形式。在水轮发电机组中，除了一般性的连接以外，主轴与水轮机转轮之间，水轮机轴与发电机轴之间的螺栓连接，是最重要的、要求很高的螺栓连接。

（2）过盈配合。轴比孔大的配合称为过盈配合。当用强力挤入或者加热后套入的方法把轴与孔装配起来后，它们之间就会密切接触而紧紧地连在一起。过盈量较大的配合将使轴与孔固定成一体，今后不再拆卸，如发电机主轴与轮壳之间就是这种连接。过盈量较小的配合是可拆卸的，但它能使轴与孔同心，而且连接比较紧密，推力头与主轴之间的配合就是个典型代表。

（3）焊接。电弧焊是常用的一种固定连接方式，也是一般不再拆卸的连接。水轮机金属蜗壳的拼节和挂装；尾水管里衬与基础环或者转轮室之间的连接，则是重要的焊接实例。

（4）铆接。在两个零件的同一位置钻孔，穿入铆钉并将钉头打变形，从而使两者固定在一起的方式就是铆接。就水轮发电机组而言，铆接只用于一些次要的地方，而且应用已越来越少。

以上的这些组合形式，各有其特点和要求，实施的工艺过程也各不相同。

2.4.2 水轮发电机组零部件的组合与装配基本工艺

在水轮发电机组安装工地，应将各零部件按一定的技术要求组合起来。尽管机组的尺寸、型式各不同，但基本安装工艺大致相同。机组的组合装配主要包括钳工修配和连接组合两方面。

1. 钳工修配

（1）手工凿削和锉削。使零部件表面间的连接或机件之间的相对位置达到要求。此工艺一般用在精度要求较低而加工量较大的场合。如导叶上、下端面和主面间隙的处理调整等。

（2）钻铣孔配制销钉。销钉主要用来定位，用以固定已调整好的机件相对位置。如底环、顶盖须与座环相连，当它们的相对位置调整好后，便需钻孔配制销钉来定位。

销钉除了用作定位外，当使用紧固的连接螺栓只承受拉应力时，其切向力还需由销钉来承担，这样可提高连接的可靠性。应指出，只有确认机件之间相对位置不再作任何变动时才采用这种方法。

（3）对配合表面刮削和研磨。可以使机件配合表面接触均匀、严密，提高零部件表面光洁度及形状精度和配合精度，以改善配合表面的接触情况，增强耐磨性，延长使用寿命。

水轮发电机组的轴承，大多数是采用透平油润滑的滑动轴承，对其工作面有严格的要求，不仅形状、尺寸要正确，而且表面质量要高，还要互相紧密配合。这些质量要求单靠机床加工是无法满足的，必须在安装过程中用人工的方法修整，需对轴领和镜板进行研磨，对轴瓦进行刮研。目前除某些大型机组采用不需刮削的氟塑料推力瓦以外，巴氏合金轴瓦都要经过研刮。

研磨，即是用工业毛毡、法兰呢等软材料，加上研磨剂后在工件表面来回摩擦的加工过程。研磨可使接触表面达到更高的加工精度。通常采用化学研磨，化学研磨是由于涂在加工表面的研磨膏成分中加入酸性材料，以使其表面产生很软的氧化金属薄层，并借助磨具的运动来除去氧化膜的加工方法；另一种是机械研磨，它是利用悬浮于液体中的磨料对磨具和工件的加工表面进行研磨，研磨剂中细小但硬度很高的磨料晶粒，会在混乱无序的相对运动中对工件表面进行切削，由于磨料的细晶粒有很高的硬度，通过晶粒锐边的切削作用而达到研磨的目的。研磨的切削量非常小，但是足以纠正机床加工留下的表面不平整等细小误差，更能大大提高表面的光洁度，直到形成不同程度的"镜面"。

刮削，就是人为用刀具在巴氏合金表面进行修刮的过程。刮削在轴瓦表面留下凹坑有利于形成油膜，刮削还会使轴瓦表层的巴氏合金发生塑性变形，以更好地与轴领、镜板配合，进一步改善配合面间的接触情况，并且表面硬度有所提高，同时也进一步提高了配合面的耐磨性。刮削主要是手工操作，使配合表面达到相当高的精度和光洁度，但手工刮削劳动量很大，因此其加工量应尽量小，一般在 $0.05\sim0.10$ mm 范围内。

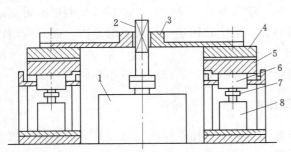

图 2-1　研磨机
1—电动机；2—轴；3—转臂；4—研磨条；5—镜板；
6—推力瓦或临时垫板；7—抗重螺栓；8—螺栓支柱

1）镜板的研磨。大中型机组的镜板，常采用研磨机研磨，如图 2-1 所示。将推力轴承座放平，在互成 120°角的三个方向安装抗重螺栓，装入推力轴瓦或临时性垫块。把镜板吊放到这三个支点上，并使工作面向上，调整其水平度到误差不大于 0.1～0.3mm/m。以工业毛毡或法兰呢包裹起来的两根研磨条，对称地放在镜板表面并与转臂连接。当电动机带动转臂旋转时，研磨条即对镜板进行研磨。

实际研磨时应注意：①研磨前须对镜板进行检查和必要的修整，工作表面若有局部伤痕、锈蚀等缺陷，应先用天然泊石修磨；②研磨前用无水酒精或甲苯仔细清洗镜板，并以绸布擦干，再加上适量的研磨剂；③研磨剂通常用煤油、猪油和粒度 M_5～M_{10} 的氧化铬粉末，按适当比例调合而成，必要时还需用细绢布过滤，研磨剂的用量和稠度视具体情况而定，一般是先多后少，先稠后稀；④研磨条在镜板表面的运动既要随转臂绕中心旋转（公转），又要以连接螺栓为中心自身旋转（自转），这样才能保证混乱无序的研磨，不形成方向固定的磨痕，研磨条的运动还必须缓慢而平稳，一般公转的转速控制为 6～7r/min；⑤研磨到最后，镜板工作表面应平整、光滑，没有肉眼可见的缺陷，表面应成略为发暗的镜面，表面光洁度达 ▽9 以上。

中小型机组的镜板，往往用人工研磨。其原理、方法和最终要求都与上述相同。但人工研磨应特别注意：①事先准备研刮用的工作平台，工作平台的大小和高度视需要而定，但必须牢固、稳定；②将镜板工作面向上放在工作平台上，支撑成水平状，水平度误差以不大于 0.01mm/m 为宜；③研磨工具可用毛毡包裹工业平板，或用毛毡包裹推力瓦，研磨剂的配制和使用与前述相同；④用人力推动磨具进行研磨，但只能在水平方向用力，不允许向下按压，磨具的公转应顺时针方向（顺将来的转动方向）；在公转的同时自转，而自转最好顺时针、逆时针交替进行，以保证整个工作面均匀研磨，而且磨痕的方向混乱，最后形成符合要求的镜面。

2）推力轴瓦的刮研。为了使推力瓦的工作表面成为平面并与镜板密切贴合，先让推力瓦在标准平面或镜板上研磨，显示出已经接触的区域或点来，再由人工用刀具削去这些相对高的地方。这样逐次研磨和刮削，最终实现推力瓦的工作表面能有 90％～95％ 与镜板接触，而且接触点均匀分布，每平方厘米范围内有 1～3 个接触点。

a. 推力轴瓦的研磨。通常先把调整试装好的推力轴承座和瓦放置在很稳定的平台上，为了工作方便，平台的高度应适当，一般以 600～800mm 为宜，瓦架上先将三块瓦呈三角形方位放置，并初调其高度，然后吊上镜板，调整镜板水平度在 0.2mm/m 以内。用研磨机顺机组旋转方向转 3～5 圈，然后再吊开镜板，把推力轴瓦放在另一平台上刮削。

b. 推力瓦的刮削。刮削推力瓦时，一般使用平板刮刀和弹簧刮刀，通常分为刮进油边、粗刮、细刮、精刮、排花及中心区刮低几个阶段。

a）刮进油边。即在顺机组旋转方向的进油一侧，在推力瓦表面造成一个楔形油槽以便于透平油流入。进油边的宽度与深度应符合制造厂要求，

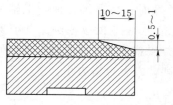

图2-2 推力瓦的进油边

一般情况如图2-2所示。刮进油边常用刨或铲的手法，但必须使它成为倒圆的斜坡，而且表面应光滑、平整。

b）粗刮。粗刮是为了扩大推力瓦与镜板的接触面积。常用工业平板或镜板的背面作标准，在推力瓦上研磨出已接触的痕迹，再用较宽的平板刮刀将其普遍铲掉，刀痕宽而深，且可连片铲削。

在操作手法上，粗刮时可向前平推，成"铲削"的方式。

c）细刮。细刮是为了增加接触点数目且使之均匀分布。细刮则仍以粗刮时的办法研磨，再用较窄的弹簧刮刀，沿一定方向把已接触的点刮掉。必须反复研磨和刮削，每次刮削的方向互错90°左右，这样可使刀痕排列有序，也便于观察已有的接触点。

d）精刮。其作用与细刮相近，但重点是修刮已有接触点中的大点、亮点，使接触点更均匀一致。精刮阶段要用镜板与推力瓦研磨，以达到实际运行中的良好配合。

在刮削的手法上，以上细刮和精刮多采用"挑花"的方式（即先使刀口向下，再向前、向上挑起，在巴氏合金表面留下一个弧形凹坑）。

e）排花。当推力瓦用铲削方式刮削而成时，最后应按一定方向和方法使刀花排列整齐。刀花即刮削的刀痕，根据操作者的习惯而定。排花使刀花整齐而有序，有利于油膜的形成和保持，还便于今后观察轴瓦的磨损情况。若细刮和精刮是用挑花手法进行的，刀花已经有序排列，就不需再排花了。

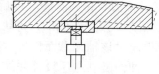

图2-3 推力瓦的变形

f）中心区刮低。由支柱和抗重螺栓支撑的推力瓦，由于螺栓的球形头只在一点上与托盘接触，推力瓦受力后必然变形，如图2-3所示。为了使推力瓦的表面在受力后仍维持平面，就必须事先把中心区域刮得略低，防止中心散热不良引起热膨胀而使瓦面凸起，从而发生过度磨损。在精刮的最后或排花阶段，以抗重螺栓中心为中心线，将轴瓦中心刮低两遍，第一遍刮瓦宽的1/2，即在中心线两侧沿轴瓦径向长度各1/4的宽度上先刮低0.01～0.02mm，第二遍刮瓦宽的1/4，再刮低0.01～0.02mm，如图2-4所示。前后两次刀花应互相垂直。

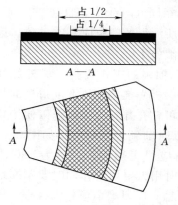

图2-4 推力瓦面刮低
部位示意图

对于薄型推力轴瓦，中心部分可不必刮低，但轴瓦背面与托瓦接触应均匀、无间隙，为此在刮瓦前，首先研磨薄瓦和托瓦之间的接触面，其接触面积要大于70%。

3）导轴瓦刮研。对于分块式导轴瓦的刮削，一般是在主轴竖立之前，将主轴水平横放进行，以便于操作。

导轴瓦的工作表面是内圆柱面，对它的修刮应该用刀口在侧边的刀具，如三角刮刀、勺形刮刀或柳叶形刮刀。只有当轴瓦内径很大、曲率较小时，才允许使用平面刮刀。

　　a. 导轴瓦的研磨。导轴瓦的修刮仍然是逐次研磨、逐次刮削的过程，但研磨是在轴领上进行的。如图 2-5 所示，刮研前用苯或酒精清洗轴领，同时也擦净轴瓦面，把轴瓦扣在轴领上，将主轴轴领清理干净，在轴领一侧非工作段上绕上 4～5 圈软质绳索作研磨导向用，用绳的边沿作为研磨边界，研磨时让瓦块紧靠着它并顺着转动方向推动，往复研磨 6～12 次，然后将轴瓦放在平台上，按刮推力瓦的方法刮削，直至合格为止。

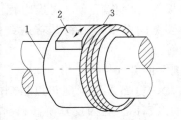

图 2-5　导轴瓦研磨示意图
1—轴领；2—导轴；3—绳

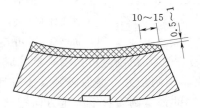

图 2-6　导轴瓦的进油边

　　b. 导轴瓦的刮削。其刮削程序仍可分为刮进油边、粗刮、细刮、精刮及排花这样几个阶段。刮进油边和粗刮阶段常用铲削手法，而细刮和精刮多用挑花手法。导轴瓦的进油边如图 2-6 所示，仍应铲成倒圆的斜坡。粗刮以扩大轴瓦与轴领的接触面积为主，刀花宜大而深。细刮应使接触点分散，刀花宜小而浅。精刮仍以修刮已接触的大点、亮点为主，使接触点细密而分布更均匀。用挑花手法进行细刮和精刮时，每次刮削的方向要错开 $90°$，使刀花排列有序，以后即可不再排花。刮削到最后，其瓦面与轴领接触应均匀，接触点至少有 1 个/cm^2，每块瓦的局部不接触面积，每处不应大于轴瓦面积的 5%，其总和不得超过该轴瓦总面积的 15%，并修刮进出油边和油沟。

　　油沟是制造厂设计并加工的，但油沟的边沿需用刮刀修圆，或在油沟两侧修刮出下凹的楔形过渡带，检查油孔油沟应无脏物阻塞，以利于透平油的流入。

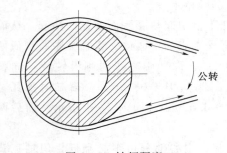

图 2-7　轴领研磨

　　在刮削后应检查及调整轴瓦间隙。当主轴成水平位置时，将导轴瓦组装在轴上并用塞尺检查间隙；轴瓦顶部应无间隙；底部的间隙应符合设计要求；而两侧的间隙应相同并等于底部间隙的一半。若从轴瓦两端检测，所测得的间隙应基本一致，最大偏差不得大于总间隙的 10%。

　　4）轴领的研磨。轴领的工作面是一段外圆柱面，通常都用人工研磨。先准备一块宽度适当的长条形工业毛毡，两端可钻孔并穿上细麻绳以便于拉动。将毛毡包在轴领上，加适量研磨剂后来回拉动，就可以对轴领进行研磨，如图 2-7 所示。操作中应注意：①毛毡条所包裹的轴领，其中心角应尽可能大，一般为 $180°$～$270°$，否则研磨容易不均匀甚至使轴领失圆；②拉动毛毡条时用力要均匀，同时要不断地围绕轴线旋转，保证轴领的整个工作面都得到均匀一致的研磨；③研磨前应仔细检查，清洗轴领，如果有局部缺陷，可事先用油石修磨；④研磨到最后，轴领的工作面应平整、光滑，表面粗糙度 R_a 0.8 以下。

2. 连接组合

水轮发电机组安装施工中，在零部件装配中会经常遇到静配合与螺栓连接，现将其工艺简介如下。

(1) 静配合连接。实现静配合连接有两种方法。当装配零部件不大时，可将轴件在冷态下用千斤顶或油压机压入，也可用其他工具（如大锤等）敲打轴孔中，即压入法；当连接件的尺寸很大又需要很大的压力时，上述的连接方法是不可行的，需采用热套法，即将小于轴件的配合轴孔加热，使孔径膨胀，然后迅速将轴件装入，待轴孔冷却后，相连接的机件之间便形成紧固连接。

热套法与压入法相比，其优点为：不需要很大的压力套入；在装配时接触面上的凸出点不被轴向摩擦所擦平，从而大大提高了连接的强度。热套法在水轮发电机组安装中主要用于发电机转子轮辐与轴，推力头与轴，以及分瓣转轮的轮箍热套中。

静配合热套加热法，多采用铁损加热和电炉或红外元件加热。为了防止散热，还要有必须的保温措施，其中铁损法加热具有受热均匀，温度容易控制，操作方便，能满足防火要求等优点，在轮辐烧嵌中多采用。

有的还采用液态氮将轴件冷却（−200℃），使轴径缩小，然后装配轴孔中，待轴件的温度升到正常室温时，机件之间形成了强度较大的连接。此种方法用于较小零件的连接。

(2) 螺栓连接。螺栓连接是可拆卸的固定连接，由于结构简单、装拆方便，因而在水轮发电机组安装中应用广泛。

从原理上看，各种连接螺栓都在拧紧时产生轴向压力，使被连工件互相挤压而连在一起。螺栓本身则承受拉力，发生弹性变形而伸长。螺栓连接往往是若干个螺栓共同作用的连接形式，为了保证工件之间位置正确又连接紧密，所有的螺栓都应达到一定的压紧力，同时应该均匀一致。为了确保螺栓连接的可靠性，螺栓的紧力要符合规定要求。若压紧力过小，则不能保证连接的严密和牢固；若压紧力过大，则可能引起螺栓塑性伸长甚至断裂；压紧力不均匀，则被连工件可能相对歪斜，结合面不能紧密贴合。

一般的螺栓连接，压紧力的大小和均匀性是靠人的操作来保证的：一是要按合理的顺序，在对称方向上逐次地拧紧螺栓；二是由同一个人，用同样的力度去拧紧每一个螺栓。对一些重要的螺栓连接，如水轮机主轴与转轮的连接，水轮机轴与发电机轴的连接，由于螺栓尺寸较大，对压紧力的大小和均匀程度有更为严格的要求，简单的人工操作就很难保证连接质量了。为此，必须研究组装时的合理方法，要测量和控制螺栓的压紧力。

1) 螺栓伸长量的计算。螺栓在压紧工件的同时受拉力作用而伸长，在弹性范围内螺栓的伸长量与拉力（即压紧力）成正比例，即

$$\Delta L = \frac{L}{EF}p \tag{2-1}$$

式中　ΔL——螺栓的伸长量，mm；

L——螺栓原长，从螺母高度的一半算起，mm；

F——螺栓断面面积，mm^2；

p——压紧力，N；

E——材料弹性模量，钢材可取 $E = 2.1 \times 10^7 \text{N/cm}^2$。

对于尺寸一定的连接螺栓，可根据要求达到的压紧力 p，由式（2-1）计算出相应的伸长量 ΔL。一些大中型机组的连轴螺栓，制造厂就往往由此明确规定在拧紧时应有的伸长量，实际操作应以厂家的要求为准。若无规定时，可按拉伸应力为 $\sigma = p/E = (12000 \sim 14000)\text{N/cm}^2$ 计算螺栓的伸长值，由式（2-1）知螺栓的最大伸长量不得大于原长度的 $0.06\% \sim 0.07\%$。拧紧时的实际伸长量应该控制在这一范围内，而且要使各螺栓均匀一致。

另外，采用转角法也可计算螺栓的伸长值。由于螺母转 360° 时要升高或降低一个螺距 s（mm），若螺栓伸长 ΔL（mm），螺母转动角度为 α，其关系式为

$$s : 360° = \Delta L : \alpha$$

则

$$\alpha = \frac{\Delta L \times 360°}{s} \qquad (2-2)$$

用转角方法特别要注意螺母起始位置并做好标记，使所有的螺栓在受力之后刚开始伸长，然后再使各螺母按要求转相同的角度，以达到均匀一致。

2）螺栓伸长量的测量。大中型机组的主轴连接螺栓常做成带中心孔的结构，孔的两端带有一段螺纹，如图 2-8 所示。初步拧紧螺母 3，在螺母与法兰 5 背面贴紧后，在此孔内拧上测杆 4（在工地自制的测杆），用专用测伸长工具和百分表来测定螺栓尾部端面到测杆端的深度，使百分表调零或记录此时的读数，并对测定连接螺栓按编号做好记录；在螺母逐步拧紧的过程中，螺栓被拉伸时因测杆并没有拉长，故可再次用上述方法测定杆端的深度，把前后两次测定的记录值相减即得螺栓的伸长值 ΔL，边拧紧边测定，直到伸长值达到计算值为止，螺栓紧力即认为合格。而测杆的长度 L 就是螺栓的原长度，它应等于两法兰厚度之和加上螺母高度的一半。在测量中，接触面要清洁，每次测定时测伸长专用工具所放的位置要一致，以免影响测定的准确性和可靠性。有时也可用深度千分尺代替百分表直接测定螺栓的伸长。

中小型机组的连轴螺栓多为实心结构，拧紧过程中的伸长量可以用高度游标尺测量。如图 2-9 所示，当螺母 5 已初步拧紧，与法兰背面贴紧时，用高度游标尺 6 测量螺栓 2 端面到法兰 4 背面的高度 h，在以后的拧紧过程中不断重复测量，h 的增加值即螺栓 2 的伸长量 ΔL。

用高度游标尺测螺栓伸长量，为了保证测量精度需注意两点：一是游标尺应有足够的精度，如选用每格 0.02mm 的高度游标尺；二是螺栓端面应平整并与其轴线垂直，每次测量游标尺都应在同一位置与法兰背面接触。

3）连轴螺栓的组装和拧紧方法。按连轴螺栓与孔的配合关系不同，分为粗制螺栓和精制螺栓两大类。粗制螺栓与孔之间有 0.5 ~ 1.0mm 的间隙，装拆比较方便，但螺栓只能承受拉力，法兰之间的定位以及切向力的传递要靠圆柱销等来实现，图 2-9 中的连轴螺栓就是粗制螺栓的典型结构，组装时应先检查并试装圆柱销。图 2-8 中的螺栓则是精制螺栓，它与孔成过渡配合关系，没有间隙或者间隙很小。精制螺栓在承受拉力的同时可承受剪力，因而可以传递扭矩。但组装前必须经过检查和试装，螺栓与孔、螺栓与螺母都应试装、配对，必要时应编号，以后则对号入座。插入螺栓时还应加适当的润滑剂，如透平油或水银软膏。

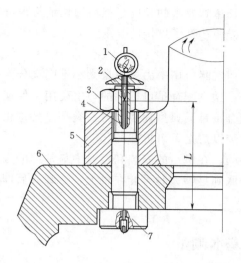

图 2-8 大中型机组螺栓伸长量的测量

1—百分表；2—百分表座；3—螺母；4—测杆；

5—主轴法兰；6—转轮；7—螺栓

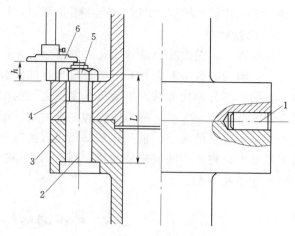

图 2-9 中小型连轴螺栓伸长量的测量

1—圆柱销；2—螺栓；3—水轮机轴法兰；4—发电

机轴法兰；5—螺母；6—高度游标尺

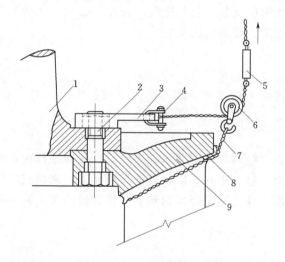

图 2-10 桥机拉紧螺栓示意图

1—主轴；2—连接螺栓；3—扳手；4—卡扣；5—钢筋

测力计；6—导向滑轮；7—钢丝绳；8—垫板

（木板或铝板）；9—转轮

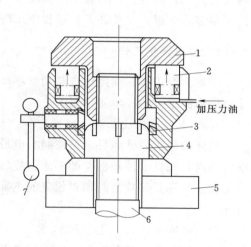

图 2-11 液压拉伸器

1—拉伸套；2—活塞；3—螺母驱动齿轮；

4—螺母；5—法兰；6—螺栓；7—手把

　　对于拧紧螺栓的方法通常用专用扳手，用大锤锤击拧紧。而尺寸很大的连轴螺栓，必须用特殊工具和方法拧紧，如图 2-10 所示，利用行车吊钩的上升，经过滑轮转为水平移动去拉转螺母，此方法简单省力；或利用特殊的液压机构，先将螺栓拉长再拧动螺母，最后解除油压让螺栓回缩而连紧。对于拧紧力不大的螺栓，在工程上可采用风动和电动扳手拧紧，以减轻劳动强度、提高工作效率。目前大型部件连接螺栓用液压拉伸器预先将连接螺栓拉长至规定值，如图 2-11 所示。然后扳动螺母驱动齿轮，使螺母紧靠，撤除油压后达到紧固的目的。对非销钉螺栓，可把螺栓加热伸长达到要求的长度，然后很快地将螺母拧到一定位置，当螺栓冷缩后就产生了预紧力，这样便达到了连接的要求。

3. 过盈配合

一般说来，过盈配合是轴比孔大的配合关系，但实际应用中由过盈量大小不同又分为两类：一类的过盈量不大，甚至过盈量为零的配合。这类配合是可拆卸的，主要用于保证轴与孔同心而且连接紧密，推力头与主轴之间的配合正是其典型代表。另一类是过盈量相当大的配合，如发电机主轴与轮毂的配合关系，组装以后是不可拆卸的。

无论过盈量的大小，轴与孔都是无法直接组装的。在机组的安装和检修中最常用的方法就是热套，将推力头或轮毂加热，当孔的直径膨胀到足够大时再套在轴上，冷却以后即紧密地连接在一起。

2.5　校正调整与基本测量

在安装现场，各电站机电设备的校正调整及安装测量的基本方法及使用的测量仪器大体上是一样的。机件校正调整工作进行的粗细程度、采用的测量方法是否正确合理、仪器精度的高低，都直接影响着整个水轮发电机组的安装质量和进度，为此，必须对这些工作给予足够的重视，以免在安装过程中出现返工，拖延机组安装工期。

2.5.1　校正调整工作

校正调整工作，就是检查与调整零部件的几何尺寸、相对位置以及整个机组的位置，使之满足图纸上的技术质量要求。

1. 确定机件的校正调整项目

机件的校正调整项目，需按照机电设备的结构和技术要求来决定。在现场进行校正调整时，通常根据零件和部件的平面、旋转面、轴、中心、以及其他几何元素，来检查它们的位置，特别是部件之间相对位置的正确性。在工程上经常遇到的各种部件的校正调整项目如下：

（1）平面的平直、水平和垂直。

（2）圆柱面本身的圆度、中心位置及相互之间的同心度。

（3）轴的光滑、水平、垂直以及中心位置。

（4）部件在水平平面上的方位。

（5）部件的高程（标高）。

（6）面与面之间的间隙等。

2. 规定合理的安装质量标准（即安装允许的偏差）

确定机电设备安装的允许偏差，必须考虑到机组运转的安全可靠和安装工作简单两方面。假如安装允许偏差规定得过小，则校正调整工作复杂，甚至无法调整达到的技术要求，延长校正调整的时间；反之，又会降低机组的安装精度和运转的安全可靠性，直接影响正常发电。为了保证安装质量，应根据有关施工及验收技术标准进行安装与验收。

3. 确定正确的基准

（1）基准。任何测量工作都是相对于某种参照物来进行的，这个参照物即进行测量的基准。基准包括原始基准和安装基准。

1）原始基准。即土建工程使用并保留下来的基准点，包括高程基准点和平面坐标基准点。在水电站厂房中，由土建单位给定基础中心线基准点和高程基准点作为水轮发电机组安装的原始基准。基础中心 X、Y 轴线的方位决定着整个机组各零部件的位置。基础中心是以轴线拉线的形式给出的，高程基准点则埋设在厂房混凝土墙上的钢件上。

机组安装的测量工作由原始基准出发，就可保证机电部分与土建工程相吻合，在平面位置和高程上准确一致。

2）安装基准。即安装过程中用来确定其他有关零部件位置的一些特定几何元素（点、线、面）。安装基准包括工艺基准和校核基准。

工艺基准：工艺基准在被安装部件上，它既是被安装部件加工时的定位面，也是安装过程中对它调整、定位的面。工艺基准代表被安装部件的安装位置，机组其他部件都以它为准。如立式机组，水轮机座环则以座环的顶平面为工艺基准，而发电机定子则以定子的底平面为工艺基准。上述安装中校正零部件的位置，首先就应该决定该零部件工艺基准的位置。

校核基准：校核基准本身不在被安装部件上，而是另外一个点、线或面。校核基准是检查被安装部件安装质量时使用的测量基准，用以确定被安装部件相对于机组其他部分的位置。如立式机组，检查水轮机座环、发电机定子等的平面位置时，机组轴线即是它们的校核基准。

（2）基准件。在整个机组的安装过程中，总有一个重要部件最先安装，其定位将决定整个机组的位置。把确定其他有关部件位置的部件，称为安装基准件。

安装基准件上应有一个以上的校核基准，其安装精度对其他零部件的安装精度有决定性的影响。显然，基准件的安装是十分重要的，基准件安装的精度将在很大程度上决定整个机组的安装质量。不同类型的水轮发电机组，基准件是各不相同的。必须正确选择安装基准件才能保证机件相对位置的正确性。通常安装基准件应提前安装，其基准面必须精加工，允许偏差必须限制在尽量小的范围内。

对立轴混流式水轮发电机组来说，座环是安装基准件，座环安装的水平、高程、中心以及座环对 X、Y 轴线的方位（其中 $+Y$ 指向上游方向，$+X$ 指向蜗壳进口方向），对整个水轮发电机组以及其他各零部件的安装位置有决定性的影响。立式轴流式水轮机以转轮室为基准件。水斗式水轮机则以机座为基准件。

2.5.2 机组安装与检修工作中的常用工具

1. 常用的小型工具

（1）手电钻。手电钻是一种电动工具，主要用于钻孔。常用的有手提式和手枪式两种。

（2）手提式砂轮机。手提式砂轮机也是一种电动工具，主要用于大型的、不便于搬动的金属表面的磨削、去毛刺、清焊缝、去锈等加工。还有一种软轴式砂轮机，它由一根软轴把电动机轴的转动传递给工具头，使用时只需握住工具头即可对工件进行加工，能适用于复杂位置的加工。

（3）螺栓电阻加热器。螺栓电阻加热器是装配螺栓预加应力的一种专用工具。

（4）千斤顶。千斤顶是一种轻便的易携带的起重工具。它可以在一定高度内升起重物，用于校正构件变形和设备的安装位置。

（5）风动工具。风动工具包括风钻、风镐、风板、风动砂轮等。

（6）喷砂枪。喷砂枪用于清扫一般粗糙机件表面锈污。

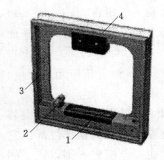

图 2-12　框形水平仪
1—主水准；2—辅助水准；
3—方框架；4—握手

2. 常用的量具

（1）框形水平仪。框形水平仪是测量水平度和垂直度的精密仪器，如图 2-12 所示，它由方框架、主水准和与主水准垂直的辅助水准组成。方框架的四边相互垂直，每边长 200mm（也有比 200mm 长的），其底面和某一侧面开有直角形的槽，以便于在圆柱面上测量垂直或水平。主水准和辅助水准是两个封闭的略带弧形的玻璃管，管内装有易流动的液体乙醚或酒精。制成后管内有一气泡。玻璃管纵剖面的内表面为一具有一定半径的圆弧面，如图 2-13（a）所示，圆弧面中心点 S 称为水准器的零点。过零点与圆弧面相切的切线 $H—H$ 称为水准器的水准轴线。根据气泡在管内占有最高位置的特点，过气泡顶点所作的切线必为水平线。当气泡中心位于水准器的零点时（称为气泡居中），则水准轴线就处于水平位置。框形水平仪就是根据方框架的底面与水准轴线相平行的原理制成的。以零点为对称向两侧刻有分划线，两分划线的间距（即 1 格）为 2mm，如图 2-13（b）所示。

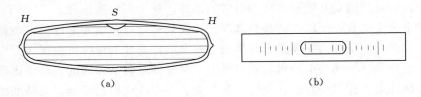

(a)　　　　　　　　　　　(b)

图 2-13　主水准器
（a）玻璃管纵剖面；（b）分划线示意图

由于制造精度不同，框形水平仪又分为许多种规格，常用的框形水平仪精度为 1 格＝0.02～0.05mm/m。当被测面稍有倾斜时，水准器气泡就向高的方向移动，由气泡移动的格数，便可知平面的平直度和水平度。使用前应采取调头测量方法来检验水平仪自身精度。即把它放在标准平面上同一位置，调头测量两次，若气泡的方向与读数相同，说明仪器准确，否则应对仪器进行微调，调整量应等于两次读数之差的一半。

在测量前，应把水平仪的测量面与被测表面揩干净，以免脏物影响测量精度。使用后，应及时擦干净并涂防锈油。

当被测部件尺寸较大时（因框形水平仪的长度不能满足要求），或被测平面较粗糙时（直接用框形水平仪测量误差会大），常用特制的水平梁与框形水平仪配合使用。水平梁一般用 8～12kg/m 的轻钢轨或工字钢制成，如图 2-14 所示，要求平直并有一定刚度，其长度根据被测平面尺寸决定，中部有一个精加工面，梁的一端有一个支点，另一端有两个可调支点（支点用螺母焊接在梁的下方，螺母内各旋上一个小螺栓，拧动螺栓可调整水平梁的高低）。

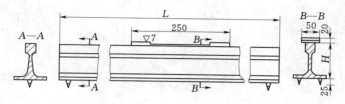

图 2-14　水平梁（单位：cm）

进行水平测量时：①将水平梁放在较平整的面上；②为消除仪器（包括水平梁和水平仪）本身的误差，在同一测量位置上要调头 180°测两次，调节水平梁的可调支点，先后两次用框形水平仪测出气泡的移动格数和方向相同，则水平梁自身调整完毕，将两只可调支点上的并紧螺母并紧；③将水平梁放在被测部件的测点上，再把框形水平仪放在水平梁上，记下水平仪读数 N_1；④将框形水平仪与水平梁一起旋转 180°，再次测量，读数为 N_2。则部件的水平误差 H 的计算公式为

$$H = CD\left(\frac{N_1 + N_2}{2}\right) \tag{2-3}$$

式中　　H——部件水平误差，mm；

　　　　C——框形水平仪的精度，mm/（格·m）（常用精度，1 格＝0.02～0.04mm/m）；

　　　　D——部件两测点的直径或长度，m；

N_1，N_2——第一、第二次测量时水平仪内气泡移动的格数，N_1 与 N_2 同向时取"＋"，反向时取"－"。

根据 H 值的大小与符号调整被测部件的水平。

另外，光学合像水平仪，除可用来测量安装部件的高程外，还可代替水平梁来测定座环、底环等部件的安装水平值，精度可达 0.01mm/m。

对于大部件，其水平多由测量单位用水准仪和标尺来进行测量。

（2）橡胶管水平器。运用连通管原理，用两根长约 200mm，直径 15mm 的玻璃管分别插在橡胶管的两端，橡胶管的长度不小于被测部分 1.5 倍的距离。使用前先排除管内空气，然后将两玻璃管靠近，检查它们的水面是否在同一水平面上。测量时，将玻璃管的一端液面和一个被测点对齐，玻璃管的另一端靠在另一个被测点处，观察液面和被测点高差就可测出两被测点的水平度，其精度为 1mm。它适于测量水平要求较低的项目。水平尺与水准仪也可测量平面水平。

（3）指示式量具。如百分表、千分表及量缸表等，用来测量机组摆度、振动值及内孔直径等。现在常用的百分表有机械式和电子数显式两类。如图 2-15（a）、（b）所示，机械式百分表的工作原理是将测量杆的直线位移，通过齿条—齿轮传动放大，转化为表盘指针的转动，从而读出被测尺寸的大小；如图 2-15（c）所示为电子数显式百分表，表盘上有电源按钮、置零按钮、公英制转换按钮，侧面还有 USB 接口以便于与计算机连接。

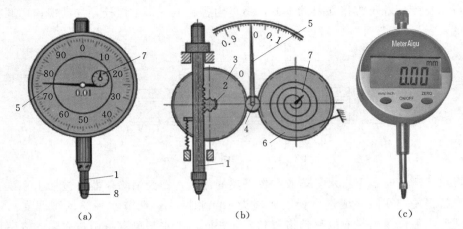

图 2-15　百分表

(a)、(b) 机械式百分表；(c) 电子数显式百分表

1—测量杆；2、4—小齿轮；3—大齿轮；5—长指针；6—游丝；7—短指针；8—测头

百分表的刻线原理为：测量杆移动 1mm 则表盘上长针旋转一周，将表盘圆周 100 等分，每格为 1/100mm，即 0.01mm（俗称 1 丝）；表盘上短针指示长针旋转圈数（即每小格为 1mm）。

千分表的结构及工作原理与百分表相同，其刻线原理为：测量杆移动 0.1mm 则长针旋转一周，表盘圆周 100 等分，则每格为 1/1000mm，表盘上短针用来指示长针旋转圈数（即每小格为 0.1mm）。

百分表和千分表与磁性表座联合使用。使用时测量杆的中心应垂直于测量平面且通过轴心，测量杆接触到测点时，应使测量杆压入表内 2～3mm 行程，然后转动表盘，使长针对准"0"位调零。

图 2-16　塞尺

（4）塞尺。可用来检查转动部分与固定部分的间隙和合缝的接触面的紧固程度。如图 2-16 所示，塞尺是一组薄厚不同的不锈钢片，可有不同的长度和不同的张数，但每张钢片的厚度是相当精确并且标明的，最薄片厚度为 0.02mm，所以也常被称为厚薄规或间隙规。

（5）游标读数量具。主要有游标卡尺、高度游标卡尺、深度游标卡尺及游标量角尺等。用来测量零件的内外径、长度、宽度、厚度和角度。

游标卡尺由主尺和副尺（又称游标）组成，如图 2-17 所示。主尺与固定卡脚制成一体；副尺与活动卡脚制成一体，并能在主尺上滑动。游标卡尺有 0.1mm、0.02mm、0.05mm 三种测量精度。一般常用的是读数为 0.1mm 的卡尺，主尺每小格的刻度为 1mm，副尺上的游标刻度在 9mm 长度内分为 10 等分，即每格宽度为 $9 \times 1/10 = 0.9$mm。

当主尺与游标两刻度的零线（起始线）对准重合时，则游标上最后一条刻度与主尺 9mm 的线重合。

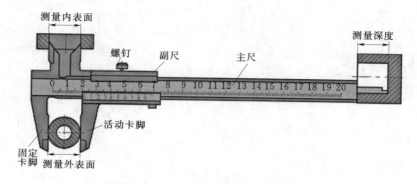

图 2-17 游标卡尺

游标卡尺读数分三步（如测量精度为 0.02mm 的游标卡尺，如图 2-18 所示：①在主尺上读出副尺零线以左的刻度，该值就是最后读数的整数部分（图中为 33mm）；②副尺上一定有一条与主尺的刻

图 2-18 游标卡尺读数示例

线对齐，读出该刻线距副尺的格数，将其与刻度间距（如 0.02mm）相乘，就得到最后读数的小数部分（图中为 0.24mm）；③将所得到的整数和小数部分相加，就得到总尺寸（图中为 33.24mm）。

（6）螺旋读数量具。主要有外径千分尺、内径千分尺等，用来测量部件的内外径、宽度、高度等尺寸，如图 2-19 所示。内径千分尺带有一套不同长度的接杆，测量大尺寸时可将几节连接起来使用。

总之，要保证量具的精度和工作可靠性，必须掌握正确的使用方法，做好量具的维护与保养工作。精密量具应定期检验，合格才准使用。

3. 自制的工具

（1）测圆架。为检查转轮止漏环与转子的圆度，需要做测圆架帮助测圆。测圆架要有足够的刚度，在导轴上只能滑转而不能上下移动。如图 2-20 所示，测圆架为角钢焊接的结构件，测圆架上端做一个螺栓中心锥，紧顶在轴中心孔内，测量架的中部与轴抱紧，要求不费

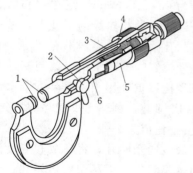

图 2-19 外径千分尺结构简图
1—测量面；2—锁紧装置；3—精密螺杆；
4—螺母；5—微分筒；6—固定套筒

力就可转动；桁架 3 与轴之间的抱箍 5 内，垫有铜或铝板制成的摩擦片 4 并涂上黄油，以防止支架窜动；滚轮 6 支承在被测部件的端面，做为轴向支承；在支架的垂直支臂 7 上装有百分表 2，百分表的测头 8 与被测表面垂直接触。转动圆架，百分表上读数就可反映被测圆柱面的失圆度。

（2）调整高程与间隙用的楔子板。楔子板是两面都经过加工的楔形钢板，通常一面

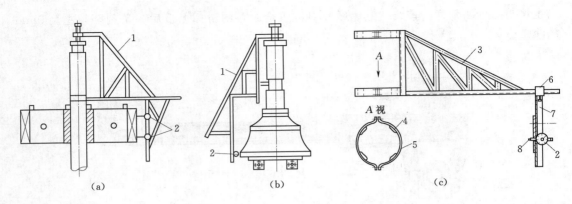

图 2-20　测圆架

（a）转子测圆架；（b）转轮测圆架；（c）测圆架结构

1—测圆架；2—百分表；3—桁架；4—摩擦片；5—抱箍；6—滚轮；7—支臂；8—百分表的测头

为平面，另一面为斜度 1∶15～1∶25 的斜面。一对楔子板的斜面互相贴合，搭接长度越长，总的厚度就越大。由于楔子板简单，调整方便且支撑稳定，在机组安装中经常使用。但调整完后，楔子板的搭接长度应该在板长的 2/3 以上，否则它对工件的支撑会不稳定。

（3）测量中心用的工具。包括中心架、求心器、测杆、重锤及油桶等。中心架，用槽钢和角钢焊制，其长度可根据支点的跨距确定。要保证整个中心架有足够刚度。在中心架中间设有螺孔，用于固定求心器，如图 2-21 所示。确定中心用的钢琴线（直径为 0.3～0.5mm）绕在求心器卷筒上，钢琴线的一端拴在卷筒轮缘的小孔上，另一端通过求心器底座圆孔垂下。求心器上有四个中心调节螺杆可调卷筒的位置，使调整钢琴线与基准中心一致。在琴线末端拴以重锤用于拉直琴线，重锤是用铁板焊成的有底圆筒，锤内灌以水泥浆（或砂），重锤高度与直径比值为 2～2.5，重量 10kg 左右，锤的外缘四周焊成四个叶片，将锤放在黏度大的油桶中处于自由悬吊状态，以尽快稳定琴线。油桶（常用机油）放在事先搭好的工作平台上。

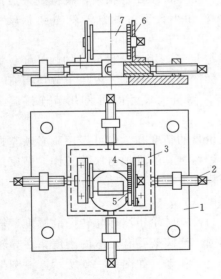

图 2-21　求心器

1—底板；2—中心调节螺杆；3—中心滑板；4—棘轮；5—棘轮爪；6—支承；7—钢琴线卷筒

4.常用的起重机具

起重机具包括起重机、吊索、吊具、千斤顶及临时使用的葫芦等。吊具就是吊装需要的工具，如平衡梁等。除了少数重要吊具，如发电机转子吊具由制造厂提供外，其余部分通常都是选用标准产品。

新安装的桥式起重机必须通过试验检查才允许投入运行；而原有的桥式起重机，在每次起吊重要部件如发电机转子之前，也必须进行试验检查，试验应按国家有关的技术标准进行。试验包括对吊索、吊具的检查，分为静荷载试验和动荷载试验两部分。静荷载试验的目的是检查桥式起重机等的强度与刚度是否足够（即能承受试验荷重，指按规定重量配置的水泥块与铁块等）；动荷载试验的目的是检查起重机运行是否正常。试验时用起重量的110%作试验荷重，按工作速度吊起、下落，同时检查大车、小车在负重情况下的行走及停止（这里的试验荷重，是指按规定重量配置的水泥块与铁块等）。

（1）桥式起重机。桥式起重机在水电站最常用，大中型水电站的主厂房内都装有桥式起重机。桥式起重机因用桁架或钢梁横跨主厂房成为桥形而得名。桥式起重机可在沿厂房长度方向的轨道上移动，其行走部分称为"大车"；其起重机构可在桥形结构上沿厂房的横向移动，常称为"小车"；起重机构部分使重物的上升、下降。这样，由上述三方面就形成了主厂房内三个方向的空间运动体系。

桥式起重机按结构、动力的不同，又可分为不同类型，水电站中常用的有：电动桥式起重机，电动双梁或电动单梁起重机，以及手动双梁或手动单梁起重机。

1）电动桥式起重机。大中型水电站常用电动桥式起重机如图2-22所示。它有两根横跨主厂房的大梁，再加上钢桁架构成桥形结构。其小车成平台形，在主梁的上方行走。起重部分常为不同起重量的卷扣机，具有主、副两个挂钩，主钩起重量大但升降缓慢，副钩起重量小而运行速度快。电动桥式起重机的起重量范围很大，运行平稳，但结构比较复杂，自身的尺寸和重量都较大。电动桥式起重机常在大车梁旁边设控制室，人在上面操作控制。

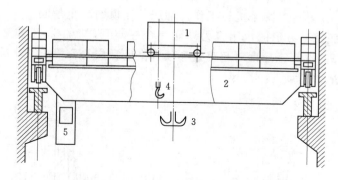

图2-22　电动桥式起重机

1—小车；2—大梁；3—主钩；4—副钩；5—控制室

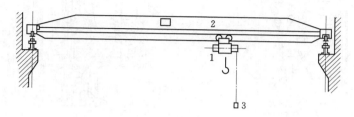

图2-23　电动单梁起重机

1—电动葫芦；2—大梁；3—控制开关

2）电动双梁或电动单梁起重机。电动单梁（双梁）起重机如图2-23所示，这是简化后的桥式起重机，常在中小型电站见到。它用两根或一根工字梁横跨主厂房，其大车的形式与桥式起重机类似，但起重部分多为电动葫芦，吊在主梁的下翼沿上，而小车也就相应得以简化。电动双梁或电动单梁起重机只有一个挂钩，但升降的速度可分档变化。而操作控制常为吊牌式的按钮开关，人在地面上操作。电动双梁的起重量较大，电动单梁的起重量较小，由于结构比桥式起重机简单，因而尺寸和自重较小，造价也降低不少，但运行的稳定性不如桥式起重机。

　　3）手动双梁或手动单梁起重机。该种起重机由人力驱动，大车、小车靠人力拉链条驱动，起重则靠手动葫芦。手动单梁的起重量一般不超过 10t；手动双梁的起重量通常也在 15t 以下。简单实用，适用于机组容量很小且台数不多的水电站。

　　（2）手动葫芦和千斤顶。手动葫芦和千斤顶，结构简单，尺寸不大且安装、使用灵活，是水电站常用的辅助性起重工具。在机组安装、检修过程中常用于零部件的临时性起吊、支撑或者位置调整。

　　1）手动葫芦。其结构如图 2-24 所示，其起重量一般为 1t、2t、3t、5t、10t 等，起重高度一般有 3m、6m、9m 等不同规格，特殊订货还可使起重高度达到 12m。使用时应注意：实际起重量不得超过额定起重量；实际起吊高度不得超过规定的起吊高度；挂钩与吊钩应在同一直线上。

　　2）千斤顶。千斤顶分螺旋式和油压式两大类。螺旋千斤顶如图 2-25 所示，其起重量一般为 5t、10t、15t、30t、300t 等，升起高度在 130～200mm 之间，其底座是圆形的，靠人力转动螺母，使螺杆升降来进行工作；油压千斤顶的起重量同上，升起高度在 130～160mm 之间，其底座是方形的，用人力动作一个柱塞泵，产生高压油来顶升活塞，从而实现对重物的升降。选择千斤顶时起重量和顶升高度都应符合要求，实际使用时还必须保持底座的支撑平稳、牢固。

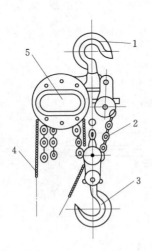

图 2-24　手动葫芦

1—挂钩；2—起重链；3—吊钩；
4—手拉链；5—传动箱

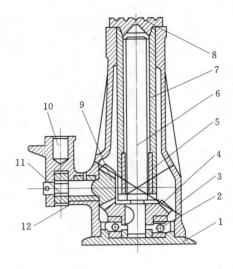

图 2-25　螺旋千斤顶

1—底座；2—轴承；3—主架；4、9—伞形齿轮；
5—铜螺母；6—螺杆；7—套筒；8—顶块；
10—摇柄；11—棘轮；12—铜套

（3）钢丝绳及其附件。起重工作离不开各种索具，而使用最广泛的是大大小小的钢丝绳，以及与之配套的绳卡、卸扣等附件。若索具及附件选用不当，则会在起重过程中引起严重事故，必须正确选择和使用。

（4）吊耳、吊头及吊梁等。这些吊具往往由制造厂配套供给，应按厂家规定使用。如转子很重，吊装时必须借助专用吊具进行。由于转子重量及结构的差异，使转子的专用吊具也不相同。一般小型转子用端耳吊具，如图2-26所示；中型转子用套耳吊具，如图2-27所示；大型转子用起重梁，如图2-28所示；大型无轴转子用梅花吊具和起重梁，如图2-29所示。

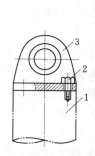

图2-26 端耳吊具

1—主轴；2—螺钉；3—端耳吊具

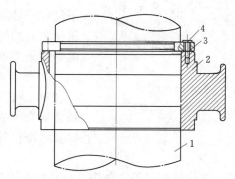

图2-27 套耳吊具

1—主轴；2—套耳吊具；3—卡环；4—螺钉

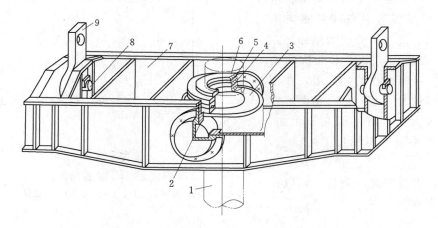

图2-28 起重梁

1—主轴；2—铜套；3—轴套；4—止推轴承；5—垫板；

6—卡环；7—起重梁；8—轴销；9—吊耳

2.5.3 基本测量方法

1. 平面的平直度测量

把标准平面（或平尺）置于被测量的平面上，其接触情况，即为该平面的平直度。其测量方法如下：

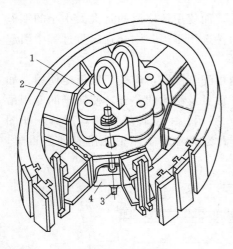

图 2 - 29　起重梁
1—梅花瓣；2—转子；3—连接螺杆；
4—下部横梁

（1）被测平面尺寸小时，用标准平面研磨，通过接触情况判断。在被测平面上涂一层很薄且均匀的显示剂（如红丹、石墨粉），将此平面与标准互相接触，并使两者往复相对移动数次，这时被测量平面上的高点可显示出来。根据接触点的多少，可知平面的平直程度。如推力瓦、主轴法兰面的研磨等即采用该方法。

（2）被测平面尺寸大时，使用平尺和塞尺。把平尺置于被测量的平面上，然后用塞尺检查平尺和平面之间的间隙。如相连的一对主轴法兰的错牙情况等即采用该方法。

2．平面的水平测量

对于机件的水平，根据精度要求不同，一般可用前面介绍的橡胶管水平器、框形水平仪、水平尺以及水准仪等进行测量。

3．高程的测量

一般是用水准仪和标尺等，如图 2 - 30 所示，按照提供的高程基准点 D，来测量被测部件 1 上的所求点 C 与 D 点的高程差（标高），进而可计算出所求点 C（在安装件上）的高程。其测量方法：①用三脚架将水准仪安置在高程基准点和被测点附近，调整水准仪 3 水平；②把标尺立于高程基准点 D，扭转水准仪的镜头，对准立于基准点的标尺上，在标尺上所得读数为 A 值；③在被测部件上找出一测点 C，将标尺立于上面，以同样的水平镜头看标尺上的读数，得到 B 值。

根据以上所测到的数值，可以得到测点的高程为

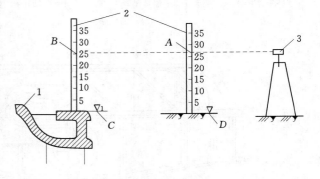

图 2 - 30　高程测量
1—座环的上环；2—标尺；3—水准仪

$$\nabla_1 = \nabla + A - B \qquad (2-4)$$

式中　∇_1——被测部件上测点的实际高程，m；

　　　∇——高程基准点的高程，m；

　　　A——高程基准点上标尺的读数，m；

　　　B——被测部件测点上标尺的读数，m。

若被测部件的设计高程为 ∇_2，则其实际安装偏差为

$$\delta = \nabla_2 - \nabla_1 \qquad (2-5)$$

可根据安装偏差 δ 的大小来调整被测部件的高程，使其与设计高程一致。

同理，其他测点的高程可用上述同样的方法进行测得。

4. 外圆柱面的圆度测量

水轮发电机组尺寸较大的一些外圆柱面部件，主要有发电机转子、转轮、止漏环、主轴等。在安装前或装配时，需检查它们的圆度，可采用前面介绍的测圆架配合百分表测量。测量部件半径的变化量，在被测部件的四周均匀布置若干个测点，计算平均值，取最大偏差值作为结果。

5. 环形部件圆度和中心位置的测量

水轮发电机组尺寸较大的环形部件，主要有尾水管里衬、基础环、座环、顶盖、发电机下机架、定子、上机架等。在机组安装过程中，通常不进行大尺寸绝对值的精确测量。对大尺寸环形部件圆度和中心位置的测量是在环形部件内，沿着同一圆周取若干等分点（一般取 8～32 个分点，根据被测部件的尺寸决定）。以这些分点为测点，测量各测点至基准中心线各半径之间的相对差值，计算平均差值，求出偏差，以进行调整。

环形部件中心的测定，一般采用一根与机组垂直中心线重合的钢琴线作为基准，用内径千分尺测量。为了悬挂和调整钢琴线与基准中心重合，常需中心架与求心器配合使用。具体测量方法前已介绍。

6. 间隙测量

测量间隙的基本量具是塞尺。选择厚度适当的钢片，塞入要测量的间隙中去，若刚好能塞入和拉出，则钢片的厚度就是间隙的大小。但在操作时应注意：

（1）塞尺塞入和拉出的压紧程度是影响测量的关键，一般应选择或组合成不同厚度去分别试测，直到手感适度为止。这里说的手感适度，是指既能轻轻塞入和拉出，又略感阻力，似乎有"发粘"的感觉。

（2）塞尺最好是单片使用，必要时可将两片合并起来用，但必须擦拭干净，紧密重叠，不允许用三片或更多的塞尺相加，因为塞尺之间的间隙势必影响测量，叠加的片数越多，测量的误差就越大。

（3）对一些塞尺不便于插入的间隙，可在装拆过程中用挤压软金属（如保险丝）的方法测量间隙大小。

2.6 水电站的吊装工作

2.6.1 吊装工作基本要求

在大中型水电站的建设过程中，有很多部件（尤其是机电设备）的尺寸和重量比较大，安装工作必须借助于起吊设备来完成。加之机电设备安装质量要求高，安装工期紧迫，必须制定先进的吊装措施和合理的吊装方法，并与其他安装工作密切配合，相互协作，这是加快安装进度、提高安装质量、实现安全第一的重要保障。对此，吊装工作应满足如下要求：

（1）吊装前应认真细致检查所使用的工具，如钢丝绳、滑车等是否超过报废标准，凡超过报废规定的不准使用。

（2）捆绑重物的钢丝绳与机件棱角相接触处，应垫以钢板护角或木块。捆绑重物的钢丝绳与垂直方向的夹角一般不得大于 45°。

（3）吊绳应系在起重物件的牢固部位，数根吊绳的合力线应通过重物的重心，各吊绳应均衡拉紧，平起平落。

（4）两台起重机吊装同一重物时，其重量（包括吊重和吊具）不许超过两台起重机的公称起重量之和。悬吊点应分配合理，不超过每台的公称起重量。

（5）起吊设备前，应先提起少许，使其产生动荷重，以检查绳结及各钢丝绳的受力是否均衡，通常用木棍或钢撬棍敲打钢绳，使其靠紧。

（6）专用起重机具，应经验算和试验，合格后方准试验。

（7）起重与运输工作应由专人统一指挥。

2.6.2　主要吊装方法

在水电站机电安装工作中，吊装作业的工作范围广，施工条件比较复杂，因此，拟定设备吊装方案，必须根据所吊重物的重量、特点、安装质量要求、工机具、人力以及吊装现场的具体条件等，进行综合分析，灵活运用，制定出安全可靠、简单可行和能保证安装质量的合理的吊装方法。吊装工作千变万化，但归纳起来不外以下几种方法。

1. 吊升和顶升

即将重物垂直吊升或顶升。例如定子、转子、转轮等主要部件，都要采用吊升的方法吊入机坑找正。

2. 移行

使重物沿水平或倾斜平面移动。

3. 翻转

将重物上、下翻面。例如，对于有操作架结构的转桨式转轮，在组装时，必须将转轮体倒置在支墩上，以便组装下半部分的零件，这样工作起来既安全又方便。待下半部分组装完毕，再将转轮正放在支墩上组装上半部分零件和连轴工作。为了保证转轮在翻转过程中不致造成个别受力零件变形或损坏，必须采取有效措施加以防止。

转轮翻转通常有两种方法。

（1）落地翻，即转轮翻转过程始终不离开地面。

当厂内只有一台桥式起重机而副钩的起重量又不足转轮的重量时，一般可采用落地翻，并采取可靠措施，对着地叶片进行适当加固，防止变形。从受力分析看，只要翻转过程中叶片的受力不超过设计值，落地翻是可行的。但是只采用一个吊钩进行落地翻，转轮容易产生倾覆事故，不安全。因而采用以主钩为主，副钩辅助的办法进行落地翻较有把握，具体操作过程如图 2-31 所示。

这种翻转方法的特点是：两钩均受力，支点不离地，主钩不断提升使支点受力减轻，边翻边走车，关键在找正。

从受力分析看，最不利的受力状态是在副钩不受力时。在 90°位两钩均不受力的情况下，为确保安全，可采用一些加固措施，如将支点侧的相邻叶片端部用型钢焊成一体，使其联合受力。将支点侧叶片与转轮体之间用楔子板打紧，减少作用在枢轴法兰面上的挤压力。需要注意的是，在翻转过程中，小车要适时走车，找正重心，勿使支点处产生水平方

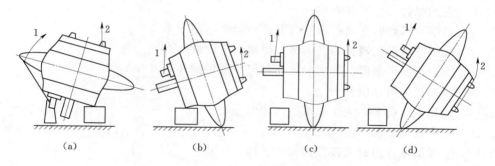

（a）   （b）   （c）   （d）

图 2-31 转轮落地翻的方法
1—主钩；2—副钩

向滑动，支墩要加固，防止副钩过载。

这种翻转法吸取了空中翻的优点，避免了单钩翻不稳定的缺点，叶片受力减小，提高了安全可靠性。

（2）空中翻，即先吊起转轮离开地面一定高度，然后在空中翻转后，再放在支墩上。

空中翻是比较理想的翻转方法，这种方法安全而有把握，操作简单迅速，有条件的应尽量采用。当厂内有两台桥式起重机时，一般都采用空中翻，与图 2-31 所示相类似。首先用 1# 主钩吊起转轮离开支墩一定高度，使转轮在翻转时不致碰支墩。然后，提升 2# 钩，使转轮轴线水平，再降落 1# 主钩，使转轮重量完全由 2# 钩承担，转轮翻转 180°。最后走车，把转轮仍放在支墩上。

4. 转向

在水平面上将重物转一个角度。

5. 转起和滑起

使重物竖立时一端着地慢慢吊起。如主轴竖立，采用的就是转起法，通常把主轴下端法兰用方木垫稳，把端耳吊具装在主轴上端，进行立吊。吊钩边提升边向主轴下端一侧移动，以保持吊绳的垂直，防止主轴平移。直至把主轴垂直吊起，然后吊至组装位置。

习   题

2.1 提高水轮发电机组安装与检修质量有何意义？

2.2 水轮发电机组的安装与检修有哪些特点？

2.3 对水轮发电机组安装与检修有何要求？

2.4 机组运行的稳定性、可靠性、长期性指的是什么？

2.5 对机组安装（检修）技术人员的要求有哪些？

2.6 机组安装前应作哪些技术准备？有哪些安装工具？

2.7 零、部件之间的组合和连接有哪些形式？试举例说明。

2.8 螺栓连接、过盈配合、焊接、铆接的定义，试分别举例说明。

2.9 钳工修配包括哪些方面？试举例。

2.10　连接组合包括哪些方面？

2.11　刮削、研磨的含义？为什么要进行研磨、刮削工作？

2.12　大中型机组的镜板如何研磨？研磨时应注意什么？

2.13　推力瓦如何刮研？其刮削程序如何？常用哪些刀具？

2.14　导轴瓦如何刮研？

2.15　轴领如何研磨？应注意哪些问题？

2.16　什么是热套法、压入法？

2.17　怎样保证连轴螺栓连接紧密而且均匀一致？

2.18　机件校正调整项目有哪些？

2.19　什么是测量的原始基准、工艺基准、校核基准？

2.20　什么是安装基准件？不同机组以哪些部件为安装基准件？

2.21　机组安装与检修工作中的常用工具有哪几类？

2.22　常用的量具有哪些？分别用来测量什么？

2.23　塞尺的作用如何？使用塞尺检查间隙大小应注意什么问题？

2.24　自制的工具有哪些？可用来测量什么？

2.25　常用的起重机具有哪些？各有何作用？

2.26　机组的基本测量包括哪几方面？

2.27　怎样检查平面的水平度？使用框形水平仪需注意什么问题？

2.28　怎样检查平面的垂直度？

2.29　怎样检查大尺寸部件外圆柱面的不圆度、同轴度？

2.30　怎样测量环形部件的中心位置，以及内圆柱面的不圆度、同轴度？

2.31　高程如何测量？间隙如何测量？

2.32　水电站中对吊装工作有哪些基本要求？

第 3 章

水 轮 机 的 安 装

学 习 提 示

内容： 水轮机的基本安装程序；混流式水轮机埋设部件的安装；混流式水轮机导水机构的预安装；混流式水轮机转动部件的组装；混流式水轮机的正式安装；轴流转桨式水轮机的安装特点。

重点： 混流式水轮机埋设部件的安装；混流式水轮机导水机构的预安装；混流式水轮机转动部件的组装；混流式水轮机的正式安装；轴流转桨式水轮机的安装特点。

要求： 了解水轮机的基本安装程序，熟悉混流式水轮机埋设部件的安装；掌握混流式水轮机的安装和轴流式水轮机的安装特点。

3.1 水轮机的基本安装程序

水轮机的安装必须先安装埋设部件，再安装导水机构和转动部件，最后安装轴承及其他附属装置。其中有些工作是在水轮机轴与发电机轴连接之后才进行的，如水导轴承的安装即是这样。

对于混流式水轮机来说，其基本安装程序如下：

（1）尾水管里衬的安装。

（2）尾水管里衬周围混凝土的浇注，座环支墩和蜗壳支墩混凝土的浇注。

（3）座环、基础环的清扫与组合，座环、基础环、锥形管的安装，座环基础螺栓及底部混凝土的浇注。

（4）蜗壳的安装，包括蜗壳的拼装、焊接和浇注混凝土。

（5）水轮机室里衬及埋设管路的安装。

（6）发电机层以下混凝土的浇注。

（7）导水机构的预安装。

（8）转动部分的预安装与正式安装。

（9）导水机构的正式安装。

（10）水轮机主轴与发电机主轴的连接。

（11）水导轴承和其他附件的安装。

以上安装顺序并非一成不变，有些工作可以同时进行，有些工作还可以与发电机的安装交叉进行。

3.2 混流式水轮机埋设部件的安装

混流式水轮机的埋设部件是指尾水管里衬、座环、基础环、锥形管、蜗壳、水轮机室里衬及埋设管路、接力器里衬等，如图 3-1 所示。由于这些部件被浇注在混凝土内，一旦安装后就不可拆卸，因此称为埋设部件。这些部件有以下安装特点。

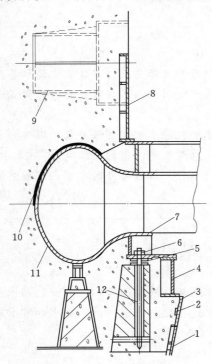

图 3-1 混流式水轮机的埋设部件

1—尾水管里衬；2—围带；3—锥形管；4—基础环；
5—楔子板；6—螺母；7—座环；8—水轮机室里衬；
9—接力器里衬；10—蜗壳弹性层；11—蜗壳；
12—基础螺栓

（1）由于其均埋设于混凝土中，靠混凝土固定和支撑，因此其安装工作与混凝土浇注是交叉进行的，安装质量很容易受土建施工的影响，而且在程序上必须由下而上逐件进行。

（2）对于大、中型机组，其尺寸较大，多数由薄壁的钢板拼焊而成，而且形状比较复杂，埋设于混凝土中时容易变形。因此，安装和浇注混凝土时，防止变形和错位非常重要。

（3）埋设部件是机组安装工作中最先安装定位的部分，其中座环是混流式水轮机安装的基准件。埋设部件的水平位置和高程将决定整台机组的位置，尤其是座环的安装精度将在很大程度上影响机组的安装质量。

（4）大部分埋设部件属于水轮机的过流部件，过流部件的形状、尺寸必须符合设计要求，流道表面应光滑，以减小水力损失，保证水轮机的能量性能。

因此，对埋设部件的安装过程和质量有严格的要求。

3.2.1 尾水管里衬的安装

为防止水流冲刷和空腔涡带对混凝土尾水管内壁的损坏，可设置尾水管里衬（一般由钢板卷焊而成），它是所有埋设部件的最低部件。为方便维修和检查，设有进人孔，此外还设有蜗壳排水管及测压管路。

1. 尾水管机坑的清理和检查

清理预留机坑，去除模板木块、石砂等杂物，排除积水。用水准仪检查机坑底面高程是否符合设计要求。

2. 尾水管机坑内标高中心架的设置

机组中心在水电站厂房内的位置情况，是用一组平面坐标表达的。我国规定厂房的上下游方向为 Y 轴（上游为 $+Y$，下游为 $-Y$）；厂房的纵向为 X 轴（蜗壳进水侧为 $+X$，反方向为 $-X$）。由于土建时厂房 X、Y 轴已经确定，并且已由原始基准和有关坐标值加以固定，因此在机组安装之前，只需把厂房坐标系统转移到机坑内，可用标高中心架确定机组中心位置，为尾水管里衬安装和中心高程调整做准备。

标高中心架如图 3-2 所示，包括四个门形架和两根十字钢琴线。在机坑的四个轴线方向埋设门形架，门形架由角钢（或槽钢）焊接而成，一般位于座环外圆半径外，由两根垂直角钢和一根水平角钢构成，水平角钢的中心位置锯有一缺口，用于挂钢琴线。X、Y 轴的对称门形架的缺口分别挂上 X、Y 轴钢琴线，形成十字钢琴线。门形架对称位置上的缺口水平位置分别与 X、Y 轴线在同一垂直平面内，其底部高程应比尾水管里衬上管口设计高程高出 $500\sim800\text{mm}$，这样就可将标高中心架的中心、高程对应于机组中心线和高程。为防止两方向的钢琴线在交点处重叠，X 方向与 Y 方向角钢的缺口高程应有 50mm 左右的高差。标高中心设置好后，应根据机组标高、中心基准点复查校核，合格后方可使用。

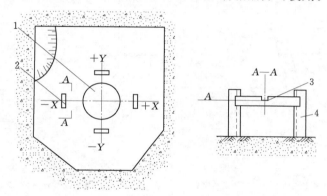

图 3-2　机组标高中心架
1—预留机坑；2—门形架；3—中心缺口；4—角（或槽）钢

3. 尾水管里衬的组合和清扫

对于小型机组，尾水管里衬是整体结构，不需组合。

对于大型机组，尾水管里衬是分节分块结构，需在工地上进行组合和焊接。里衬在工地上组装好后，需进行检查，主要检查用于安装定位标准的上、下管口的圆度。对于不符合要求的圆度，要用拉紧器和千斤顶进行调整，并加设支撑固定，以防变形。组合完成后，应在里衬外表面用喷砂枪、钢丝刷等工具做去污去锈处理，然后涂上一层薄薄的水泥浆，以保证里衬与混凝土结合严密。

最后，按照设计图纸的要求，在里衬的上管口标出 X、$-X$、Y、$-Y$ 的轴线位置，以方便吊装尾水管里衬时确定中心和方位。

4. 基础板的准备

基础板是尾水管里衬吊入机坑后的临时支撑点，通常用厚度 12mm 或以上的钢板切割而成，大小根据需要确定，但必须大于调整用的楔子板。个数按厂家要求，一般为 4 个，分别放在 $\pm X$、$\pm Y$ 轴线上。

基础板可事先埋设好，也可平放在前期浇注好的混凝土表面（支墩）上，并固定住。基础板的中心位置、高程和表面水平度都应符合要求。一般情况下，中心误差不得大于 10mm；高程误差在 $0\sim5\text{mm}$ 之间；表面水平度误差在 1mm/m 以内。

5. 尾水管里衬的吊入与找正

在完成上述工作后，可进行里衬的吊装工作。吊装时，把里衬按 X、Y 标记吊入机坑，放在事先准备好的楔子板上（楔子板放在基础板上，用于位置调整）。然后在预先设好的标高中心架上通过缺口挂上两根直径为 0.3～0.5mm 的钢琴线，并在线的两端吊上四个 5～10kg 的重锤，以保证钢琴线的平直。然后在钢琴线上挂四个线锤，分别对准上管口，用于里衬中心和高程的测量与调整。

（1）中心测量与调整。检查上管口上方的四个线锤，并沿钢琴线移动，看尖端是否对准上管口 X、Y 轴线位置上的标记。若没对准，则可用千斤顶或拉紧器等调整工具进行里衬中心的调整，使四个线锤的尖端分别对准上管口的标记；若对准了，则说明里衬上管口中心和机组中心是一致的，如图 3-3 所示。

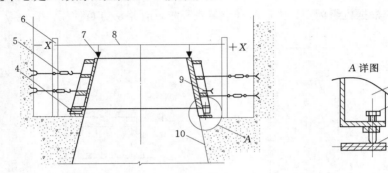

图 3-3　尾水管里衬安装

1—尾水管里衬；2—调整螺钉；3—基础垫板；4—楔子板；5—拉紧器；
6—标高中心架；7—线锤；8—钢琴线；9—锚栓；10—尾水管

（2）高程测量与调整。用钢板尺测量上管口到钢琴线的距离，即上管口上四个线锤的长度，然后用钢琴线的高程减去该长度，即为上管口的实测高程。若实测高程与设计高程之差在要求范围内，则无需调整高程；若存在差距，则两者的差值即为里衬所需调整的高程差值。高程可通过螺钉或楔子板来调整。需要注意的是高程应以上管口的最低点为准进行调整。

除此之外，还需检查尾水管里衬出口与弯管混凝土的错位，若存在较大错位，应设法调整里衬，或者适当去除混凝土的多余部分，使尾水管内壁平顺，以减少管内水力阻力，利于水流运动。

尾水管就位调整之后，其安装质量标准应符合表 3-1 的要求。

表 3-1　　　　　　　　尾水管里衬安装允许偏差　　　　　　　　单位：mm

序号	测量项目名称	允许偏差			备　注
	转轮直径 D_1	1～3m	3.3～5.5m	6m 以上	
1	上管口椭圆度	0.003D 但最大不超过 20			D 为管口直径设计值
2	相邻管口内壁周长差	0.001L	10		L 为管口周长
3	上管口中心及方位	5	8	10	测量管口上 X、Y 标记与机组 X、Y 基准线间距离
4	上管口高程	8	12	15	钢琴线的高程减去线锤的长度
5	下管口偏心	10	15	20	吊线锤测量

6. 尾水管里衬的锚固

尾水管里衬的高程和中心调整合格后，应将调整工具（基础板、楔子板或调节螺栓）点焊固定，并在尾水管里衬四周用拉紧器或钢筋与固定部分（如预留的钢筋头）焊接起来，拉紧器本身也要点焊，如图3-3所示。如有需要，在里衬管内加焊支撑。最后安装里衬外围的埋设管路，如测压管、补气管等。

7. 尾水管里衬混凝土的浇注

为了防止在混凝土浇注、振捣及凝固的过程中，尾水管里衬等埋设部件变形，应从里衬四周均匀浇注混凝土，而且必须缓慢地逐层上升地浇注。另外，为了不影响座环、基础环的安装，可在里衬混凝土浇注时留有安装余地，或者把尾水管里衬与基础环、座环组合起来后一次性浇注混凝土。

3.2.2 座环和基础环的安装

座环是整个混流式机组的安装基准件，对其中心、高程和水平的安装技术质量要求都很高，误差要小，尤其是水平误差要更小。由于座环不平，会直接引起整个机组的倾斜，对座环的安装就位要认真测量，细心调整。

基础环是转轮室的组成部分，上与座环用螺栓连接，下与锥形管焊接相连。

对于中小型水轮机，座环与基础环常常是铸成整体的，现场安装时只需吊入就位调整就可。

对于大型机组，为了运输的方便，常将座环与基础环分开，且各自均是分瓣制造的，故需在现场组合安装，再吊入就位调整。基本程序如下。

1. 座环、基础环的组合

首先对座环、基础环的各加工面进行清扫，去漆、锈、毛刺，修高点。用汽油擦洗组合面，干净后涂上铅油。然后分别对分瓣座环和基础环进行组合，组合时按分瓣件的编号进行组合。再把组合好的座环、基础环用螺栓或者电焊连接在一起，以便于整体吊装。

组合时应注意：①组合面上的把紧螺栓间隙应符合规定，过流面应无错牙；②座环和基础环的圆度要符合要求。

最后需在座环的法兰顶平面上划出 X、Y 轴线，以确定应有的安装位置。座环的轴线方位取决于蜗壳的进水方向、固定导叶的分布等因素，一般制造厂都有明确的标记，安装之前应复查。

2. 座环、基础环的整体吊入与找正

先在座环支墩的垫板上放好三对楔子板（或三个螺旋千斤顶），呈三角形。注意：①楔子板的搭接量应大于其长度的2/3左右；②楔子板与垫板的接触面积应大于70%；③楔子板的顶面高程应使座环放上后，座环法兰面的高程符合设计值。然后将座环、基础环的整体件或整体组合件按 X、Y 标记吊入机坑。最后进行就位调整，主要是中心、高程和水平的就位调整。

（1）中心测量与调整。座环放稳后，可按尾水管里衬安装所用的方法，挂出机组的十字钢琴线，然后挂四个线锤，锤心对准座环法兰面上的 X、$-X$、Y、$-Y$ 标记。若未对准，可用起重设备调整座环的位置，使座环上的中心标记与线锤尖端对准。如图3-4

所示。

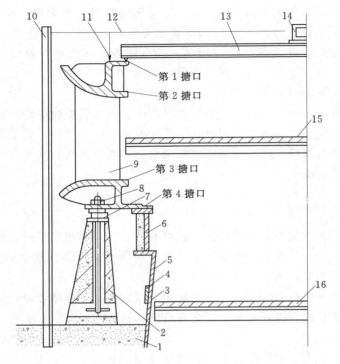

图 3 - 4 座环、基础环、锥形管安装调整示意图

1—尾水管；2—座环支墩；3—尾水管里衬；4—围带；5—锥形管；6—基础环；7—楔子板；8—基础螺栓；
9—座环；10—标高中心架；11—线锤；12—钢琴线；13—水平梁；14—框形水平仪；
15—测量用平台；16—尾水管安装平台

（2）高程测量与调整。用钢板尺测量座环法兰面上的线锤长度，若不符合要求，可用下部的楔子板（或千斤顶）进行调整。

（3）水平测量与调整。利用水平梁配合框形水平仪，在座环法兰面上测量，根据测量计算结果，用下面的楔子板（或千斤顶）调整。一边调整一边拧紧螺栓，经几次反复测量与调整，螺栓紧度均匀，水平也合格为止。注意：目前部件高程和大环形部件的水平，多采用水准仪进行测量。

座环的安装质量标准应符合表 3 - 2 的技术要求。

表 3 - 2 座环、基础环安装的允许偏差 单位：mm

序号	测量项目名称	允许偏差			备 注
	转轮直径 D_1	1～3m	3.3～3.5m	6m 以上	
1	座环、基础环椭圆度	1.0	1.5	2.0	从中心线到内部镗口的半径
2	与机组中心 X、Y 轴的偏差	2	3	4	
3	座环上平面水平度	0.07D/1000			D 为座环上法兰面直径
4	标高	±3			

3. 锚固

座环、基础环整体件的位置调整合格后，可用电焊将下部的楔子板（或千斤顶）、基础螺栓、拉筋等点焊固定。应特别注意的是：焊接时，要防止座环发生变形和位移，因此应对称施焊，在锚固过程中，用框形水平仪和百分表进行监视。

在这些部件锚固后，即可安装排水管等有关的附属装置。

4. 混凝土的浇注

混凝土必须从四周均匀浇注和振捣，逐层上升直至预定高度。浇注过程中还应监视座环位置的变化，方法是用水平梁和框形水平仪监视水平度是否变化，在一个或两个轴线方向设百分表监视中心位置是否变化。这样可以及时发现问题并立即纠正，以确保座环的安装质量。

3.2.3 锥形管的安装

锥形管位于基础环与尾水管里衬上管口之间，由于是在现场按实际尺寸下料用钢板卷焊制成，因此称为凑合节，如图 3-5 所示。锥形管下口留有 55°的焊接坡口，上口用电焊先与基础环相接。等座环下部混凝土养护合格后，再焊接锥形管与尾水管里衬上管口的环缝，以免因焊接变形而引起座环变位。为此，在该环缝外面先用电焊把宽 50～100mm 的薄钢板围带焊在锥形管上。围带与尾水管里衬搭接的环缝不焊，若其间隙太大，可用麻绳或棉絮塞死，以免浇混凝土时水泥浆流入，同时也防止在锥形管与尾水管里衬的环缝焊接时，混凝土受热产生蒸汽进入焊缝，从而影响焊接质量。

上述工作结束后，复查座环的中心、高程和水平，并检查加固情况，符合要求后即可移交给土建单位浇注混凝土。浇注时，同样要用水平梁配合框形水平仪监视水平度的变化情况。

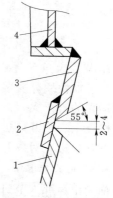

图 3-5　锥形管坡口
及围带（单位：mm）
1—尾水管里衬；2—围带；
3—锥形管；4—基础环

3.2.4 蜗壳的安装

混流式水轮机一般采用金属蜗壳。小型机组的蜗壳由于尺寸较小，一般为整体结构。而大中型机组的蜗壳由于所承受的水压较大，常采用钢板拼焊而成，其安装工艺复杂。下面重点介绍钢板焊接蜗壳的安装和焊接工艺。

1. 蜗壳单节的拼装

钢板焊接蜗壳在制造厂试装后要分成若干单节运至工地。对于大型机组的蜗壳，有的节还分成若干瓦片，在现场需先将瓦片拼成单节，再进行装配。拼装蜗壳单节时，先按蜗壳单线图为各节准备中心支架，如图 3-6 所示，然后按钢板编号把钢板支撑在中心支架上，再用马蹄铁、压码、楔子板、法兰螺栓、拉紧器等调整对缝间隙及弧度，最后施焊纵缝。为防止纵缝焊接时引起弧度变化，每条纵缝的连接固定板可加三道。

若拼装的单节蜗壳不符合有关规定，可用千斤顶、拉紧器等调整。合格后应在环节内部加焊支撑加固，使单节的形状和尺寸固定下来，如图 3-6 所示。

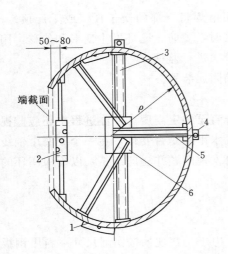

图 3 - 6　蜗壳单节拼装加固图（单位：mm）
1—连接固定板；2—拉紧器；3—角钢或槽钢；
4—吊环；5—角钢；6—定心板

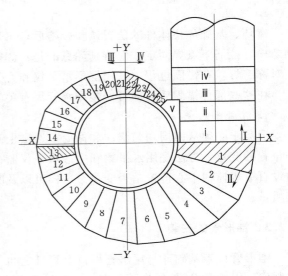

图 3 - 7　蜗壳平面
1，22—定位节；13—凑合节；ⅰ～ⅳ—水平段；
ⅴ—尾部

2. 蜗壳大节的拼装

为了加快蜗壳安装工期，可在单节拼装完成之后，将相邻的二至三节拼装成一大节，组成蜗壳的若干大节。拼装时，两单节均以中分面为基准，调整焊缝的间隙和锚牙，并用样板检查上、下开口边的弧度，合格后，则可施焊拼装后的环缝。为了便于挂装时调整上、下开口边，对离开口边 300～500mm 长的环缝可先不施焊。

3. 蜗壳的挂装

蜗壳单节或大节拼装完成后，即可进行蜗壳的挂装；也可边单节拼装边挂装交叉作业。但是，蜗壳挂装必须按一定顺序逐节进行，首先挂装大口平面在＋X 轴向的定位节（如图 3 - 7 中的 1 节）；再依次挂装 1～12 各节，同时可从尾部依次挂装 25～14 节；然后进行凑合节 13 的切割及挂装；最后依次挂装水平段 ⅰ～ⅳ 节。

有时为了加快挂装进度，可以再确定一个与＋Y 轴线重合的 22 节作为定位节，这样可以开辟Ⅰ、Ⅱ、Ⅲ、Ⅳ工作面同时进行蜗壳的挂装。

为了补偿焊接变形以及在安装过程中可能产生的误差，设置了有一定余量的凑合节13，该节在蜗壳其他节环缝全部焊完之后，根据空间实际尺寸在工地现场下料配装。

具体挂装程序如下：

（1）蜗壳各节的清扫和焊缝坡口的修整。

（2）根据机组中心挂十字钢琴线。

（3）蜗壳中心标志的设置和工作平台的搭设。如图 3 - 8 所示，先在尾水管内搭建一工作平台，在该平台中心设一角钢支架，在支架顶端焊一块钢板，使其顶面高程与座环的水平中分面一致，即机组的安装高程，也即与蜗壳的水平轴线等高度。然后根据机组中心十字钢琴线的线锤与钢板的交点，打出冲眼以标记机组中心，作为蜗壳安装的中心基准。

（4）准备好千斤顶、拉紧器、胶皮管水平器、线锤等。

（5）蜗壳定位节的挂装。蜗壳安装前，必须确定三个方向：上下方向，应使蜗壳水平轴线达到中心标志的高程，即步骤（3）中的支架顶端钢板上的中心标示；半径方向，应使蜗壳的最大半径 R 符合单线图的规定；圆周方向，应保证蜗壳进口断面与尾部的位置符合图纸要求。这三个方向，最难定位的是圆周方向，为此设置了蜗壳定位节（如图 3-7 中 1、22 节），其大口分别沿 $+X$ 和 $+Y$ 轴线就能准确地测量和调整，应先挂装。

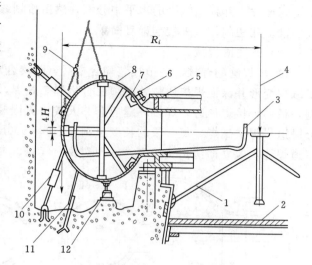

图 3-8 蜗壳挂装

1—中心支架；2—工作平台；3—胶管水平仪；4—机组轴线；
5—座环；6—拉紧螺栓；7—固定连接板；8—蜗壳；
9—葫芦；10—拉紧器；11—锚固钢筋；12—千斤顶

定位节吊入后用千斤顶支撑，拉紧器与四周的固定部分连接，再通过固定连接板，拉紧螺栓挂在座环的蝶形边上，然后进行以下三个项目的测量和调整：

1）检查大管口与 X 轴线是否重合。可从十字钢琴线上挂下两线锤，定位节的大口应在这两条垂线所形成的平面内。检查并调整大口上、下、左、右与垂线间的距离就能实现这一要求。同时检查大管口上、下、左、右的倾斜值，不大于 5mm，如超差，应用起重设备和下部的千斤顶进行调整。

2）用胶皮管水平器检查蜗壳内表面上水平中分面的高程，与设计值的偏差不大于 ± 15mm，如超差用下部的千斤顶进行调整。

3）用卷尺测量蜗壳外侧表面距离机组中心的半径 R，其误差不应超过 $0.004R$（R 为机组中心至蜗壳外缘的设计值），如不合格，则用拉紧器和千斤顶进行调整。

上述三项调整合格后，用电焊把拉紧器、千斤顶等点焊固定。如开辟四个工作面，定位节 22 也用同样方法挂装。

（6）其余各节的挂装。定位节挂装固定后，可按上述几个工作面同时进行其余各节的依次挂装。挂装时，仅检查水平轴线高度、最大半径的大小、焊缝间隙和错牙情况。

蜗壳与座环的连接，有对接和搭接两种结构形式。采用对接形式时，各环节对接焊缝间隙要求 2~4mm，焊缝坡口应符合规定要求；采用搭接形式时，其搭接两边应紧密，其搭接间隙应不大于 0.5mm，过流面错牙应不大于板厚度的 10%，最大错牙应不大于 2mm。

待蜗壳全部（不含凑合节）挂装完毕，并复查挂装质量合格后，方可进行蜗壳环缝的焊接工作。

（7）凑合节配装。凑合节是在蜗壳其他环节的纵缝、环绕全部焊完之后，根据实际空间尺寸制作的。

常采用样板法制作凑合节，即在装凑合节的实际空间上，围上薄铁皮，在薄铁皮上划出空间尺寸，并标出蜗壳的水平中分面，然后按划线剪裁成形，再按此样板在凑合节上划线切割。此法制作起来较准且简单。

（8）蜗壳的焊接。

1）环焊缝的焊接。各节挂装均合格后（除凑合节外），才能进行正式的焊接工作。为了减少变形并保证焊接质量，必须由合格焊工施焊，蜗壳的焊接顺序应该是先纵缝，后环缝，最后焊接蝶形边。焊接环缝应有2人或4人同时进行，如图3-9（a）所示，按对称分段退步焊法施焊，每一段的长度控制为300～500mm，而且逐道、逐层地堆焊。每焊完一道焊缝，应立即清扫、检查，发现裂纹、气孔、夹渣等应及时处理。

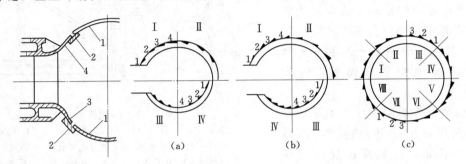

图3-9 蜗壳焊缝的焊接顺序
(a) 环缝单节；(b) 凑合节焊缝；(c) 蝶形边焊缝
1—蜗壳单节；2—衬板；3—下蝶形边；4—上蝶形边

2）凑合节的焊接。由于蜗壳分节拼合，再逐节挂装，尺寸和定位上的误差在所难免，各节环缝的焊接也会发生不均匀的收缩，这些因素会影响到最后一节（凑合节）的形状和尺寸。为此，凑合节应根据实际需要在现场切割，其形状和尺寸都以刚好填补缺口为准。由于凑合节两边均有环焊缝，焊接过程中不能自由伸缩，因而可能产生较大的焊接应力，也容易产生裂纹。一般采用2人或4人按分段退步的跳焊法施焊，如图3-9（b）所示，而且每焊完一段或一层焊缝，就用手锤打击焊波，尽量消除焊接应力。

3）蝶形边的焊接。蜗壳与座环蝶形边之间的焊缝，应当在蜗壳的纵、环焊缝全部焊完之后才焊接。如果在挂装及环缝焊接中一部分一部分地焊，蜗壳的焊接变形就势必影响座环。但是，最后焊接蝶形边，前面的焊接过程必然影响蝶形边焊缝，造成焊缝宽窄不均，甚至在某些部位与蜗壳不能恰当配合。为此，必须先对蝶形边焊缝进行检查和校正，必要时可以重新修整坡口，或者采取堆焊、镶边等方式作处理。蝶形边的焊接仍采用对称方向的分段退步焊法，如图3-9（c）所示。为了保证过流面平滑又便于施焊，上蝶形边应在内部加衬板，先在外面施焊，最后清除衬板，在内部作封底焊，下蝶形边则可在外部加衬板，在内部一次焊完。蝶形边焊缝往往较宽大，应当用多层、多道的堆焊，同时需注意各层焊道的接头应相互错开。焊接蝶形边时，为防止座环变形，可将水轮机顶盖吊入并组装在座环上，以增加座环的刚度。焊接过程中还可以设百分表及框形水平仪监视座环的位移情况，座环的中心位置及上平面水平度不得超出允许的精度范围。

（9）焊接质量的检查。蜗壳的焊缝多且复杂，将来还要承受动水压力作用，因而必须经过以下严格的质量检查。

1）焊缝探伤检查。焊缝的内部质量，通常用无损探伤进行检查。用 X 射线探伤时，环缝抽查 10% 的长度，纵缝和蝶形边焊缝抽查 20% 的长度。用超声波探伤时，则应检查全部焊缝。

2）整体水压试验。蜗壳和压力钢管应一起进行水压试验。试验时要封堵钢管进口，用试压泵使之逐步充水加压，当压力升到规定的试验压力后停留 15min 以上，压力钢管及蜗壳均不得有明显的变形和渗漏。

试验压力应按厂家的要求，或者由电站水头计算决定：静水头与最大水锤压力之和小于 2.5MPa 时，取两者之和的 1.5 倍为试验压力；静水头与最大水锤压力之和大于 2.5MPa 时，超过 2.5MPa 的部分取 1.25 倍，加上 3.75MPa 的基数作为试验压力。

（10）蜗壳的锚固和混凝土浇注。由于蜗壳是空心薄壁结构，又是水轮机尺寸最大的部件之一，在浇注混凝土时，需承受很大压力，易发生位移。因此，要将调整工具焊接固定，并适当的对蜗壳进一步加固，在蜗壳内、外装设必要的支撑，以防止浇注混凝土时，蜗壳变位和变形。在混凝土浇注时，要用力均匀、缓慢、逐步上升浇注，通常要求每小时混凝土的升高不超过 300mm。

对于大型机组的蜗壳安装，也可适当调整以上安装顺序，以加快施工进度。如三峡左岸电站后八台机组蜗壳的安装，采取了先挂装后调整蜗壳节的新方法，即先将定位节挂装、调整合格后，再将除凑合节外的其余节全部挂装完毕，每节挂装后进行粗调并临时加固，当上一节焊缝焊接至约 2/3 焊接工作量后进行下一节的精调。此方法使蜗壳单节运输与吊装连续进行，既提高了设备的利用效率，又缓解了吊装、运输设备的使用矛盾，可使工期缩短。另外，采用该方法可使环缝在无约束状态下焊接，减少了焊接应力，有利于焊缝质量的保证。如龙滩水电站的水轮机蜗壳采取了 4 个定位节进行挂装，以加快安装进度。

3.2.5 水轮机室里衬及埋设管路的安装

蜗壳安装后，在浇注混凝土之前，开始进行水轮机室里衬及埋设管路的安装。

水轮机室里衬是在机墩内壁下段所设置的钢板裙边，用以保证水轮机顶盖上方的水轮机室尺寸，且便于设置机坑内的踏脚板，为机组维护及检修提供必要的条件，也为机墩浇注混凝土提供了方便。

水轮机室里衬是用钢板卷焊成的圆形筒，其内圆尺寸是按水轮机顶盖的外圆尺寸确定的。安装前应先将分块的里衬组焊成整体的圆形筒，检查和校正其形状后，在内部加以适当的支撑、加固。然后将里衬整体吊入放在座环上法兰面上，按座环第一搪口至里衬下法兰内侧的距离（图 3-10 所示 A）来找正其中心位置。定位时，要考虑进人门和安装接力器的位置应符合设计要求。检查里衬下法兰的内径，此值应大于顶盖的外径并留有 10～15mm 的单边空隙。中心和方位调整合格后，将水轮机室里衬焊接固定在座环上法兰面上。

水轮机室里衬装完后，即可按照管路施工图纸进行埋设

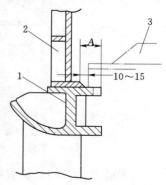

图 3-10 水轮机室里衬安装
（单位：mm）

1—座环；2—水轮机室里衬；
3—顶盖

管路的安装。安装时应严格控制管路的设计位置及管接头的焊接质量，并作耐压试验，合格后将管口封堵好，以免进入杂物，堵塞管道。

　　所有安装完毕后，可移交给土建单位，浇注混凝土机墩。

3.3　混流式水轮机导水机构的预安装

　　导水机构主要包括活动导叶、导叶传动机构、控制环以及底环和顶盖等部件，如图3－11 所示。从加工的角度看，要制造一样的活动导叶及相应的传动机构是很难做到的，为达到工作要求，导水机构必须进行预安装和正式安装两个阶段的工作，才能完成安装工作。

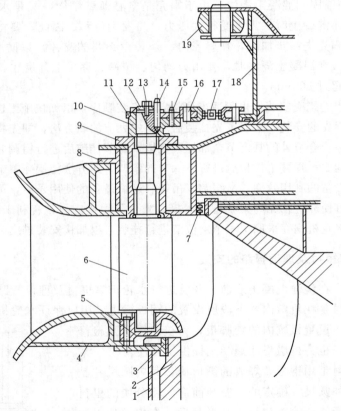

图 3－11　导水机构

1—基础环；2—转轮；3—下部固定止漏环；4—座环；5—底环；6—活动导叶；7—上部固定
止漏环；8—顶盖；9—套筒；10—拐臂；11—连板；12—压盖；13—调节螺钉；
14—分半键；15—剪断销；16—圆柱销；17—连杆；18—控制环；19—推拉杆

　　预安装目的，一是检查导水机构各部分的配合情况，发现问题，进行处理，为正式安装做准备；二是给底环、顶盖定中心，并钻铰销钉孔定位。

　　如果导水机构各部件已在制造厂内预装过，在安装现场不再进行预装配，正式安装时只按厂家预装编号或标记进行安装即可。

　　导水机构的一般预装步骤如下：

（1）对水轮机埋件部分进行清扫检查，复测座环水平、高程，确定机组的安装中心。

（2）对下部固定止漏环进行定位。

（3）导水机构预装。

3.3.1 座环水平、高程的复测和水轮机中心的确定

1. 座环水平、高程的复测

对于混流式机组，座环的水平、高程和中心是整个机组的定位基准。在座环安装过程中，由于混凝土的浇注可能会使其发生变形。因此，在导水机构预装前，需进行水平、高程的复测和机组中心的测定。

（1）水平复测。常在座环上均匀划分 8 个或 16 个测点，用水平梁加框形水平仪或用精密水准仪，对座环上平面和下平面的水平进行复测。如水平度超差，应用挫、磨、车削等方法进行处理，边处理边测量，直至合格为止。

（2）高程复测。座环高程可用水准仪复测。先按机组轴线测量座环的上平面 4～8 点，记录数据；再用内径千分尺、钢卷尺或水准仪测量，记录好基础环至座环下平面的高差 h_1、座环上下平面高差 h_2 及座环上平面至第二搪口平面的高差 h_3，如图 3-12 所示，每一圆周不应少于 4 个测点。

2. 水轮机中心的确定

中心测定一般都是以座环的第二搪口立面为准。把第二搪口的立面沿圆周方向按 X、Y 轴线等分 8～16 点，作为中心的测定点。在座环的上平面或发电机下机架基础平面上，挂出垂直钢琴线。然后用钢卷尺测出座环第二塘口与 X、Y 轴线相一致的对称四点至钢琴线的距离，调整求心器，使钢琴线通过第二搪口的几何中心。调整好的钢琴线位置就是所要确定的水轮机的安装中心线。

3.3.2 下部固定止漏环的定位安装

混流式水轮机转轮的上冠、下环与固定部分之间一般都设有止漏环。上部固定止漏环装在顶盖上；下部固定止漏环用螺栓装在座环的下平面上（图 3-12 中 ▽下），是最先定位预装的，其中心就是机组中心，因此其预装工作与水轮机中心定位是同时进

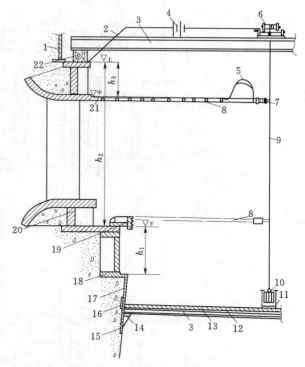

图 3-12 水轮机中心轴测定

1—水轮机室里衬；2—导线；3—中心架；4—干电池（6V）；
5—耳机；6—求心器；7—千分尺测头；8—测杆；9—钢琴线；
10—重锤；11—油桶；12—平台；13—木板；14—钢支腿；
15—尾水管里衬；16—围带；17—锥形管；18—基础环；
19—下固定止漏环；20—座环；21—座环第二搪口；
22—方木

行的。

安装过程如下：先将下部固定止漏环吊入机坑，装在座环下平面上，装入螺栓，但不拧紧；然后以挂好的钢琴线为基准，用环形部件测中心的方法来测量和调整各测点的半径，使其半径偏差不应超过设计间隙的±10%，圆度符合规范要求；最后用螺栓固定，钻铰定位销钉孔，配制销钉。

3.3.3 导水机构的预装

导水机构预装前，应对分瓣底环和顶盖进行清理，并用螺栓连接组合面，使其组合缝不能通过 0.05mm 的塞尺。然后检查整体或者组合好的底环、顶盖的圆度和主要配合尺寸，上部固定止漏环是否有错牙。检查导叶配合高度，导叶上、中、下轴颈与其配合尺寸是否合适。然后开始导水机构的预装，其过程如下。

1. 底环、导叶、顶盖的吊入

先将整体底环吊放在座环的下平面上，测量底环与座环第三搪口间隙δ值，如图3-13所

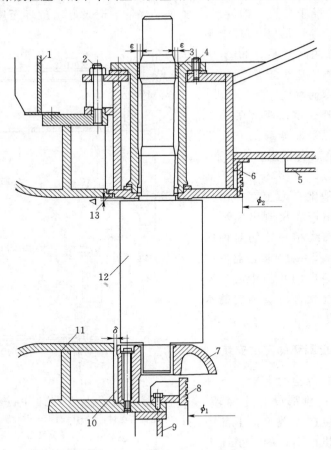

图 3-13 导水机构预装

1—水轮机室里衬；2—顶盖组合螺栓；3—套筒；4—套筒组合螺栓；5—顶盖
减压板；6—顶盖固定止漏环；7—底环；8—下部固定止漏环；9—基础环；
10—底环组合螺栓；11—座环；12—导叶；13—顶盖止水盘根

示，并据此值初步调整底环的中心位；再按编号对称吊入 1/2（或全部）的活动导叶，检查其转动的灵活性，应无整劲和不灵活的情况，并能向四周倾斜，否则对轴瓦的孔径进行处理；然后吊入整体顶盖；最后按编号吊装相应的套筒。

2. 顶盖中心的测量与调整

如图 3-14 所示，以下部固定止漏环中心为基准，挂吊钢琴线锤，使其处于水轮机中心；再测量上部固定止漏环（在顶盖上）的中心和圆度，并调整其中心位置，使其半径偏差不超过设计间隙的 ±10％，调好后拧紧不少于一半的顶盖与座环的组合螺栓，并对称拧紧套筒与顶盖的连接螺栓；然后进行间隙检查，用塞尺测量导叶上、下端面间隙，要求导叶大（进水边）、小头（出水边）的端面间隙 $\Delta_大$、$\Delta_小$ 应相等，其总间隙应不超过设计规定值，但也不能小于设计间隙的 70％。

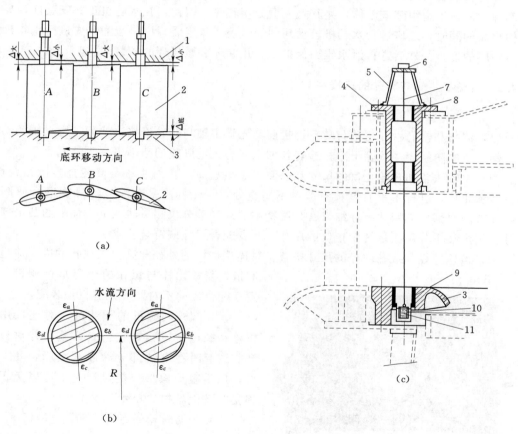

图 3-14　顶盖的测量
（a）导叶端面间隙测量；（b）套筒与轴颈间隙测量；（c）导叶上下轴孔同轴度测量
1—顶盖；2—导叶；3—底环；4—导叶套筒；5—中心架；6—求心器；7—钢琴线；8—导叶上轴瓦；9—导叶下轴瓦；10—油桶；11—重锤

若 $\Delta_大 \neq \Delta_小$，则表明导叶轴线在圆周方向是倾斜的，底环应该在圆周方向适当移动。若间隙过大，可在底环与座环组合面间加垫；若间隙过小，在顶盖与座环组合面间加垫或车削导叶，修整上、下端面。加垫时，要考虑装在顶盖与座环之间的橡胶止水盘根的型号与尺寸，否则会直接影响止水效果。测量导叶套筒轴瓦与轴颈的间隙 ε，沿周向和径向测四点，要求 $\varepsilon_b = \varepsilon_d$，其迎水面的 ε_a 应不小于设计最小间隙，以保证在受水压作用下，导叶各断面的应力均匀，否则，将底环或者顶盖沿圆周方向移动，使之符合间隙要求。以上调整合格后，应按设计图纸对顶盖、底环钻铰销钉孔，最后吊出所有预装部件，以便进行水轮机的正式安装。

3.4　混流式水轮机转动部分的组装

混流式水轮机的转动部分包括转轮、水轮机主轴、泄水锥、保护罩、止漏环、减压环等部件，需在工地组装成整体，尤其是大型分瓣转轮。因此，在水轮机正式安装前，导水机构预装的同时，还应进行水轮机转动部件的组装，其组装程序一般为：先进行水轮机主轴与转轮的连接，然后进行泄水锥、保护罩、止漏环和减压环的安装。

3.4.1　水轮机主轴与转轮的连接

1. 准备工作

（1）清扫和修磨。在主轴与转轮连接前，先将主轴与转轮连接法兰面、主轴轴颈、螺栓、螺母上的防锈漆层清除干净，检查各加工面有无毛刺或凹凸不平，去毛刺。

（2）主轴法兰和转轮止口的尺寸和表面平直度检查。应对主轴与转轮连接的结合面，即法兰和止口，进行不平直度检查。对不平直处，可用标准平台涂以红丹物进行研磨检查，如有凸出部分应用油石仔细修磨。用特制的外径千分尺测量法兰下端面上的凸出部分尺寸；用内径千分尺测量转轮止口的尺寸。两者配合尺寸应符合要求。

（3）螺栓外径和螺孔内径的尺寸检查。对连接螺栓的外径和法兰上螺孔的内径应进行测量，复核螺栓与螺孔的号码是否相符。如发现配合尺寸不对，应先进行预装配。

（4）螺栓和螺母的预装配。对连接用的螺栓和螺母应进行螺纹检查修整，并对号试套。试套时在螺纹部分涂以润滑脂，套上螺母，用手搬动螺母应能灵活旋下，以免正式连接时发生丝扣"咬死"现象。

（5）分瓣转轮的组合。如图 3-15 所示，其组合过程如下：

1）准备工作。准备分瓣转轮支撑用的 6 个等高工具，组合用的吊索、液压千斤顶、卡子、搭块、活动垫铁等所需要用的工具。

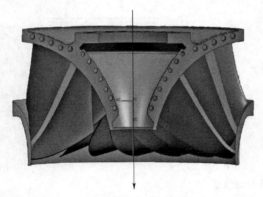

图 3-15　分瓣转轮示意图

然后用金属清洗剂对所有分瓣面坡口面及坡口面周围进行反复清洗，直到现出金属本色。准备焊材，如焊丝、焊条、加热器、焊钳、风铲、打渣器、风镐等工具。

2）用吊具吊起一瓣转轮，平放于预先放置好的 3 个等高工具上，用液压千斤顶调平，用活动垫铁垫好。

3）吊另一瓣转轮，平放于另 3 个等高工具上，销孔与销对齐，把合螺栓。

4）利用主轴加工平面找平转轮上冠上平面的水平度。吊主轴与转轮上冠把合，套螺栓，把紧螺栓。使上冠与主轴之间没有间隙。分瓣转轮之间的螺栓采用电加热棒加热至伸长值要求，主轴与上冠把合面的把合螺栓采用液压拉伸器伸长增加预紧力。主轴与上冠把紧后，测量上冠把合面与主轴之间是否有间隙。

5）下环劈开。采用液压千斤顶顶开下环把合面，然后分别在把合面叶片分瓣面上装焊卡子。

6）测量原始尺寸数据，并做好记录。

7）开始焊接。主要包括上冠过流面、下环合缝面、叶片对焊、叶片进口与上冠、叶片出口与下环和上冠的焊接。一般采用气体保护焊、分段退步焊和边焊边锤击的方法焊接。

8）焊接质量检查，主要包括焊后尺寸检查和无损伤探测。

2. 主轴与转轮的连接

（1）转轮的吊装。先在装配场地按转轮下环尺寸放置好 4 个钢支墩，在支墩上放四对楔子板，用水准仪找平，并将泄水锥吊放在 4 个支墩的中央。然后吊起转轮放于稳固的支墩上，调整楔子板使转轮水平。最后在对称的连接螺孔中穿入两个事先准备的直径较小的临时导向销钉螺栓，并用千斤顶由下向上顶住，如图 3 - 16 所示。

（2）主轴和转轮法兰面的清扫。用白布、酒精等彻底清扫主轴与转轮的法兰面。

（3）水轮机主轴的吊装。吊起水轮机主轴，在悬空中调好主轴法兰水平，误差应小于 0.5mm/m，

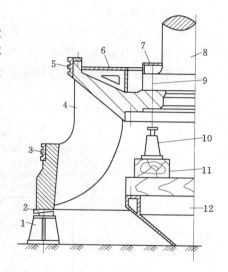

图 3 - 16　混流式水轮机转动部分组装
1—钢支墩；2—楔子板；3—下部转动止漏环；
4—转轮；5—上部转动止漏环；6—减压环
（填充盖）；7—法兰保护罩；8—主轴；
9—连轴螺栓；10—千斤顶；
11—方木；12—泄水锥

按厂家标记或螺孔编号，将主轴徐徐落在转轮上。当主轴下法兰凸出部分进入转轮的止口后，按编号穿上所有连接螺栓，把螺母套在螺栓上，先初步对称拧紧 4 个螺栓，再对称拧紧另外 4 个螺栓，用同样方法将所有螺栓都初步拧紧。注意螺母丝扣和底部应涂上润滑脂。然后对螺栓伸长值进行测量，边测量边对称的拧紧所有螺栓，直到螺栓伸长值达到厂家给定值或计算值为止。用 0.05mm 塞尺检查法兰组合缝间隙。当组合缝和螺栓紧度合格后，用电焊将螺栓、螺母点固在上下法兰上，点固长度应在 15mm 以上，以免水轮机运行时，发生螺栓、螺母松动脱落等现象。

3.4.2　其他零部件的安装

1. 保护罩的安装

在安装法兰保护罩前，需在连接螺栓、法兰表面涂上防锈漆。若需要在保护罩底部钻

孔排水时，应钻 2～4 个 10mm 的小孔。

如果是分瓣保护罩，应先组装成整体；再吊装到法兰上，用埋头螺钉固定，并填平螺栓。最后将保护罩电焊在法兰盘上，焊点要修磨平滑。若需承担检修密封作用时，应做圆度检查。

2. 泄水锥的安装

先通过泄水孔吊起泄水锥，然后用螺栓将其固定在上冠中心部分的下端面上。拧紧螺栓，使组合缝局部间隙不应超过 0.1mm。然后用锁定片锁定或用电焊点固螺栓，以防机组运行时，泄水锥掉落。最后用沥青、环氧树脂或铁板封堵螺栓孔，以保证水流畅通。

3. 减压环的安装

如图 3-17 所示，首先按图纸把减压环安装在上冠上，测量调整中心，使其与主轴同心，调好后，将其焊接在转轮上，再通过调整减压板内侧的调整环，使间隙符合设计值，以减少作用在转轮上的水推力和容积损失。

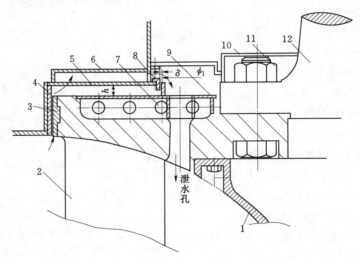

图 3-17　减压环安装图

1—泄水锥；2—转轮；3—上部转动止漏环；4—上部固定止漏环；5—减压板；6—顶盖；
7—分瓣转轮组合螺栓；8—调整环；9—减压环；10—保护罩；11—主轴与转轮
连接螺栓；12—主轴

注意的是在安装减压环时，高度不宜过高，与顶盖的间隙不能小于规定值，以免发电机顶转子时引起减压环与顶盖相碰。

4. 转轮上、下止漏环的组装

对于尺寸不大的整体转轮，止漏环是在制造厂内加工好的，仅需进行止漏环的测圆与磨圆工作。对于大尺寸的转轮，其止漏环是分块运到工地的，应在工地进行止漏环的组装。

由于大尺寸止漏环都是焊接结构，容易变形，因此在安装前需用角尺检查止漏环及转轮上安装面的垂直度。如不合格，用顶压方法校正，以免止漏环与转轮结合不严或装好后的圆度、同心度偏差太大，从而影响机组中心调整。

尺寸检查完毕后，进行止漏环组装。首先用专用拉紧器把止漏环逐段连接起来，在转轮体的预留槽中组合成圆环；然后对称拧紧各立面的拉紧螺栓，再拧紧上面的拉紧螺栓，使止漏环紧贴在转轮的上冠和下环上，用塞尺检查配合面的间隙，允许有不大于 0.2mm 的局部间隙，但连续长度不应超过周长的 2%，总和不应大于周长的 6%；止漏环组装检查合格后，就可以进行组合缝的焊接工作，焊接时先在对称方向上用分层、分段的退步焊法焊接止漏环与转轮之间的结合缝，然后对螺孔等处进行补焊。

3.4.3　转轮止漏环的测圆和磨圆

　　在混流式水轮机正式安装时，常以止漏环周围各处间隙的大小来确定水轮机中心位置。另外，止漏环间隙不均匀，还会引起机组振动和摆度的增加。因此，对止漏环的圆度要求较高。

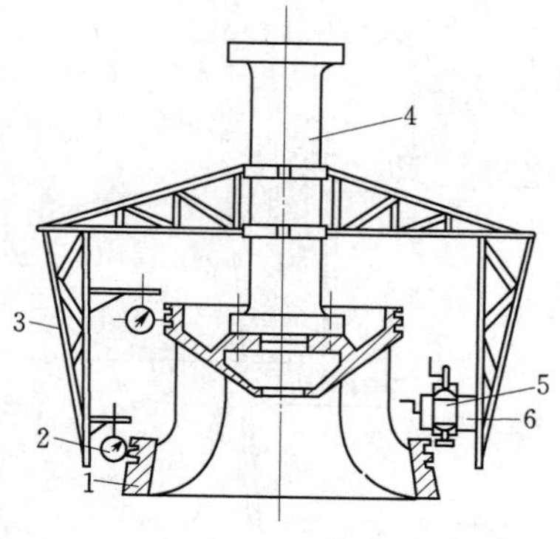

图 3－18　转轮测圆及修磨

1—转轮；2—百分表；3—测圆架；
4—主轴；5—砂轮机；6—车床刀架

　　如图 3－18 所示，常用测圆架配合千分尺，对转轮上、下止漏环的同轴度和圆度进行测量。根据测量的结果对止漏环圆度进行修磨调整，使不圆度不超过设计间隙的 ±10%。若不符合要求，则根据测量记录计算出磨削方位和磨削量，再用锉刀或手砂轮修磨，或用磨圆机进行磨圆。

3.5　混流式水轮机的正式安装

　　在完成了水轮机埋设部件安装和水轮机预装后，就应进行水轮机的正式安装了。

　　应说明的是，水轮机安装与发电机安装是交叉进行的。水轮机的正式安装往往在发电机定子等已经安装定位之后才进行。

　　水轮机正式安装的主要工作包括：转动部分吊装和找正、导水机构的正式安装、与发电机连轴和轴线检查与调整、导轴承的安装、密封结构的安装、其他附属装置的安装。其中连轴及轴线检查与调整、导轴承间隙调整等内容将在下一章中讨论。

3.5.1　转动部件的安装

1. 准备工作

　　(1) 机坑的清扫。转动部件吊装之前，把妨碍转动部件吊入的预装件吊出机坑，并清理座环、基础环等埋设部件的表面，对螺栓孔仔细清理。然后在基础环上呈十字形放置四组或呈等边三角形放置三组楔子板，调整楔子板使顶面高程一致，并且留有一定的调整余量。调好后的楔子板高程，应使转动部件放上后，轴头法兰顶面的高程低于设计高程 15～20mm，主轴顶面与吊装后的发电机法兰止口底面之间有 2～6mm 间隙。

　　(2) 起重工作的准备。用起吊转动部件的方法全面检查起重设备。检查时，用主钩吊起组装好的转轮，作 2～3 次升降试验，检查起重设备是否正常与安全。调整主轴法兰顶面水平，使其偏差在 0.5mm/m 以内。符合要求后即可进行转轮吊装工作。

2. 转动部分的吊入安装

(1) 转动部件的吊入。用起重设备将组装好的转轮部件吊至机坑上方,从上往下缓缓下落,并使转轮大致找正中心,四周与固定部分间隙均匀、平稳地落在早已放好的楔子板上。应注意:吊放时,楔子板不能有位移。

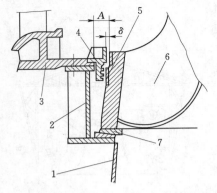

图 3 - 19　转动部分吊入找正

1—锥形管;2—基础环;3—座环;4—下部
固定止漏环;5—下部转动止漏环;

6—转轮;7—楔子板

(2) 中心测量与调整。首先在下部固定止漏环未吊入前进行中心粗调,即用钢卷尺测量座环第四搪口至下部转动止漏环间的 A 值,如图 3 - 19 所示,并通过千斤顶或楔子板调整,以保证下部固定止漏环能吊放在安装位置上。然后将下部固定止漏环吊入,进行中心精调。下部固定止漏环吊入后,按预装时的定位销钉孔找正,打入销钉,对称均匀地拧紧组合螺栓。用塞尺测量 δ 值,并用千斤顶微调转动部分的中心。调整好的止漏环间隙,其误差不应超过实际平均间隙的 $\pm 20\%$。

(3) 水平测量与调整。由于水轮机主轴的中心和垂直度将是发电机安装中心和水平度的基准,因此除找正主轴的中心位置外,还需调整主轴的垂直度。主轴垂直度的调整,一般有两种方法。

1) 用框形水平仪测定主轴的垂直度。测定时,可在主轴法兰顶面的 X、$-X$、Y、$-Y$ 四个位置放框形水平仪,测法兰顶面的水平。根据测量值,调整转轮下面的楔子板,使法兰面的水平偏差达到 0.02mm/m 以内,这时主轴也达到垂直的要求。这是目前常用的方法。

2) 用挂钢琴线测定主轴垂直度。这种方法测量精度较高,但装置复杂,费时间,一般情况下不用。

中心、水平、高程调整合格后,即可进行导水机构安装了。当水轮机大件安装完成后,还需复测一次中心、水平、高程,合格后用白布或塑料布将下部止漏环间隙盖好,以防脏物掉入。

3.5.2　导水机构的安装

导水机构正式安装前,一般已经预装过,或者在制造厂经过试装配,因此正式安装时,只需按制造厂或预装的编号、标记,按顺序进行安装。其安装的主要技术要求为:底环、顶盖的中心应与机组垂直中心线重合;底环、顶盖应互相平行,其上的 X、Y 刻线与机组的 X、Y 刻线一致;每个导叶的上、下轴孔要同轴;导叶端面间隙及关闭时的紧密程度应符合要求;导叶传动部分的工作要灵活可靠。

1. 底环、导叶、顶盖、套筒的安装

(1) 吊装。首先将底环吊入安装位置,清扫底环组合面,涂上白铅油,对准销钉孔打入销钉,均匀地拧紧全部组合螺栓,并用塞尺检查其严密性,如图 3 - 20 所示。在底环的导叶下轴孔内,涂以少量黄油。然后,将导叶按编号对称地吊入,放在底环上。在座环第

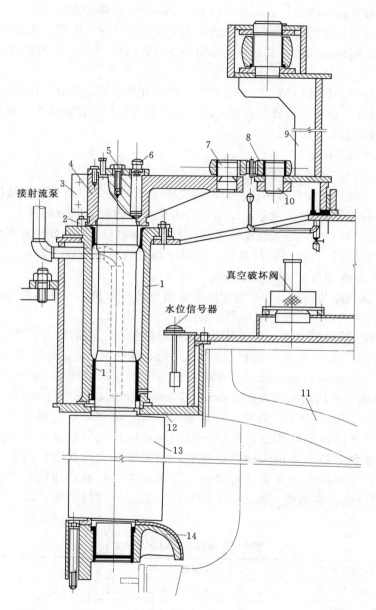

接射流泵

真空破坏阀

水位信号器

图 3-20 导水机构安装

1—套筒；2—止推块；3—拐臂组合螺栓；4—拐臂；5—调整螺钉；7—剪断销；8—连杆；

9—控制环；10—轴销；11—转轮；12—顶盖；13—导叶；14—底环

二搪口的盘根槽内，放好经预装检查合格的橡皮盘根。吊起顶盖，调好水平，缓缓放到安装位置上，打入定位销钉，均匀对称地拧紧全部组合螺栓。最后安装套筒。注意，安装时，应先将套筒的止水盘根放好，然后按编号吊入安装位置组合面上，垫上帆布或橡胶石棉板，均匀对称地拧紧组合螺栓。

（2）检查。导水机构在正式安装中还应检查、测量、调整以下项目。

1）检查上部止漏环间隙，其偏差不得大于实际平均间隙的±20%。

2）检查转轮与顶盖的轴向间隙，其值应大于发电机顶转子时的最大高度。

3）检查导叶端面总间隙，其最小值不得小于设计值的 70%，并测量导叶与顶盖间隙是否均匀。

4）检查导叶上部轴孔间隙，应符合要求，用导叶扳手转动导叶，应灵活无整劲。

当底环、导叶、顶盖、套筒安装完成之后，接着安装导叶传动机构，包括拐臂、控制环、推拉杆、接力器等。

2. 导叶传动机构的安装

（1）拐臂安装及导叶间隙的调整。

1）拐臂的安装。按编号将拐臂吊装在相应的导叶轴颈上，对于整体结构，用大锤打入或用专用工具压入轴颈里，对于开口结构，用螺栓将拐臂紧固于轴颈上。调整导叶上、下端面间隙，合格后，检查分瓣键槽应无错位，把分瓣键导入导叶轴颈和拐臂之间的键槽内，分瓣键的合缝应与拐臂装配缝垂直，以固定拐臂的位置。复测导叶上、下端面的间隙，装止推块，检查和调整导叶立面间隙。

2）导叶端面间隙的调整。导叶端面间隙调整方法有两种，一种是用导叶轴颈上端的顶盖和调节螺钉调整，另一种是用专用工具调整。

一般采用第一种调整方法，其过程为：先把导叶轴颈上端的推力盖和推力螺钉装好，然后用松紧螺钉的方法，调整导叶上、下端面间隙。导叶端面间隙的要求一般为：上端面间隙为实测总间隙的 60%～70%；下端面间隙为实测总间隙的 30%～40%；工作水头 200m 以上的机组，下端面间隙为 0.05mm，其余间隙留在上端。

3）导叶立面间隙的调整。导叶立面间隙检查时，先将导叶全部关闭，再在蜗壳内用钢绳捆在导叶外围的中间部分，绳的一端固定在座环的固定导叶上，另一端用导链拉紧。然后边拉紧导链，边用大锤敲打导叶，使各导叶立面靠紧、间隙分配均匀。在捆紧导叶时，用塞尺检查测量导叶关闭时的立面间隙，立面局部最大间隙允许值不得超过表 3-3 的规定。在导叶立面上，其间隙的总长度不得超过导叶高度的 25%，其间隙不宜连续。

表 3-3　　　　　　　　　　　　导叶立面局部最大间隙允许值　　　　　　　　　　单位：mm

序号	测量项目名称	最大间隙允许值			说　　明
	转轮直径	1～3m	3.3～5.5m	6m 以上	
1	带有盘根导叶	0.10	0.15	0.2	用塞尺检查导叶立面间隙
2	不带盘根导叶	0.05	0.10	0.15	

带有盘根的导叶在装上盘根之后，导叶应关闭严密，各处立面应无间隙。如有不合格处，可作相应标记，放松导叶，用锉刀或砂轮机等在接触高出的地方进行锉削修磨，直至合格为止，如图 3-21 所示。

（2）接力器的安装。

1）接力器的安装。接力器一般是制造厂组装成整体运至安装工地的，然而在工地安装之前需分解接力器，并对各零件进行清洗、检查和重新组装。重新组装完成后，通入高

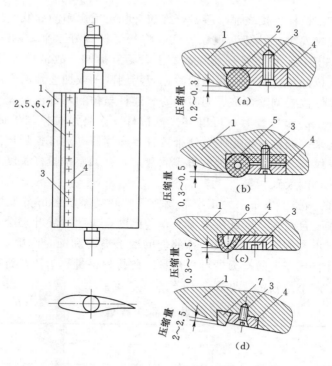

图 3-21 导叶密封结构（单位：mm）

1—导叶；2—圆橡皮盘根；3—埋头螺钉；4—压板；

5—b 型橡皮盘根；6—U 型橡皮盘根；7—铅条

压油推动接力器活塞动作，要求活塞动作平稳、灵活、无整劲。对于两个直缸式接力器来说，两个活塞实际行程相互偏差不大于 1mm。以 1.25 倍的工作压力油做耐压试验，并保持 30min，然后降至工作油压并保持 60min，在整个试验过程中应无渗漏现象。合格后，将接力器整体吊入，安装在接力器里衬事先埋设好的基础法兰上。由于接力器推拉杆仅在水平方向上运动，故安装时应严格控制接力器的水平度，可用框形水平仪在接力器活塞套筒上测量水平度，其偏差不得超过 0.1mm/m。如超过规定值，可在接力器固定支座与基础法兰间加垫处理。最后检查锁定闸板与活塞套筒端部的间隙。

2）控制环的安装。控制环应在接力器吊入安装后，再吊入水轮机室进行安装。先清扫好顶盖上装控制环的安装面，当控制环位于安装面上后检查其间隙，应符合图纸要求。

3）连杆的安装。在导叶和控制环都处于全关位置时，才能安装连杆。首先用水平尺检查拐臂和控制环同连杆连接的平面高程是否一致（图 3-20），如两端高低相差较大时，应修整连杆上的轴瓦或加垫片。连杆安装好后，应利用中间带有正反螺纹的螺杆调整连杆的长度，通常规定各连杆的长度与设计值的允许偏差为 ±1～±2mm。如果各连杆安装长度超过规定值，将会造成导叶开度不等，引起转轮进口水流不均匀，这样就会造成转轮的水力不平衡。

4）推拉杆的安装。推拉杆用于连接控制环和接力器，由两段组成。一段装在接力器活塞上，称为长拉杆；另一段装在控制环上，称为短拉杆；中间用正反螺纹的螺帽连接，并以背帽固定。在推拉杆连接之前，应检查推拉杆和正反螺帽的螺纹连接情况，并进行试装，避免正式连接时发生"咬死"现象。然后将长短杆调好水平，两拉杆的高程差应在 0.5mm 以内才允许连接。由于长杆装在活塞上，不宜拆卸，故常用短拉杆的高低位置进行调整。在处理短拉杆与控制环接触平面时，可用刨削轴或加垫片的方法调整。

当推拉杆的高低位置调整合格，同时拐臂、连杆与控制环都已装配好，控制环两个接力器的活塞均处于全关闭位置时，可以连接推拉杆。先将短拉杆与控制环脱掉，然后将短、长拉杆连接起来，调整连接螺帽，使推拉杆逐渐缩短并对准控制环的轴销孔，装上轴销。连接时，在螺纹部分应涂上水银软膏等润滑剂，并调整推拉杆长度，应使长、短拉杆拧入连接螺帽中的长度大致相等。

5）压紧行程的调整。由于水力矩常常会使导叶转动系统各部分发生弹性变形，加上各部件连接处存在配合间隙，因此接力器活塞关闭时，关闭的导叶仍会存在一小缝隙，增加漏水量。为了防止大量漏水，应根据各部件的变形情况和配合间隙，调整接力器行程，使导叶关闭后仍具有几毫米的接力器行程裕量。此行程裕量称为压紧行程。压紧行程值根据各种转轮直径的大小而确定，见表 3-4。

表 3-4　　　　　　　　接 力 器 压 紧 行 程 值　　　　　　　　单位：mm

项　　目	压 紧 行 程			说　　明
转轮直径 D_1	1～3m	3.3～5.5m	6m 以上	撤除接力器油压，测量活塞返回的行程值
带密封条导叶	3～5	4～7	6～8	
不带密封条导叶	3～4	3～6	5～7	

调整压紧行程的方法：当导叶和接力器都处在全关闭位置时，调整接力器与控制环上的连接螺帽，使接力器两活塞向开启方向移动至需要的压紧行程值。在调整过程中，可测量活塞杆外露的部分长度，检查压紧行程的大小，也可按连接螺帽的螺纹螺距计算。

3.5.3　水轮机导轴承的安装

水导轴承的安装是在推力轴承受力调整好、机组中心固定之后进行的。水导轴承安装前，机组的轴线应位于中心位置，检查上、下止漏环间隙，以及发电机转子的空气间隙，若符合规定要求，可进行导轴承安装。安装时，先用楔子板塞紧止漏环的间隙，在发电机上部导轴承处用导轴瓦抱紧主轴，使转动部分不能任意移动。然后将预装好的导轴承体吊入安装位置。该安装位置可按水导轴承设计规定间隙、机组轴线摆度和主轴所在位置来分配调整确定。其应调间隙的计算公式为

$$\delta_c = \delta_{cs} - \frac{\varphi_{ca}}{2} - e \qquad (3-1)$$

式中　δ_c——水导轴承各点应调的间隙值，mm；

　　　δ_{cs}——水导轴承单侧设计间隙值，mm；

　　　φ_{ca}——水导轴承各对应点的双幅净摆度，mm；

　　　e——主轴所在的实际位置与机组中心的偏差，mm，当两者重合时，为零。

调整后，其最小间隙值不应小于油（水）膜的最小厚度值，一般最小油膜厚度为

0.03mm，最小水膜厚度为 0.05mm。

对于筒式导轴承，在确定调整的间隙之后，用千斤顶调整；对于分块瓦导轴承，用小千斤顶或楔形块进行调整。轴承间隙调整好之后，将轴承体与顶盖用螺栓固定，钻定位销钉孔，打入销钉。再安装水轮机的其他附属设备。

水导轴承也可与发电机导轴承同时进行安装，以保证各轴承安装后的同轴度。

3.6 轴流转桨式水轮机的安装特点

轴流式水轮机的埋设部件、导水机构、水导轴承等，均与混流式水轮机的大同小异，主要区别在于转轮本体和部分埋设部件上。其埋设部件的安装程序是：先进行尾水管里衬和基础环安装，再进行转轮室安装，然后是座环安装。具体安装程序如下：

（1）将尾水管里衬吊入尾水管机坑调整找正后，浇注混凝土，并养护至合格。

（2）吊装基础环和转轮室下环，调整找正合格后，再与尾水管里衬相连。

（3）吊装转轮室下环上部分的埋设部件，并调整找正。安装时应根据水轮机叶片中心高程调整埋设部件的高程，一般测量转轮室上平面的安装高程和水平，其中心和圆度则以转轮室内圆加工面为准。转轮室必须精心测量调整，牢牢固定，以保证整个机组的安装质量。

因轴流转桨式水轮机安装工艺较复杂，下面介绍其主要部件的安装特点。

3.6.1 埋设部件的安装

轴流转桨式水轮机的埋设部件，一般由尾水管里衬、转轮室、座环，蜗壳上下衬板、水轮机室里衬等组成，如图 3-22 所示。

1. 埋设部件的安装特点

（1）以转轮室为安装基准件。轴流转桨式水轮机的转轮室，一般由上环（又称支承环）和下环（又称基础环）组成，有的水电站还有中环。其中下环（或中环）是机组的安装基准，对其安装质量要求较高。

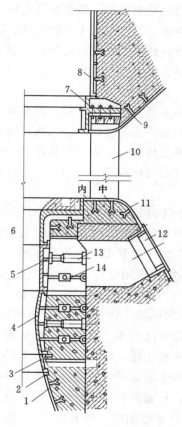

图 3-22 轴流式水轮机埋设部件
1—尾水管里衬；2—衬板；3—连接板；4—转轮室下环；5—转轮室中环；6—转轮室上环；7—座环的上环；8—水轮机室里衬；9—蜗壳上衬板；10—固定导叶；11—蜗壳下衬板；12—可拆段进人门；13—千斤顶；14—拉紧器

安装时，除了保证转轮室的尺寸、形状之外，其中心位置、高程、上口水平度等必须精心测量与调整，固定可靠，才能保证机组的安装质量。应根据水轮机叶片中心高程调整埋设部件的高程，一般测量转轮室上平面的安装高程与水平，其中心和圆度则以转轮室内圆加工面为准。

在后续的安装工作中，一律以转轮室的轴线作为基准。

（2）埋设程序上，转轮室与座环一起定位。转轮室与座环之间通常用螺栓连接，而且有精加工的止口定位；而它与尾水管里衬常为焊接连接。因此，总是先埋设尾水管里衬，再一次性安装转轮室和座环，最后再焊接尾水管里衬与转轮室之间的连接缝。

（3）埋设部件采用分瓣结构的较多。由于需要通过的流量很大，轴流式水轮机的座环、底环等部件尺寸往往很大，经常会采用分瓣结构。安装时正确组合并固定其形状就成了非常重要的事情。

（4）混凝土蜗壳需现场浇注。轴流式水轮机大多采用混凝土蜗壳，需在座环安装以后现场浇注。施工时必须注意的是：混凝土应合理的分期浇注，前期混凝土要使座环、转轮室等部件埋固，又要为蜗壳的立模、浇注留有余地。另外，座环与蜗壳的连接，如蜗壳衬板、蜗壳尾端钢板等应按图纸要求，还须保证过流面平整、光滑。

2. 座环的组装

对于轴流转桨式水轮机来说，整体座环的安装方法与混流式水轮机一样，但非整体座环安装较为复杂且工作量大。一般来说，转桨式水轮机的座环不是整体的。为保证活动导叶的端面间隙和座环上环与支承环之间的距离，对座环的上环的标高需要严格控制。座环的上环与固定导叶的组装，用样板找正、上环定位等法进行定位找正，其中上环定位法找正较方便，安装精度较高，应用普遍。

上环定位法，是在制造厂内把每个固定导叶与座环的上环进行预组装，并在座环的上环上钻铰销钉孔定位。分件座环运到现场后，按制造厂的标记和要求直接安装。若制造厂未做过预装工作，则应在现场安装间预装。具体办法是先将上环翻身组合成整体环，调好水平，然后将固定导叶倒置于上环的安装位置上，按图纸要求用经纬仪定位，钻铰销钉孔，并标定 $+X$、$-X$、$+Y$、$-Y$ 方向，最后再把固定导叶拆下来，以待正式安装。

在机坑安装座环时，先将 $+X$、$-X$、$+Y$、$-Y$ 方向的四个固定导叶吊入，将其高程调至设计高程，再吊入其余固定导叶，其高程均低于设计高程 $10\sim15\text{mm}$。然后将组合成整圆的上环吊入，并与上述 X、Y 方向的四个固定导叶相连接，打入销钉，跟上环一起调高程、中心和水平。合格之后，拧紧上述 X、Y 方向四个固定导叶的地脚螺栓。再将其余的固定导叶提上来，以销钉定位、用螺栓同上环连接，拧紧所有地脚螺栓，再复查上环的高程、中心和水平。合格后将所有连接件点焊固定，并进行加固（应有监视），以防浇注混凝土时发生变形或变位。

3. 蜗壳的安装

对于混凝土蜗壳，一般要在蜗壳靠近座环、固定导叶支柱处装配上下蜗壳钢板里衬，钢板里衬应从固定导叶的支柱开始向两个方向同时进行。由于每一固定导叶形状不同，其衬板上固定导叶支柱切口应事先按模板进行切割，与固定导叶的装配间隙要尽量小，以减少焊接应力，其背面焊接在预埋于混凝土内的铁件上，里衬内圈应与座环和底环接拼，并用电焊把钢板与固定导叶支柱装配间隙以及各衬板间的接缝焊接起来，其表面凹凸不平度应符合规定的要求。里衬外圈与混凝土表面连接处应平滑过渡，其错牙不应超过规定范围。最后一块钢板里衬装配可按实际尺寸下料配装。待混凝土浇注养护合格之后，用手锤敲打检查钢板里衬与混凝土的接触是否合格，不应有接触不严实和有空隙情况，否则进行灌浆处理。

3.6.2 转轮的组合安装

1. 转轮的组合

轴流转桨式水轮机的转轮，按转动叶片的传动机构不同，可分为有操作架和无操作架两种。若转轮叶片较多，或为了减小转轮体直径，宜采用有操作架的结构，如图 3-23 所示。对于转轮叶片数少的，则采用结构简单的无操作架转轮，如图 3-24 所示。对于有操作架结构的转轮，组装时，通常将转轮体翻身倒装。对于无操作架结构的转轮，在组装时，转轮无需倒装，直接进行组装。

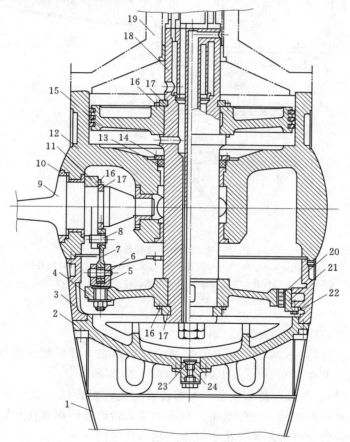

图 3-23 有操作架转轮结构

1—泄水锥；2—下端盖；3—连接体；4—操作架；5—叉头；6—叉头销；7—连杆；
8—转臂销；9—叶片；10—止漏装置；11—转臂；12—转轮体；13—U 形橡皮圈；
14—底环；15—活塞；16—压圈；17—下环；18—活塞杆；19—主轴；
20—导向滑动板；21—导向键；22—紧固螺钉；
23—泄油阀；24—孔盖

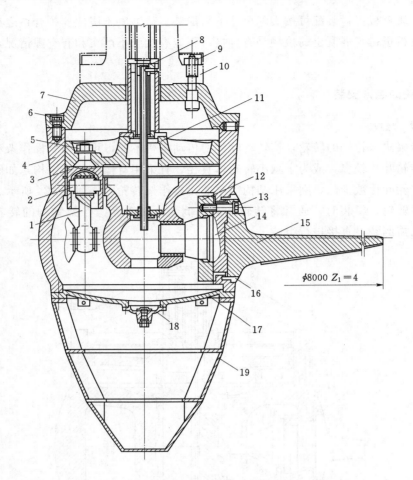

图 3-24　无操作架转轮结构

1—连杆；2—套筒销；3—套筒；4—转轮体；5—套筒螺栓；6、13—连接螺钉；7—转轮盖；
8—活塞杆；9—连接螺栓；10—主轴；11—活塞；12—转臂；14—枢轴；15—叶片；
16—叶片止漏装置；17—下端盖；18—孔盖；19—泄水锥

（1）无操作架结构转轮的组装。

1）支架固定与转轮体调平。将支架与基础牢牢固定，然后把转轮体正放于支架上，调整水平，使其误差在 0.05mm/m 以内，如图 3-25 所示。

2）转臂、连杆、枢轴、活塞安装。先将转臂与连杆组合好，然后用导链吊起，挂到钢梁上，利用配重吊起枢轴，找好水平。对正、装入转轮体的枢轴孔和转臂孔中，再用槽钢与拉紧螺栓将转臂与枢轴靠紧，把枢轴推入轴承孔内。

在连杆与套筒连接端的孔中，按编号装上套筒销，用导链将连杆拉入套筒孔内，下面用支墩及千斤顶等将连杆顶住固定，再吊入套筒，对准套筒孔，使套筒销进入套筒销槽内后再旋转 90°。检查套筒与轴间隙是否均匀。用千斤顶调整套筒与活塞组合面的高程，一致后将活塞吊入，检查活塞与缸体的间隙，四周应均匀，中心偏差应在 0.05mm 以内。然后拧上与活塞连接的套筒螺母，通常按对称两次拧紧，使其紧力符合设计要求。

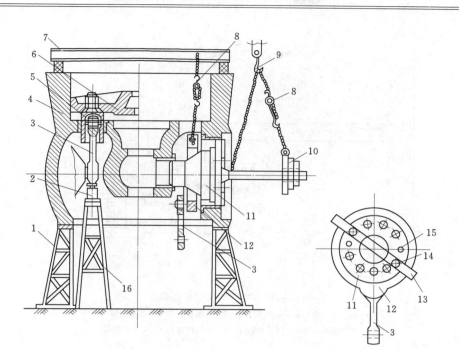

图 3-25 无操作架转轮的转臂、枢轴、活塞安装
1—支架；2—千斤顶；3—连杆；4—转轮体；5—套筒；6—活塞；7—钢梁；
8—导链；9—桥机小钩；10—配重块；11—枢轴；12—转臂；
13—槽钢；14—拉紧螺栓；15—叶片轴销；16—支墩

3）转轮叶片、下端盖、活塞杆、转轮盖的安装。在套筒与活塞连接的螺栓紧固之后，先用桥机或千斤顶将活塞拉（或顶）至全关位置，然后对称安装叶片。安装时，应挂好一只叶片即用千斤顶、支墩顶住，防止转轮体倾倒，并且拧叶片螺钉时应先拧上部，后拧下部，上下对称分两次按设计力矩拧紧，使叶片螺钉受力均匀，紧力符合规定要求。

叶片安装完成后，将叶片转至设计位置（即零度转角位置），检查各叶片，其安装误差不应大于±15′，否则应予以调整。

最后，将转轮体吊起，安装下端盖、活塞杆和转轮盖，测定叶片关闭位置时的圆度及最大直径。

4）叶片密封装置安装与油压试验。转轮叶片密封止漏装置有多种，常用的有弹簧牛皮止漏装置、"λ"型橡胶止漏装置和金属密封圈等，其中以"λ"型橡胶止漏装置应用最普遍，如图 3-26 所示。在安装"λ"型止漏装置时，应注意橡胶圈要松紧适度，尖部切勿划破，以免降低止漏效果。在安装顶紧环时，应按图纸要求使弹簧留有预紧力。在安装压环时，应注意先装叶片与转轮体间的压环，然后转动叶片将其他压环装上，不要将橡胶圈挤坏。

叶片密封止漏装置在进行油压试验前，应根据要求配置管路和试验设备，检查各止漏装置和各组合缝处的渗漏情况，并检查叶片转动的灵活性。试验压力可按转轮中心至受油器顶面油柱高度的三倍来确定，对于"λ"密封，一般为 0.5MPa。

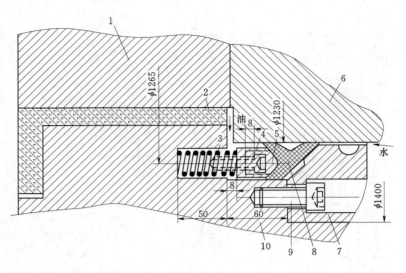

图 3-26 "λ"型橡胶止漏装置

1—枢轴；2—轴瓦；3—弹簧；4—特殊螺钉；5—预紧环；6—叶片；

7—压环；8—λ 型橡胶圈；9—内六角螺钉；10—转轮体

试验时，应在最大压力下保持 16h。试验过程中，每小时操作叶片全行程开、关转动叶片 2～3 次；在最后 12h，每只叶片漏油量不应大于有关规定。试验开启和关闭的最低油压一般不超过工作油压的 15％。在开关过程中，叶片转动应平稳，与转轮体应无撞击现象，并要录制活塞行程与叶片转角的关系曲线。

（2）有操作架结构转轮的组装。有操作架的转轮，因正置不便于吊装转臂、连杆等，所以将转轮体翻身倒置。其步骤如下。

1）活塞杆、转轮体的倒立。将活塞杆插入转轮体（或先将活塞杆倒立在机坑中，待其上的转轮体装好转臂、连杆、叶片枢轴后，再将活塞杆提上来安装操作架），用适当方法加以固定，然后与转轮体一起翻身并置于支架上，调好转轮体的水平。

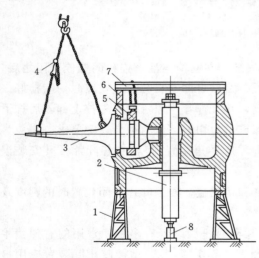

图 3-27 有操作架转轮的转臂、连杆、枢轴安装

1—支架；2—活塞杆；3—叶片；4—导链；5—转臂；

6—加高块；7—钢梁；8—千斤顶

2）转臂、连杆、枢轴的安装。将转臂吊挂在安装位置上，找好中心。吊起带枢轴的叶片，按编号插入转轮体和转臂的轴孔中，如图 3-27 所示。装上已组装好的连杆与叉头的组合体，然后装操作架，并与叉头连接，再装事先经过研磨的导向链，并调整其间隙，应左右均匀，拧紧紧固螺钉。采用桥机拉的方法，检查叶片转动是否灵活。如叶片转动灵活，即可将导向链点焊固定，对传动机构中的螺母、轴销进行铰定。然后装上、下端盖。翻转转轮，装上 U 型橡皮圈，再装活塞。

测量活塞四周的间隙应均匀。最后装上试验盖，准备作转轮油压试验。

2. 转轮的吊装

转轮组装完成并经油压试验合格之后，就可进行转轮的正式安装。先把转轮吊入机坑，再利用悬吊工具挂住转轮，并对转轮的高程、水平和中心进行调整并固定，如图3-28所示。

（1）悬吊方式。若轮叶上有预留的安装孔，可通过安装孔用螺栓及吊架悬挂在底环上。多数轴流式水轮机都采用这一方式，如图3-28所示。安装孔由厂家加工，螺栓、吊架通常也由厂家提供，应按制造厂的要求装设和使用。在机组安装工作的最后，应该用与轮叶相同材料的堵头封住安装孔，焊牢后打磨平整。

若轮叶上无安装孔，可用钢丝绳绕过轮叶根部进行悬挂。一些小型机组常用此方法。最好是用两个葫芦将转动部分悬挂在机墩上，以便于位置的调整。

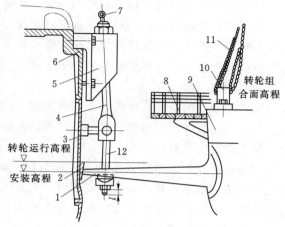

图3-28 转桨式水轮机转轮安装

1—叶片；2—楔子板；3—转轮室；4—长吊杆；5—悬臂；
6—支承环；7—吊攀；8—安装平台；9—转轮；
10—吊环；11—钢丝绳；12—短吊杆

（2）位置的调整和固定。

1）转轮的安装高程应低于设计高程少许。应使主轴的上法兰面低于工作位置 $15\sim20\text{mm}$，以免发电机主轴吊入安装就位时，其止口与水轮机轴头相碰。故一般将转轮的安装高程转换到转轮与主轴连接的组合面上，便于用水准仪进行高程测量。

2）转轮的水平，用框形水平仪在转轮组合面上测量。调整量较大时，应吊起转轮，用手扳动短吊杆的螺母来调整；调整量不大时，可用专用扳手扳动长吊杆上的螺母来调整。调整后，其水平度偏差要求不大于 0.10mm/m。

但是轴流式水轮机转动部分位置的调整较为困难，需改变吊挂螺栓的长度、位置，或用千斤顶、楔子板挤动转轮，这些都必须小心谨慎地进行。

3）转轮的中心位置，可根据转轮叶片与转轮室间的间隙进行调整。用钢制的楔子板打入间隙内进行调整，并用硬木制成的楔形塞规和外径千分尺测量，使其间隙偏差不超过设计间隙的 20%。轮叶与转轮室之间的间隙由制造厂规定，常取 $(0.5\sim1)\,D_1/1000$，且必须四周均匀。测量时应注意每个轮叶须在靠进水边、出水边以及中段各测三个间隙，以准确掌握四周的间隙情况。

4）转动部分位置的固定。转轮的高程、水平和中心经调整符合要求之后，除了固定吊架和螺栓之外，应在每个叶片上再打入两只楔子板，使调整好的间隙固定下来，通常还可加点焊固定。

3.6.3　主轴、操作油管和受油器的安装

1. 主轴的安装

由于转桨式水轮机主轴内有操作油管，并且有些主轴带转轮盖，因此其安装与混流式水轮机主轴安装略有不同。对于主轴与转轮盖分开的结构，则应先将主轴与转轮盖连接，然后与转轮体连接；或先将连轴螺栓按编号穿入转轮盖的螺孔内，下部用钢板封堵，待密封渗漏试验合格后，再将主轴与转轮盖连接。

2. 操作油管的安装

操作油管是由不同直径的无缝钢管套在一起组成的，一般分成 2～3 段，因此安装前应先进行预组装、耐压试验、内外腔检查以及结合面的渗油检查，并且操作油管的导向轴颈与轴瓦的配合应符合要求。

为便于把操作油管插入主轴，一般是在主轴与转轮盖连接后，将操作油管插入主轴内，同主轴一起吊入机坑安装。安装时，先使下操作油管与活塞杆连接，再进行转轮盖与转轮体连接。中、上操作油管应配合发电机和受油器的安装逐步进行。

3. 受油器的安装

受油器一般安装在机组的最上端。在安装受油器前，应检查上、中、下轴瓦的同轴度，可将受油器体倒置并调整好水平，再将内、外操作油管倒插入轴瓦孔内，根据其配合间隙的要求，可用刮刀修刮上、中、下轴瓦。为了确保轴瓦安全运行，其配合间隙应适当扩大。

安装时，受油器操作油管与上操作油管连接后，要进行盘车找正，并测量其摆度值。如果摆度超过受油器轴瓦的总间隙时，常会引起烧瓦，可在受油器操作油管与上操作油管之间的连接面中垫入不同厚度的紫铜片或刮削紫铜垫片的方法来进行调整。

如果采用浮动瓦式受油器，由于上、中、下轴瓦在径向可自行调整（调整范围为2mm），而圆周方向则用限位螺钉防止轴瓦切向转动，轴瓦与内、外油管的配合间隙均较小，在运行中有助于各轴瓦漏油量的减少。

习　　题

3.1　立式混流式水轮机的一般安装程序如何？

3.2　混流式水轮机的埋设部件包括哪些部分？有什么共同特点？安装应注意什么问题？

3.3　尾水管里衬安装前应做哪些准备工作？

3.4　安装尾水管里衬的程序如何？怎样测量和调整它的位置？

3.5　座环安装就位后，怎样进行中心、高程、水平的测量和调整？

3.6　怎样进行锥形管的安装？

3.7　单节蜗壳完拼装完之后，应进行哪些项目的测量工作？

3.8　怎样进行蜗壳定位节的挂装？

3.9　蜗壳凑合节有哪些制作方法？哪种方法常用，为什么？

3.10　蜗壳的纵焊缝、环焊缝、蝶形边焊缝应如何焊接？

3.11　座环混凝土养护合格后，导水机构预装前，怎样进行水轮机中心的确定？

3.12　怎样进行下部固定止漏环的预装定位工作？

3.13　怎样进行底环、导叶、顶盖、套筒的预装定位工作？

3.14　怎样进行主轴与转轮的连接工作？

3.15　怎样进行转轮上下止漏环的测圆和磨圆？

3.16　怎样组装水轮机的转动部件？应满足的基本要求是什么？

3.17　转动部件吊入机坑后，怎样进行找正？

3.18　混流式水轮机转动部件吊入后如何支撑？

3.19　导水机构预装配的目的是什么？大中型机组导水机构如何预装配？

3.20　导水机构的正式安装要进行哪些工作？基本要求是什么？

3.21　怎样进行导叶端、立面间隙的测量和调整？

3.22　在何情况下进行水轮机与发电机的主轴连接？如何进行连接？

3.23　怎样进行水导轴承间隙的测量与调整？

3.24　轴流式水轮机埋设部件的安装有什么特点？

3.25　轴流转桨式水轮机无操作架转轮组合的一般程序？

3.26　轴流式水轮机转动部分吊入后如何支撑？

第4章

立式水轮发电机的安装

学 习 提 示

内容：水轮发电机的基本安装程序；发电机定子的组装与安装；发电机转子的组装；发电机转子的吊入与找正；机架的安装；推力轴承的安装和初步调整；主轴连接；机组轴线的测量和调整；导轴承的安装和调整。

重点：发电机定子的安装；发电机转子的吊入与找正；推力轴承的安装和初步调整；机组轴线的测量和调整；导轴承的安装和调整。

要求：了解水轮发电机的基本安装程序；熟悉发电机定子与转子的组装；掌握发电机定子、转子的吊装与找正、机组轴线的测量和调整、导轴承的安装和调整。

4.1　水轮发电机的基本安装程序

水轮发电机的安装程序随土建进度、机组型式、设备到货情况及场地布置的不同有所变化，但基本原则是一致的。一般施工组织中，应尽量考虑到与土建及水轮机安装进程的平行交叉作业，充分利用现有场地及施工设备进行大件预组装，然后把已组装好的大件按顺序分别吊入机坑进行总装，从而加快施工进度。下面以立轴悬式水轮发电机为例，按其由下而上的顺序，其安装基本程序如下：

（1）基础预埋。主要有下部风洞盖板地脚，下机架及定子基础垫板，上机架千斤顶基础板，上部风洞盖板地脚等。

（2）下机架的安装。把已组装好的下机架按 X、Y 方向吊入就位，根据水轮机主轴中心进行找正固定，浇捣基础混凝土，并按总装要求调整制动器顶部高程。

（3）定子的组合与安装。在定子机坑内组装定子并下线，安装空气冷却器等。为了减少与土建及水轮机安装的相互干扰，也可在定子机坑外进行定子组装、下线，待下机架吊装后，将定子整体吊入找正。

（4）下部风洞盖板的安装。吊装下部风洞盖板，按厂家提供的图样和预装时所打的标记铺设下盖板，根据水轮机主轴中心进行找正固定。

（5）上机架的预装。将上机架按图纸要求吊入预装；以水轮机主轴中心为准，找正机架中心和标高水平；同定子机座一起钻铰销钉钉孔，将上机架吊出。

（6）转子的吊入和找正。在安装间组装转子并将其吊入定子；按水轮机主轴中心、标高、水平进行调整。检查发电机空气间隙，必要时以转子为基准，校核定子中心，然后浇注混凝土。

（7）上机架的安装。将已预装好的上机架吊放于定子机座上，按定位销孔位置将上机架固定。

（8）推力轴承的安装。先吊装推力轴承座到上机架上的油槽内；再吊装支柱螺栓；然后在其上安放推力瓦；再将镜板放置于推力瓦上并调整镜板的水平度；然后热套推力头；把转子重量转移到推力轴承上，调整推力轴承受力；最后对发电机进行单独盘车，调整发电机轴线，测量和调整法兰摆度。

（9）发电机与水轮机主轴的连接。

（10）机组整体盘车，进行机组总轴线的测量和调整。

（11）对推力瓦受力进行调整，并按水轮机止漏环间隙定转动部分中心。

（12）导轴承及其附属部件的安装，油槽及其油、水、气管路等的安装。

（13）若有励磁机和永磁机，应进行安装。

（14）其他零部件的安装，如集电环、上盖板等的安装。

（15）进行全面清理、喷漆、干燥，轴承注油。

（16）一切准备就绪后进行机组启动试运转。

对于其他型式的立轴水轮发电机，其安装程序与上述大同小异。

下面介绍发电机的一些主要部件的安装方法。

4.2 发电机定子的组装与安装

当定子外径在4m以下时，一般在制造厂内完成组装并整体运到工地，在水电站现场只需安装就位。

当定子直径超过4m时，由于运输条件的限制，需在制造厂内将定位筋安装、定子铁芯硅钢片装压、下线等工作完成后分瓣运输到工地，在工地再将分瓣的定子组圆和调整，最后还需对合缝附近的各槽下线、连接线圈。不过，分瓣结构的定子在制造时就已准备好组合的结构，留有连接螺栓、定位板及销钉孔等。由于定子各瓣之间会有纵向接缝，对切割磁力线产生一定的影响，会降低发电机工作效率。此外，在运输过程中难免会产生有害变形，对定子安装工作也会造成影响。这种发电机定子的安装主要有以下工作：准备基础；吊入定子或吊入后组合定子；调整定子的位置；锚固后浇注地脚螺栓周围的混凝土等工作。

目前，大中型水轮发电机定子均以散装的形式运输到工地，在工地完成定子机座组圆、焊接，定位筋安装，定子铁芯硅钢片叠装及压紧、定子下线等工作（即定子的工地装配），避免或减少了因客观因素对定子组装所造成的不良影响。这些工作若在定子机坑内进行，势必要和水轮机的安装产生冲突和干扰，影响施工进度，不利于安全生产，从而造成整个机组的安装周期延长，影响机组的投产发电。对此，可在定子机坑外组装下线，然后进行定子整体吊装就位。有的上机架和推力轴承的组装及空气冷却器挂装等都可在机坑外进行，最后与定子一起整体吊装就位。

对悬式发电机而言，定子的安装往往与下机架的安装同时进行，如图4-1所示。

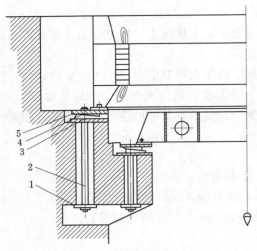

图 4-1　定子与下机架的安装

1—钢板；2—基础螺栓；3—垫板；

4—楔子板；5—基础板

4.2.1　分瓣定子的组合

分瓣定子组合时，先对定子合缝处进行平直度检查；对铁芯处的局部高点或毛刺进行修整，清除干净铁屑后刷一层与原喷漆相同的绝缘漆；对定子机座合缝及基础板组合面进行清理，去掉保护漆，进行预组装，检查合缝间隙。为节省时间，也可参照在制造厂内预装时的间隙记录，一次组装成功。

当定子组合螺栓全部拧紧后，应对机座合缝板和铁芯合缝面的接触情况进行全面检查。用 0.5mm 塞尺测量，机座合缝板件接触面应在 75% 以上。局部间隙不超过 0.2mm，铁芯合缝面应无间隙。

组合成整体的定子，在嵌线之前应进行一次内圆圆度检查。对于机坑内组合的定子，圆度检查的方法一般用挂线法，测量每个半径尺寸，求出平均值，要求每个半径与平均半径值的偏差在设计空气间隙的 ±4% 以内；对于机坑外组合的定子，可不挂中心线，直接测量定子的直径，并计算出椭圆度，其值应在设计空气间隙的 ±8% 以内。定子组合的基本要求见表 4-1。

表 4-1　　　　　　　　　　　　　定 子 组 合 基 本 要 求

项　　目	要　　求
铁芯合缝	加垫后无间隙
合缝处径向错牙	≤0.50mm
安装面轴向错牙	≤0.10mm
铁芯内圆半径偏差	未嵌线不大于±3%，嵌线后不大于 4% 设计气隙
铁芯高度偏差	<±5mm
机座合缝间隙	≤0.10mm，螺栓周围不大于 0.05mm
定子与基础板间隙	<0.05mm，局部 1/3 深度以内不大于 0.10mm

定子合缝错位，可分纵向和径向两种。纵向错位主要影响定子水平；径向错位主要影响定子圆度。对于过大的纵向错位必须松开合缝组合螺栓，拔掉横向销钉，使铁芯合缝重新对正，再把螺栓拧紧，并重新钻配横向销钉。

径向错位除影响定子圆度外，还会影响合缝线槽的平整和合缝线的嵌放，因此在事先检查处理时，先松开合缝组合螺栓，并拔出纵向销钉，用特制的刚性很大的调整架和千斤顶调整。上述定子圆度、径向和纵向错位的检查和处理一般是同时进行的。

对于定子产生锥形面或倾斜等问题，处理的基本原则是使每个测量断面对称均摊。若经调整定子和机架仍不平时，可采用偏垫处理。

待定子组合测量合格后，即可进行合缝外的线圈嵌放，然后进行喷漆、干燥和耐压试验。

4.2.2 定子工地装配

大型与巨型发电机定子，受重量和尺寸的限制，有时分瓣运往工地仍有困难或不可能时，定子的装配工作就需全部在工地完成。有的定子机座由制造厂拼焊若干瓣，在工地再组装成圆，还有的定子机座也在工地拼焊，然后堆叠定子的硅钢片和线棒嵌放，这样的定子铁芯就可以实现无隙装配。

无隙装配，增加了定子的整体性和刚度，减少了运行产生的振动、噪声、发热、线槽超宽，从而大大改善了发电机的运行特性和可靠性。无隙定子的组装工作可在机坑内进行，但为了避免对水轮机作业的干扰，缩短机组安装的控制周期，一般也可在安装间或其他场地进行。

定子安装的主要工作内容包括：定子机座组焊，定位筋安装调整、焊接，下压指调整、焊接，定子铁芯叠装、压紧，定子铁芯铁损试验，定子线棒安装及试验，定子整体调整及其他辅助设备安装等。如三峡机组定子采用无隙安装工艺，其安装工艺流程如图4-2所示。

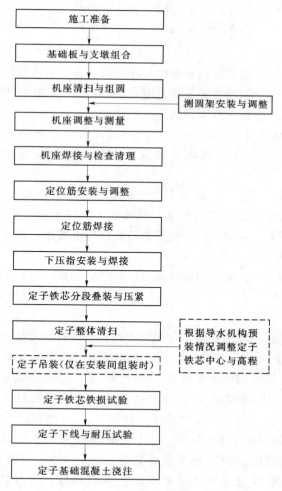

图4-2 定子无隙安装工艺流程

1. 拼装定子机座成圆

如定子机座也在工地拼焊，则将定子机座拼焊成整圆，调整其圆度、水平和垂直。如在机坑安装位置组焊，要同时以水轮机主轴或下部止漏环为基准，找正中心。

2. 定位筋的安装

定位筋是定子铁芯安装的基准，是定子装配工作中精度要求最高而又最复杂的工作。定位筋的安装质量直接影响定子铁芯圆度、垂直度及发电机空气间隙等。在焊接过程中定位筋和机座又常会发生变形而影响定位筋的安装精度，同时环境温度也是影响安装尺寸不可忽视的因素。

定位筋安装分预装和正式安装两步。

（1）定位筋预装首先是在机座下环板上分度划线，划出每根定位筋的中心线，检查调整定位筋的径向和周向直线度，使其误差控制在0.05mm/m以内。将托板嵌入定位筋——就位。筋与下环之间应留间隙。顶部托板用特制C形夹夹住，其余各层托板用千斤顶压住，如图 4-3、图 4-4 所示。

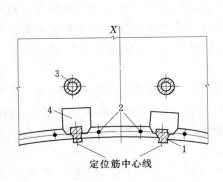

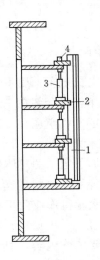

图 4-3　定位筋布置图

1—定位筋；2—拉紧螺杆孔；

3—撑管；4—托板

图 4-4　定位筋临时固定布置图

1—定位筋；2—托板；3—平头千斤顶；

4—特制 C 形夹

（2）以预先划好的中心线为基准，调整定位筋的径向和周向尺寸及垂直度，然后点焊托板与定位筋配合面的两侧，点焊后再复查定位筋的位置及垂直度，将每根筋与其托板进行组焊，最后打上标记，取下定位筋，按要求焊好托板，再次校正定位筋。

回装的第一根定位筋，要求其垂直偏差小于 0.05mm/m，中心偏差小于 1mm，半径偏差为 0～0.20mm，然后点焊在机座各环板上。点焊后再复查其位置，并应符合要求。

以安装的第一根定位筋为基准，每隔两根装一根。这项工作常利用装筋板进行找正。每根筋的安装要求与第一根筋一样。为了减小累积误差，每装一根筋，上下样板换一次，已装各筋的方位、尺寸误差均不允许超过要求。在焊接时，要严格按焊接标准要求，保证最小的焊接变形，等焊接冷却后再检查、记录。

值得注意的是，由于相邻两根定位筋上、中、下均用特殊花兰螺丝予以固定，定位筋就不再预装了。

3. 叠装定子铁芯

定位筋焊好后，就可以进行定子铁芯堆叠，顺次安装，分配和点焊拉紧螺杆，安装下齿压板，堆叠铁芯分段压紧，如图 4-5（a）所示，每叠 400～500mm 高，压紧一次，每段要装两根槽形棒，压紧前要在铁芯全长范围内用整形棒整形，千斤顶下第一层不得是通风槽片，槽形棒不得露出铁芯之上。千斤顶的承受能力不得超过冲片的允许单位压力（1.2～1.5MPa）。

铁芯全部堆好后，进行最后压紧，如图 4-5（b）所示，千斤顶的承受压力必须比前几次大，才能保证整个铁芯的高度和波浪度。当达到要求后装齿压板，穿永久拉紧螺栓，并把紧，使铁芯高度、波浪度、压紧系数全部达到要求后，点焊螺母，进行铁损试验。

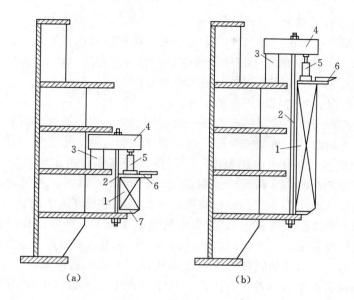

（a）　　　　　　　　　　　　（b）

图 4-5　定子扇形片压紧

（a）分段预压示意图；（b）定子扇形片压紧示意图

1—铁芯；2—临时拉紧螺杆；3—垫块；4—工字梁；5—油压千斤顶；

6—上齿压板；7—下齿压板

4. 定子铁芯的铁损试验

在热状态下测量单位铁损。即用铁损法加热定子，使其温升比周围环境高 25℃，如定子铁芯局部过热，则要重新拆开铁芯进行处理。其原因是因机座限制铁芯的热膨胀，使各段铁芯无自由膨胀的可能，因而使叠片产生变形和翘曲，致使绝缘破坏，温升增高，如此形成恶性循环。为了避免上述现象发生，定位筋托板先不满焊到环板上，而在铁芯堆好后，加热定子使定子铁芯高于机座 15～20℃，依次将定位筋满焊到环板上。

5. 嵌放绕组，安装汇流排，进行定子的电气试验

4.2.3　定子的整体吊装与调整

1. 定子的整体吊装

定子整体吊装是起重工作较复杂的吊装工艺。一般定子重量和尺寸都大，吊装时必须防止机座及铁芯的变形，以及由此而产生的定子绕组线棒绝缘的损坏，所以必须对定子进行加固，增加其刚度，减少作用于定子的径向力及在非吊点处产生的挠度。为此，可根据现场具体条件，用上机架加固或利用特制的抬梁托住定子，并在非吊点合缝处的上、下端和吊点组合缝的下端加焊钢板以加固。在正式吊装之前，应做以下工作：

（1）检查桥式起重机、平衡梁、销轴、吊耳等，以及焊缝在全负荷下的工作情况，校核设计强度。

（2）测量定子、平衡梁、吊耳等在起吊状态下的应力和变形，给定子整体耐压试验提供技术数据。

（3）为正式吊装做一次实际的预演习。

2. 整体定子的位置调整

定子的位置调整应考虑三种情况：①定子按水轮机位置调整好并定位（定子先于转子吊入机坑）；②机坑内组装的定子按水轮机位置调整好并定位（转子后吊入机坑）；③定子按转子位置调整及定位（定子后于转子吊入机坑）。

对于前两种情况，可进行以下调整工作：

(1) 定子的高程调整。定子的安装高程是指定子铁芯中点所在的高程，但通常都用机座底面高程或定子顶面（上机架安装面）的高程来控制，称为定子的设计高程，制造厂在机组的安装布置图上对此有明确的要求。定子的设计高程是由水轮机安装高程计算而来的。定子的主要加工面的实际高程应控制在设计值±2mm 以内。对于转动部分很重的悬吊型机组，上机架可能产生 3～5mm 的挠度，为此需酌情提高定子的标高。

定子的实际安装高程，按表 4-2 的要求只允许正偏差，即高于设计高程。由于发电机转子和水轮机转轮在安装后处于厂家设计的工作位置上，如果定子安装偏高，机组运行时转子上就势必有一个向上的磁拉力作用，从减轻推力轴承负荷来讲，这将是很有利的。当然，定子不能偏高得太多，否则有使转子上浮而破坏运行稳定性的危险，表 4-2 中规定偏高不超过铁芯有效长度的 4‰，而且不能大于 6mm。

表 4-2　　　　　定子位置精度要求

项　目	要　求	项　目	要　求
高程误差	铁芯有效长度的 0～+0.4%	上机架安装面水平度误差	≤0.08～0.1mm/m
中心位置误差	≤0.8～1.0mm	内圆柱面垂直度误差	≤设计气隙的 4%

定子的高程靠楔子板调整，但楔子板的搭接长度必须在总长度的 2/3 以上。至于定子高程的测量，可以用水准仪测量上机架安装面的高程，也可以直接测量定子底面到水轮机座环顶面间的高度差。

(2) 定子的水平度调整。对定子顶面的水平度要求最高，因它将直接影响上机架和推力轴承的安装。定子的水平度一般按上机架组合面来确定。可用框形水平仪和水平梁来测量上机架安装面的水平度。若水平和垂直不能同时满足要求，则应首先保证铁芯垂直，用楔子板调整其水平度。

定子的水平测量多与标高结合进行，直接用水准仪测量各点高程，如图 4-6 所示，然后按式（4-1）计算

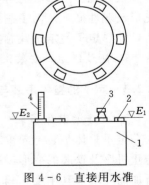

$$\delta_c = \frac{E_1 - E_2}{L} \qquad (4-1)$$

图 4-6　直接用水准仪测各点高程
1—定子；2—机座加工面；
3—水准仪及其支架；
4—钢板尺

式中　δ_c——定子水平度误差值，mm/m；

　　　E_1——定子机座任一点的高程，mm；

　　　E_2——定子机座对应点的高程，mm；

　　　L——对应两测点的间距，m。

注意水平度、高程和中心位置的调整往往相互影响，必须多次反复测量和调整才能同时符合要求，如表 4-2 所示。

（3）定子的中心位置、内圆柱面垂直度、圆度的调整。发电机定子的中心应与水轮机座环的中心对正。具体调整步骤如下：

1）以水轮机座环为基准，用中心架、求心器悬挂出机组轴线，如图4-7所示。

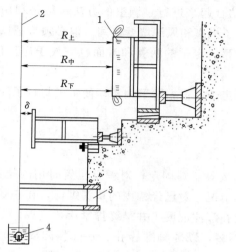

图4-7 定子中心位置调整及测圆
1—定子；2—中心钢琴线；3—座环；4—重锤

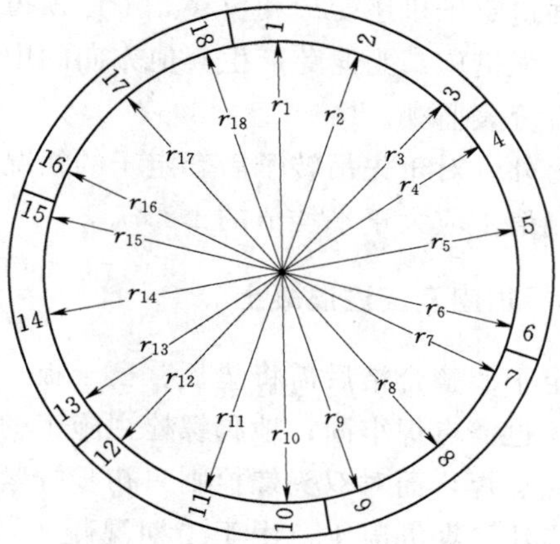

图4-8 分瓣定子测点分布图

2）在定子上划分测点。通常在圆周上均匀测量位置，每个位置又在铁芯高度上划分上、中、下三个测点。

3）用内径千分尺、耳机测量各点的半径。就同一高度的各个测点，计算半径的平均值和各点半径的正、负偏差，这既反映了中心位置图的误差情况，又反映了定子的不圆度误差大小；不同高度上的半径偏差，既反映了定子内圆柱面的形状误差，也反映了内圆柱面的垂直度误差，如图4-8所示。

定子内圆柱面的垂直度误差的规定值如表4-2所示，但受叠片精度的影响，有可能发生较大的误差，而且可能出现内圆垂直度与顶面水平度在调整上相互矛盾的情况。该种情况下应先保证内圆柱面的垂直度符合要求，至于顶面不水平的误差，在安装上机架时可在结合面加适当垫片来调整。

定子圆度一般应在机坑内与水平度、中心位置、垂直度等一起进行测量。由于分瓣定子圆度变形多发生在合缝或端部附近，因此，这些部位应标定测点。首先在定子铁芯内径上、下两个测量断面上，每瓣定子标定3～5个测点。各断面所测半径与设计半径之差不应大于设计空气间隙的±4%。

定子圆度超差，主要是由于定子本身的不圆度和中心偏差的存在造成的。定子不圆度的调整按式（4-2）计算

$$\sigma = \frac{D_1 - D_2}{2} \tag{4-2}$$

式中 $D_1 - D_2$——定子两垂直方向直径差，mm。

定子中心偏差调整按式（4-3）计算

$$e = \frac{R - R'}{2} \tag{4-3}$$

式中　$R - R'$——定子同一直径方向的半径差，mm。

4）定子中心偏差和不圆度的调整，最好结合起来进行。调整的方法一般是利用千斤顶，强迫定子机座变形和位移。千斤顶撑在定子机座和风洞墙壁之间。但必须考虑风洞墙壁的加强措施。为避免产生其他方向的中心位移，定子的两翼和对面也需放千斤顶顶住，并用百分表监视。

另外，对于先吊转子后套定子的情况，则定子须根据转子调整，使定子与转子间的气隙实测值不应大于平均值的 ±8%。

4.2.4　锚固及浇注混凝土

定子调整合格后需将垫板、楔子板、基础板等点焊固定；对调整位置时用的拉紧器、钢筋等也需点焊牢固；地脚螺栓视施工的具体情况，对已经锚固的单头螺栓，在它受力以后也应点焊，而对双头螺栓则只初步拧紧，要在浇注混凝土并最终拧紧后才点焊。

浇注二期混凝土。由于二期混凝土数量不多，以地脚螺栓孔、基础板四周空隙等为主，但位置和施工空间有限，浇注工作必须充分注意。既要均匀地填满空隙，又要捣实，还不能影响已经调整好的定子位置。

定子机座与基础板之间的定位销，视厂家供货的情况和具体要求，一般应在二期混凝土初凝以后才钻、铰，最后打入销钉固定。

定子位置调整中使用的千斤顶等，也应在浇注二期混凝土以后才拆除。

4.3　发 电 机 转 子 的 组 装

对于中小型水轮发电机，其转子大多是整体出厂的，运到工地后只需测圆检查即可吊装。

对于大中型水轮发电机转子，由于运输尺寸的限制，一般将主轴、轮毂（辐）、轮臂、磁轭铁片、磁极等零部件分件运往工地组装。

4.3.1　对发电机转子的基本要求

为保证发电机正常工作，转子必须满足以下基本要求。

1. 对磁轭的要求

（1）磁轭铁片的叠压应紧密。

（2）磁轭的高度符合设计值，偏高不超过 10mm，而且均匀。同一磁轭上测量，半径方向的高度差不得大于 4mm，圆周上的高度差不得大于 6mm。

（3）磁轭与轮臂的结合面应无间隙，个别地方间隙不大于 0.5mm；磁轭与磁极的接触面应平直，个别高点必须修磨。

（4）磁轭外圆柱面的不圆度，不得超过设计气隙的 ±3% ～ ±4%。

（5）磁轭铁片的下压板，也就是发电机的制动闸板，应该平整、光滑并成水平面。在半径方向的不水平度不大于 0.5mm；圆周上的起伏（波浪度）不超过 1.5～2.0mm。当闸板分块时，接缝处应有 2.0mm 以上间隙，而且顺转动方向检查，后一块不能凸出于前一块。

2. 对磁极的要求

磁极通常在制造厂完成制作和组装，但现场挂装应符合以下要求：

（1）各磁极中心的高程应一致，最大偏差不大于 ±1mm。额定转速 300r/min 及以上的转子，对称方向的两个磁极，高程差不得大于 1.5mm。

（2）磁极挂装后检查转子的不圆度，各半径与平均半径之差，不得大于设计气隙的 ±4%～±5%。

3. 对转子静平衡的要求

转子的重心如果不在其轴线上，一旦旋转就会产生离心力，将会恶化轴和轴承的工作条件，而且会引起振动。为此，应尽力使转子各部分的重量对称于轴线分布，保证其重心落在轴线上，即做到转子静平衡。

转子在形状及布置上应是轴对称的，只要材料均匀一致可达到静平衡。影响转子重心位置的主要部分是磁轭和磁极，为了保证转子静平衡，标准要求如下：

（1）磁轭的叠片必须将铁片按重量分组，力求重量在圆周上均匀分布。对无法轴对称布置的重量，应记录其数量和方位。最后通过计算求得总的不平衡重量，再在相反方向的适当位置加上配重使之平衡。

（2）磁轭铁片的重量分组，当每张铁片小于 20kg 时，每组的相隔重量不大于 0.2kg；当铁片重 20～40kg 时，组之间的相隔重量不大于 0.3kg。

（3）磁极在挂装前，按极性和重量配对，使之成轴对称分布，在任意 22.5°～45° 角度范围内，对称方向磁极的不平衡重量应符合表 4-3 的要求。

表 4-3　　　　　　　　　　　　　　磁极挂装的不平衡重量

机组转速 （r/min）	允许不平衡重量 （kg）	机组转速 （r/min）	允许不平衡重量 （kg）
<300	10	>500	3
300～500	5		

4.3.2　发电机转子的组装

转子的组装，主要有以下几方面工作。

1. 磁轭铁片的清洗与分类

为了提高转子运行的可靠性和稳定性，叠装的磁轭铁片间应密实，在圆周对称方向重量应平衡。为此，应对磁轭铁片进行清洗分类，其工序为：刷洗→打磨毛刺→擦干→称重→分类。

刷洗，是为了清除磁轭铁片两面锈蚀及污垢。

打磨毛刺，是为了除去铁片两面及螺孔周围的毛刺和残存锈污。

刷洗和打磨毛刺是为了保证磁轭铁片间的密实性。

擦干，即用布擦干净铁片两面。

称重，即将单张铁片过磅，以便于控制其重量精度在表4-4中给定值以内。

表4-4 铁片分类要求

发电机转速 n （r/min）	铁片分类重量精度 （kg）	发电机转速 n （r/min）	铁片分类重量精度 （kg）
$n>375$	0.2	$n\leqslant100$	0.4
$100<n\leqslant375$	0.3		

分类，即将称好的铁片按重量分类堆放。分类是因为铁片厚度有差异，需按重量等级分组，一方面是为了减小磁轭的波浪度，另一方面更是为了在铁片堆积中达到配重的目的，以减小转子运转中在圆周对称方向上的重量不平衡而产生不平衡力。

分类堆放应整齐，铁片冲面均朝下。为便于运输，每堆铁片下面两头应垫上不小于30mm厚的方木，并根据起重运输能力的大小，每堆达到适当高度时，用穿心螺杆夹紧，绑上该堆分类中的指示牌后，运往存放处。

当机组转速低于100r/min时，若磁轭铁片质量较好，厚薄较均匀，也可不经称重分类，进行任意堆积。因为在该情况下，同类铁片最大、最小重量之差较小，且又因低转速（动不平衡力与转速平方成正比），所以由偏重引起较大动不平衡的机率很小。若万一出现较大动不平衡，也可在机组试运行中通过做动平衡试验，用加配重的方法予以弥补。

2. 轮毂的烧嵌工艺

所谓轮毂烧嵌，是把实际尺寸小于主轴直径的轮毂轴孔，经加热膨胀有适当间隙后，热套在发电机主轴上的工艺过程。我国以往水轮机主轴与轮毂（辐）的连接，多采用这种热套公盈静配合方式来传递发电机的扭矩。实践证明，这种结构既简单又经济。

轮毂烧嵌有两种方法：一种是把主轴竖立在转子装配基坑内，吊起加热好的轮毂，热套在主轴上的轮毂套轴法；另一种是将轮毂倒过来，固定在支持台上加热，然后吊起主轴，插入轮毂孔内的轴插轮毂法。一般多采用轮毂套轴法。只有在转子组装基础尚未交付使用或在该基础上采用轮毂套轴起吊高度不够时，才考虑使用轴插轮毂的方法。

由于工件大而重，热套过程中如有卡住不能套入到位时，拔出很困难，因此应做好充分准备工作。下面介绍轮毂套轴法。

（1）配合公盈的测定及加热温度的计算。为了确保轮毂烧嵌过程的顺利进行和运行的安全可靠，烧嵌前必须对其配合尺寸进行细致而准确的测量，检查是否符合图纸和配合公差的要求。其测量部位如图4-9所示，测量记录见表4-5。

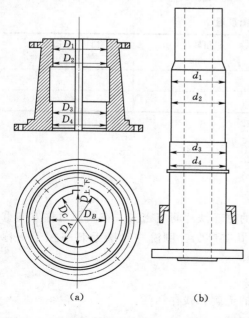

图4-9 主轴与轮毂配合公盈测量部位示意图
（a）轮毂；（b）主轴

表 4-5   **主轴与轮毂配合尺寸测量记录**

测量断面	A 方 向			B 方 向			C 方 向		
1 号	d_{1A}	D_{1A}	$d_{1A}-D_{1A}$	d_{1B}	D_{1B}	$d_{1B}-D_{1B}$	d_{1C}	D_{1C}	$d_{1C}-D_{1C}$
2 号	d_{2A}	D_{2A}	$d_{2A}-D_{2A}$	d_{2B}	D_{2B}	$d_{2B}-D_{2B}$	d_{2C}	D_{2C}	$d_{2C}-D_{2C}$
3 号	d_{3A}	D_{3A}	$d_{3A}-D_{3A}$	d_{3B}	D_{3B}	$d_{3B}-D_{3B}$	d_{3C}	D_{3C}	$d_{3C}-D_{3C}$
4 号	d_{4A}	D_{4A}	$d_{4A}-D_{4A}$	d_{4B}	D_{4B}	$d_{4B}-D_{4B}$	d_{4C}	D_{4C}	$d_{4C}-D_{4C}$

热套前，孔的膨胀量一般由厂家给出。若未给出，可按下式计算

$$K=\Delta_{\max}+(1.5\sim2) \qquad\qquad (4-4)$$

式中　K——轮毂内孔膨胀量，mm；

$\Delta_{\max}$——按表 4-5 计算得出的最大过盈值，mm；

1.5～2——考虑起吊过程中轴孔冷缩和套轴时所需的间隙值，mm。

所需加热温升为

$$\Delta T=\frac{K}{\alpha D} \qquad\qquad (4-5)$$

最高加热温度为

$$T_{\max}=\Delta T+T_0 \qquad\qquad (4-6)$$

式中　ΔT——轮毂加热温升，℃；

α——轮毂线胀系数，钢材 $\alpha=11\times10^{-6}$；

D——轮毂标称直径，mm；

T_0——周围环境温度，℃。

（2）轮毂加热。轮毂加热视所需膨胀量的大小而定。加热方式通常采用铁损法，或采用电热法等。用电炉配合铁损加热法，加热温度低于 80℃ 时，可简单采用石棉布或篷布覆盖保温；加热温度高于 80℃ 时，则需用特制的保温箱来保温。

（3）轮毂烧嵌。在轮毂加热前，先把主轴竖立在转子堆积基础上，并精确地调整主轴的垂直度，使其最大倾斜不大于 0.2mm/m。再将轮毂挂在主钩上，调好水平，轮毂的水平控制在 0.05mm/m 以内，然后开始加热。当轮毂加热温升达到计算值时，拆除轴孔电热及测温计，吊起轮毂，用长柄钢丝刷将轴孔配合面刷干净，然后连同保温箱一起吊到主轴上空，找正中心，切断电源，进行套轴。

如果在套装过程中发现中间卡阻时，应立即将轮毂拔出，查明原因并经处理后，重新烧嵌。套装完后，应控制温度下降速度，使其缓慢冷却。

3. 支臂的连接

转子支架外径小于 4m 时，一般是整体的；当超过 4m 时，因运输条件的限制，转子支架一般为组合式（即由转子支架中心体和支臂组成）。

支臂连接是当轮毂烧嵌好后，在转子堆积的基础上按厂家编号及转臂自重进行连接，以便考虑综合平衡。组合时，要测量组合键的间隙、键槽弦长相对误差及转臂半径相对误差，符合要求后，拧紧所有组合螺栓，将螺母点焊固定。

4. 磁轭铁片的堆积装压工艺

大型水轮发电机在运行中，其磁极和磁轭所产生的离心力近万吨，这样巨大的离心

力，将由磁轭来承受，因此要求磁轭铁片堆积时有足够的整体性和密实性，不允许有微小的位移和松动，以防运行时发生磁轭外侧下坍，整体滑动及下沉等不良现象。

（1）堆积前的准备工作。

1）清洗压紧螺杆，检查螺杆尺寸。

2）清洗磁轭大键，进行刮研配对和试装，合格后打上编号，捆放在一起。

3）在堆积处放置支承钢支墩，在支墩上放好楔子板，初步找好标高。

4）检查制动闸板和下端压板组合面的配合情况。

5）将下端压板按图纸规定放在支墩上，以轮臂挂钩和键槽为标准，找正下端压板的方位、标高和水平，并使它紧靠轮臂外圆。

6）在轮臂键槽中放入较厚的一根磁轭大键，大头朝下，配合面朝里，下端与槽口平齐，用千斤顶支承，上端用白布封塞以防杂物掉入。

7）在已找正的下端压板上，堆一层同类且同样重量的普通铁片，并紧靠轮臂外圆；检查下端压板和铁片的各种孔是否一致，并以移动下端压板的方法使各孔和铁片冲孔完全吻合。

上述工作完成后，再堆叠 4～6 层铁片，铁片接缝应朝同一方向顺序错开图纸规定的极距位置，然后穿入每张不少于 3 根的永久压紧螺杆来定位。若有定位销时，则可用定位销钉代替永久压紧螺杆。定位螺杆要均匀分布于整个磁轭的圆周上，靠磁轭键的地方最好不放定位螺杆，以减少压紧阻力。磁轭铁片定位及压紧螺杆分布如图 4 - 10 所示。

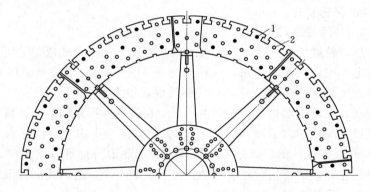

图 4 - 10　磁轭铁片定位及压紧螺杆分布图
1—定位螺杆孔；2—压紧螺杆孔

铁片堆积前，应按编号装配好制动闸板，并根据图纸尺寸及各类铁片的平均厚度，推算出各铁片段的层数，按此层数计算出通风沟、弹簧槽及小"T"尾槽等的位置。

每层铁片应是同一类的，当同类铁片不足布置一周时，允许搭配重量接近的另一类铁片，但两类铁片必须按平衡要求对称堆放。并尽可能将单张较重、张数较多的一类铁片堆积在下层。

按上述要求可计算出铁片堆积指示表，见表 4 - 6（实例）。

（2）铁片堆积。按照上面铁片堆积指示表，将铁片穿入定位螺杆或定位销，用木锤将铁片打下，并用铜锤将其向里打靠。在堆积通风沟铁片时，要注意导风条的位置，应使短导风条位于轮臂旋转方向的前侧，以免影响通风。

表 4-6　　　　　　　　　　　　　　转子磁轭铁片堆积指示表

图纸设计尺寸（mm）	按叠压系数折算尺寸（mm）	铁片分类重（kg）	单张铁片平均厚度（mm）	该类铁片堆入层数	该类铁片累计尺寸（mm）	本段预计堆积尺寸（mm）	本段铁片堆积误差（mm）
四　段　300	294	16.8～17.0	2.81	36	101.2	296.2	＋2.2
		16.5～16.7	2.77	28	77.6		
		16.2～16.4	2.75	11	30.3		
		18.9～19.1	3.71	13	48.2		
		19.5～19.7	3.24	12	38.9		
通风沟　43	43						
三　段　372	365	19.2～19.4	3.25	18	58.5	366.7	＋1.7
		18.3～18.5	3.06	41	125.5		
		18.0～18.2	3.15	58	182.7		
通风沟　43	43						
二　段　372	365	17.7～17.9	2.98	64	190.7	364.7	－0.3
		17.4～17.6	2.90	60	174.0		
通风沟　43	43						
一　段　297	291	18.6～18.8	3.09	29	89.6	292.7	＋1.7
		17.1～17.3	2.86	71	203.1		

（3）铁片压紧。堆积过程中，铁片要分段压紧，其压紧高度视压紧力及其阻力的大小而定。用永久螺杆定位时，一次压紧高度控制在 400～600mm 之间。若用定位销钉定位，每段高度可达 1000mm。根据制造厂要求也可一次压紧。

磁轭铁片的压紧程度，通常用叠压系数来衡量，叠压系数不得小于 98%。其计算方法有两种。

1）叠压系数以实际堆积重与计算堆积重之比来计算，即

$$k=\frac{G}{FnH\gamma}\times100\%　　　　　　　　　　　　（4-7）$$

式中　G——实际堆积铁片的全部自重，kg；

　　　F——每张铁片净面积，cm²；

　　　n——每圈铁片张数；

　　　H——压紧后的铁片平均高度（不包括通风沟高），cm；

　　　γ——铁片比重，$\gamma=7.85\times10^{-3}$ kg/cm³。

若该段铁片是由不同形状的铁片组成（如有弹簧槽、小"T"尾槽等），则应按式（4-8）计算

$$k=\frac{(G_1+G_2+\cdots+G_n)}{(F_1H_1+F_2H_2+\cdots+F_nH_n)n\gamma}\times100\%　　　　　（4-8）$$

式中　G_1、G_2、$\cdots$、G_n——各种不同形状铁片的实际堆积自重，kg；

　　　F_1、F_2、$\cdots$、F_n——各种不同形状铁片的净面积，cm²；

　　　H_1、H_2、$\cdots$、H_n——各种不同形状铁片的实际堆积高度，cm。

2）叠压系数用计算平均高度与压紧后实际平均高度之比来计算，即

$$k=\frac{(h_1 n_1+h_2 n_2+\cdots+h_n n_n)}{H_{av}}\times 100\% \tag{4-9}$$

式中　　　　H_{av}——铁片各段压紧后的平均高度，cm；

h_1、h_2、$\cdots$、h_n——各类铁片的单张平均厚度，cm；

n_1、n_2、$\cdots$、n_n——相应各类铁片的堆积层数。

第一种计算方法比较麻烦，但较第二种方法精确。

各段压紧系数检查合格后，可用钢筋在已堆好的铁片段两侧点焊拉紧，以防拆除压紧工具时弹起，造成下一段压紧工作困难。

当磁轭全部堆积完毕并压紧后，要冲铰所有压紧螺栓孔，边冲铰边换成永久螺杆，直至换完为止。磁极 T 尾槽和磁轭键槽也要用专用铰刀冲铰，以使槽孔平齐。为保证磁轭与磁极接触面平整，要对磁轭外圆进行修磨。

5. 磁轭热打键

对于大容量、高转速水轮发电机，运行时其磁轭会受到强大离心力的作用而产生径向变形。对此，可预先给磁轭与支臂一预紧力，使磁轭和支臂的径向胀紧量达到能满足机组安全运行的需要。常采用磁轭打键方法来解决此问题。

磁轭键的作用，就是将磁轭固定于转子的支臂上。打磁轭键一般分两次进行，先在冷状态下打键，称为冷打键；后在加热状态下进行，称为热打键。

磁轭冷打键可调整磁轭圆度，以减少磨圆工作量；还能消除磁轭螺孔与螺杆的配合间隙，使热打键时能获得准确的紧量。但冷打键方法无法保证运行时的紧量，造成磁轭与轮臂的分离，这不仅使机组产生过大的摆度和振动，还会使轮臂挂钩受到冲击而断裂，造成严重的事故。近年来仍多采用热打键的方法。

热打键是根据已选定的分离转速，计算磁轭径向变形增量，从而得出磁轭与轮臂的温差，然后加热磁轭，使其膨胀。在冷打键的基础上，再打入与其径向变形增量相等的预紧量，借以抵消运行中的变形增量。磁轭加热主要有以下方法。

（1）铜损法。将已安装好的磁极绕组串联起来，通入额定电流的 50%～70% 进行加热，用于计算温差不大于 30℃ 的水轮发电机。

（2）铁损法。在未装磁极前，在磁轭上绕以激磁绕组，通入工频交流电激磁加热，用篷布覆盖保温，其计算方法与轮毂烧嵌相同。

（3）电热法。用特制的电炉或远红外元件加热，以石棉布保温，该方法应用很广。

（4）综合法。把上述的任意两种方法综合使用。

热打键必须在冷打键基础上进行，冷打键要根据磁轭同心度记录，先打半径小的几个部位的键，借以把磁轭偏心调过来，待同心度合格后，再用 10kg 大锤对称地把所有磁轭键打紧。

冷打键完成后，在配对键的侧面用划针划一横线，作为热打键的起始线，并按磁轭大键斜面的斜率，把热打键紧量换算成打入长度，在长键上再找一终止线，然后才开始加温。待温差达到要求后，即可把长键对称打入，直至长键上的终止线与短键的起始线重合为止。

热打键后，待转子冷却，再用测圆架复查磁轭的外圆圆度，并做最终记录，合格后，把大键多余长度割除，两键搭焊，并点焊在磁轭上。热打键紧量通常由制造厂提供。

6. 磁极的挂装

（1）准备工作。

1）检查并修整磁轭。将转子竖立于转子支墩上，再用测圆架、百分表等进行检查，如果不符合前述的基本要求则应进行修整。其间尤其应注意磁轭上的面必须平整、光滑。

2）检查并修整磁极。就单个已组装的磁极，其 T 形头应平直；与磁轭接触的表面应平整、光滑；磁极线圈与铁芯之间的间隙应完全封闭；线圈压板与铁芯在平面上的误差不得大于 ±1mm；磁极高度等尺寸也应符合设计要求。如果有不符合要求的地方，应在挂装之前修整。

3）磁极按静平衡要求配对、定位并编号。带励磁引出线的两个磁极（常为第一与最末一个磁极）在磁轭上的位置已确定，其余各极应按前述要求的极性和自重进行配对、定位，并按顺时针方向编号（上方观察）。使其所处的位置既符合极性间隔要求，又能满足重量对称平衡。其对角（或 1/4 或 1/8 圆周）重量之差要小于 2kg，即认为磁极已基本达到了平衡。有时为了兼顾励磁引线及轮臂的偏重，有意识地将磁极挂装成偏重的，借以平衡部分励磁引线及轮臂的偏重。根据平衡后决定的位置，在每个磁极上打上顺序编号，然后进行挂装。

4）挂装前磁极还应经过绝缘检查和耐压试验。

（2）磁极的挂装。挂装磁极要对称地进行，按磁极编号将磁极吊插于磁轭相应的 T 尾槽中，支承在磁极底部垫木和千斤顶上，如图 4-11、图 4-12 所示。以主轴法兰为准，把磁极中心的设计高程引到磁轭表面并作好标记，以此来调整磁极的高低。磁极中心高程符合要求后，用大卡兰把磁极拉来紧靠磁轭，再插入磁极键，其中大头在下的键可伸出磁轭 10～15mm。此后初步打紧磁极键，其紧度以摇动键尾而槽口搭配部分不发生明显蠕动为宜。

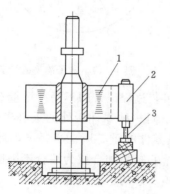

图 4-11 磁极挂装示意图
1—磁轭；2—磁极；3—千斤顶

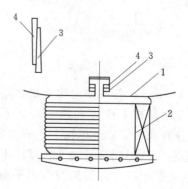

图 4-12 磁极及磁极键平面示意图
1—磁轭；2—磁极；3、4—磁极键

（3）转子测圆及修磨。各磁极挂装完后应进行测圆检查。有的安装单位在挂装磁极时就架设测圆架，边挂装边测圆检查，最后再复查一遍，这不失为一种较好的方法。

转子的测圆检查如图 4－13 所示，架设测圆架以后用百分表检查各磁极的外圆半径。检查时先在磁极表面划分测点，通常在半径最大的断面，同时确定上、下两个或上、中、下三个测点，装百分表后逐极同时测量其半径。以平均值为准，各点半径的最大偏差不得超过设计气隙±4％～±5％。而上、下测点的半径差表明了磁极表面的垂直度误差，一般说来不应大于设计气隙的±3％。不合格的磁极可用砂轮机等修磨。

（4）点焊磁极键。测圆检查当中及最后打紧磁极键，并进行点焊固定。先将一组的两根磁极键点焊起来，再在一个点上与磁轭点焊连接。若磁极键高出磁极太多，应锯短后再点焊，通常键尾高出 10～15mm 为宜，且大、小头应错开，以利于将来检修时拔出磁极键。

7. 转子静平衡计算

水轮发电机转子是由成千上万个零件组成的，这些零件大部分属于结构件，不可能保证其对称的平衡性。实践证明，这种静不平衡有时多达数百公斤。这些不平衡重的存在，往往是引起水轮发电机振动的主要原因。因此，在转子组装中，对几个具有决定意义的部件均要经过称重。进行综合平衡是十分必要的，尤其是对转速较高的发电机更是必不可少的。对发电机转子平衡起决定作用的零部件有：轮臂、磁极引线、磁轭铁片、磁极等。

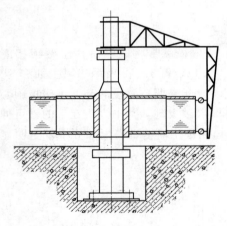

图 4－13　转子测圆

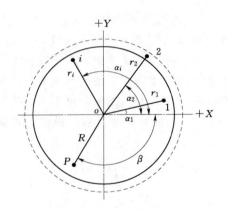

图 4－14　转子静平衡计算

如图 4－14 所示，各零件对称重量之差，即组装过程记录的不平衡重量 G_i（$i＝1，2，3，\cdots$）的位置由所在半径 r_i 和角度 α_i 表示。由于同一种零件所处的重心半径是相等的，因此可把 G_i 分解到 X、Y 坐标轴上，各自乘以该零件的重心所在半径 r_i，即成为各零件的不平衡重心距。再把同坐标轴上各零件不平衡重心矩相加合成为综合不平衡重心矩，并除以拟加配重处的半径，即得到综合不平衡重心矩。总的不平衡力矩为

$$M_X＝\sum G_i r_i \sin\alpha_i \tag{4－10}$$

$$M_Y＝\sum G_i r_i \cos\alpha_i \tag{4－11}$$

X 与 Y 轴上综合不平衡重心矩之比，就是理论不平衡重与轴的夹角的正切。配重块应加在它的对面以抵消不平衡力矩，拟在半径 R 处加配重 P，则有

$$P=\frac{\sqrt{(\sum G_i r_i\sin\alpha_i)^2+(\sum G_i r_i\cos\alpha_i)^2}}{R} \tag{4-12}$$

式中　P——拟加配重，kg；

　　　R——拟加配重处的重心半径，cm；

　　　G_i——各不平衡重量，kg；

　　　r_i——其所在位置半径，cm。

配重块 P 与 $+X$ 轴夹角为

$$\beta=180°+\cot\frac{\sum G_i r_i\sin\alpha_i}{\sum G_i r_i\cos\alpha_i} \tag{4-13}$$

同理，也可以用作矢量图的方法求解静平衡配重块的重量及夹角。

8. 转子其他附件的安装及清扫检查

转子的其他附件主要有：制动器、励磁机引线、磁极接头拉杆、阻尼接头及其拉杆、上下风扇等。

立式发电机的转子在吊装时先由制动器支撑，在后续的轴线调整检查等工作中还要用制动器顶起转子，因此必须在吊入转子之前先安装制动系统。其主要工作有：清洗并检查制动器，要求制动块固定牢固、上下动作灵活并能正确返回原位；在下机架上安装制动器，要求所有制动器的径向位置、制动块顶面高程、与转子制动环间的距离均应符合设计要求；管路按要求装好后，分别通入压缩空气和压力油，以检查刹车、顶转子操作及制动器回复的动作情况。

在转子的附件安装完后，必须进行全面清扫检查，合格后，对转子再进行全面喷漆、干燥和耐压试验，此时整个转子组装工作即告结束。

合格后的转子可整体吊入机坑总装。

国内外一些水轮发电机转子多次出现变形事件，有的转子呈椭圆度面与定子相碰酿成了重大事故，使人们认识到发电机转子整体化和刚度对发电机运行的可靠性和稳定性起着至关重要的作用。提出了如下建议：

（1）磁轭组装问题。磁轭集中了转子 2/3 以上的重量，故在运转中经受着巨大的离心力和惯性力，因磁轭是由若干张 3～4mm 的钢片组成，其整体性对转子刚度起着决定性的作用。为了保证叠片的整体性和刚度，制造厂加工时应保证冲片质量，不得有微小的翘角、毛刺、翘曲以及厚薄不均等，以增大片间接触面积，提高片间的单位压紧力（达 $500\sim600N/cm^2$ 以上）。因衬口环接触摩擦面很小，容易松动，衬口环下面的单位压力太高容易使冲片变形，且实际通风面积不大，这些都影响磁轭叠片的压紧度和整体性，故建议取消通风槽板。

（2）采用粘结新工艺把冲片粘结成一体。由于磁轭冲片工作强度不高，而粘结面积又大，所以对粘结强度要求不高。如粘结强度为 2MPa 比不粘前的摩擦系数为 0.2 的摩擦力大 1 倍（冲片单位压力为 5MPa），这种方法在国内外均有先例。采取把磁轭与转子支架从上到下全部焊死的办法是绝对可靠的。

（3）转子支架采用多层圆盘结构。实践证明其强度、刚度和整体性均比支臂结构安全可靠，并可利用支架风扇效应取消风扇，这种风路系统效率高，风量分配均匀。

（4）过去的磁轭键只承受径向力不承受切向力，且是在磁轭处于热状态下而打紧，故当运行时磁轭向外甩出，会使热打紧量消失而松动。另外在机组启动、停机或飞逸过程中所产生的巨大惯性力会使磁轭与轮臂发生切向冲击而扭坏支架，所以在支架及磁轭间除有径向键外还要设置切向键来承受切向力。

（5）在安装过程中错位搭叠面尽可能大些，最少不小于一个极距。采用往复"之"字形叠片，可使最小搭接面往复错开，有利于螺孔对位和叠片垂直。必须分段压紧，检查压紧度时不能只考虑压紧系数，还应检查片间间隙。经验表明，磁轭经过运行后，在各动力和热作用下，冲片局部不平和翘角应力减小，必然导致运行中冲片松动向外甩出，造成转子变形，应在 72h 试运行后再紧一次螺杆，重打一次磁轭键，重配卡键。

4.4　发电机转子的吊入与找正

发电机转子的吊装，应先作好准备，由于转子吊入后放在制动器顶上，应先调整制动器顶面高程，为便于后续安装镜板、推力头，常使转子吊入后略高于工作位置（如比工作位置高 10mm 左右），为此，应在已调好高程的制动块上加一定厚度的垫块（顶面高程应符合要求），以作为转子吊入后的支撑面；然后吊入，再调整其位置直到符合要求。

4.4.1　转子吊入

发电机转子是水轮发电机组的最重部件，而且尺寸大，它是确定厂内桥式起重机的起重量和提升高度的依据。发电机转子吊装是机组安装中的重要环节，同时也表明机组安装工作中的大部分工作已经完成。

在起吊前必须做好周密细致的准备工作，又由于转子进入机坑后，其四周的间隙很小，所以在起吊、移动、吊入过程中必须小心谨慎地进行。具体步骤如下：

（1）吊转子前应对有关起吊设备进行全面检查。对行走机构和提升机构的制动闸、齿轮、轴承、滑轮、钢丝绳和螺栓等进行重点检验。对润滑系统、电气操作系统、轨道和阻进器等进行一般的检验。对起重梁或梅花吊具的卡环和轴承内的滚柱是否入位进行重点检验。若用两台桥式起重机抬吊时，则必须做好并车试验，检查两台桥式起重机的动作是否同步。对于没有做过负荷试验的桥式起重机，在吊转子之前，必须做好静负荷试验和动负荷试验。在确认上述各项准备工作一切正常后，方可进行转子的正式吊装。

一般两台桥式起重机抬吊转子步骤如下：

1）两台桥式起重机并车，挂好起重梁，两台桥式起重机抬起起重梁，找好起重梁水平，套入转子主轴，上好卡环。

2）提升主钩，使其承受一部分力，检查各部分的工作情况。如一切正常，可继续提升主钩，使转子离开支墩少许，再次检查各部分工作情况，同时用方型水平仪在轮辐加工面上测转子的水平。如果发现转子不水平，可以用加配重的方法或挂导链进行调整。水平调好后，做几次起落试验，检查起重机的工作情况及转子轮环下沉值，初步鉴定转子组装质量。然后，将转子提升 1m 左右，对转子下部进行全面检查。确认一切合格后，可吊往机坑。

（2）上升、移动、下降等操作都必须平稳、缓慢。

（3）当转子吊至机坑上空时，初步对正定子，徐徐下落，当转子将要进入定子时，再仔细找正转子。同时，用 8～12 根木板条（宽约 40～80mm，要比磁极长，厚为空气隙之半），均匀布置在定子和转子的间隙内。每根木板条由一人提着靠近磁极中部上下活动，在转子下落过程中如发现木条卡住，说明在该方向间隙过小，需向相对方向移动转子，中心调整几次后，转子即可顺利下降，待其即将落在制动器上时，要注意防止主轴法兰止口相碰。

4.4.2　转子找正

发电机转子吊入落在制动闸上之后，应处在比工作位置略高的中心位置上。其位置的找正和调整有两种基本情况：一种是转子在定子就位后吊入机坑；另一种是转子先于定子吊入机坑。

1. 转子在定子就位后吊入机坑

这种情况下，一般在转子重量转移到推力轴承后进行。以定子为基准进行转子初步找正，主要是控制转子的高程和中心位置。

（1）高程的调整。当转子重量转换到推力轴承后，若转子高程不合适，可利用制动闸将转子顶起，升（降）推力瓦的支柱螺钉。再落下转子时，高程将得到一次改变。如此经过 1～2 次反复，即可达到调整转子高程的目的。

（2）中心位置的调整。首先以定子和转子的空气隙为依据来判断中心偏差方向，气隙应符合设计值且四周均匀一致，实际测量发电机气隙时须用楔形木条或竹条从磁极顶部最大半径处插入，磨出痕迹后再用游标卡尺量取磨痕处的厚度，对每一个磁极的上、下两端都进行测量，按平均气隙计算，允许的最大偏差不得超过设计气隙的 ±8%～±10%；再顶动导轴瓦，使镜板滑动，转子即产生中心位移；然后测定空气间隙。如此反复 1～2 次，中心即可初步找正。

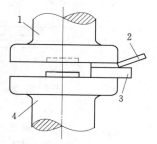

图 4-15　测主轴法兰间隙
1—发电机主轴；2—塞尺；
3—塞块；4—水轮机轴

初步找正后，便以水轮机主轴为基准进行精确找正，即转子落于制动闸后，暂不卸吊具，先检查它是否已达设计标高。检查的方法是测主轴法兰端面间隙，如图 4-15 所示，用一个塞块和一把塞尺测主轴法兰四周的间隙，依据间隙值的大小，判断转子实际高程，并计算此高程与设计值的偏差。如果偏差值超出 0.5～1mm，则需提起转子，在制动闸顶面加（减）垫，然后再使转子落下，重新测量，直至高程合格为止。

发电机转子找水平，仍以水轮机主轴为准，要求发电机轴法兰与水轮机轴法兰相对水平偏差在 0.02～0.03mm/m 以内。否则，须在部分较低的制动闸顶面加（减）薄垫。垫厚按式（4-14）计算

$$\delta = \frac{D}{d}(\delta_a - \delta_a') \qquad\qquad (4-14)$$

式中　　δ——法兰最低点所对应的制动闸应加垫厚度，mm；

　　　　D——制动闸对称中心距离，mm；

　　　　d——法兰盘直径，mm；

　　$\delta_a - \delta_a'$——法兰盘对称方向间隙差，mm。

　　通常，高程和水平的调整同时进行。

　　转子中心可通过测量主轴法兰盘的径向错位来确定，如图 4-16 所示。用钢板尺侧面贴靠在水轮机轴法兰盘侧面，用塞尺测发电机轴法兰盘和钢板尺之间的间隙值。中心偏差按式（4-15）计算

$$\Delta\delta = \frac{\Delta\delta_1 + \Delta\delta_2}{2} \qquad\qquad (4-15)$$

式中　　$\Delta\delta$——中心偏差值，mm；

　　$\Delta\delta_1 + \Delta\delta_2$——两侧面间隙值，mm。

　　转子中心偏差可利用导轴瓦或临时导轴瓦进行调整，瓦面应涂猪油（或其他动物油）或加有石墨粉的凡士林油。用千斤顶调整时，在十字方向设置千斤顶及其支承架，千斤顶头部与法兰盘之间最好垫以柔软的橡皮垫，如图 4-17 所示。要向 +X 方向移动 a 时，+Y 和 -Y 方向千斤顶可暂时不动，使 +X 方向千斤顶头与法兰盘的间隙为 a，接着提起转子稍许，用 -X 方向千斤顶顶发电机主轴法兰盘，使其移动 a，再落下转子复测中心偏差。如此反复直至合格。

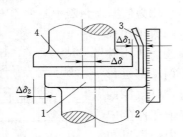

图 4-16　测主轴法兰径向错位
1—水轮机轴法兰；2—钢板尺；
3—塞尺；4—发电机轴法兰

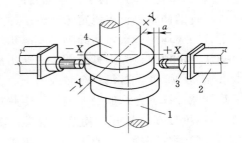

图 4-17　转子中心调整
1—水轮机轴；2—支撑架；
3—千斤顶；4—发电机轴

　　对于兼作转子轮毂的伞式机组推力头，它先于转子套入主轴就位。当转子吊入后，在转子支架与推力头之间，常有销钉螺栓连接的工序，如图 4-18 所示。为此，转子找正时，应兼顾销钉螺栓的对正。

　　2. 转子先于定子吊入机坑

　　这种情况下，转子应以水轮机主轴为基准找正（控制主轴法兰盘的标高、中心和水平等）。

　　（1）转子高程的测量。水轮机转动部分吊入后支撑于比工作位置低 15～20mm 的位置，而发电机转子吊入后应略高于其工作位置，这两个预留的距离相加就是两个法兰面间

的间距。用已知厚度的垫块和塞尺进行测量，其测量方法与上述相同（图4-15）。

（2）发电机主轴垂直度的测量。由于水轮机转动部分已找正，主轴的上法兰面已成水平状态，如果发电机主轴的下法兰面以此为准调整成水平面，则发电机主轴将是垂直的。用垫块和塞尺测量两法兰四周的间距（图4-15），当四周间距相等时，发电机主轴即是垂直的，否则应加以调整。

（3）发电机主轴中心位置的测量。仍以水轮机主轴为准，当发电机主轴的法兰外圆与水轮机主轴法兰对正时，两轴的中心都处在应有的中心位置上。为此，可用直尺或刀口尺检查两法兰外圆是否对正，必要时加入塞尺，测定发电机轴偏心的方向和大小。

发电机转子中心位置的调整，常用上导轴瓦和调节螺栓挤动；而转子的高程和垂直度，则需改变制动器垫块来调整。

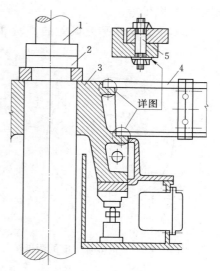

图4-18　转子支架与推力头连接
1—副轴；2—主轴；3—推力头；
4—转子支架；5—销钉螺栓

4.5　机架的安装

对于悬式机组，推力轴承布置在上机架内；对于伞式机组，推力轴承一般布置在下机架内。因此，在安装推力轴承之前，应先安装上机架（下机架）。

1. 上（下）机架的安装质量要求

（1）中心位置误差不大于0.8～1.0mm。

（2）高程误差不大于±1～1.5mm。

（3）水平度误差不大于0.08～1.0mm/m。

（4）上机架与定子机座的结合面，下机架与基础板的结合面，应光洁、无毛刺，并贴合良好。合缝间隙处用0.05mm的塞尺应不能通过，深度在1/3以内的局部间隙不得大于0.10mm。

（5）安装后推力瓦的工作表面应达到工作位置的高程，表面水平度误差应不大于0.02mm/m。

2. 上（下）机架的安装程序及其测量与调整工作

通常，发电机的下机架与定子一起安装及定位，而上机架则在定子安装之后进行预装配，调整定位以后再吊出，以便于发电机转子的吊入找正。

首先吊装已预装过的上机架，然后检查及调整它的中心位置、高程和水平度。

对于悬式机组，其上机架装在定子机座顶面上，其高程随定子而定，但其中心位置和水平度可单独调整。具体测量与调整工作如下：

（1）上机架中心位置的测量和调整。吊入上机架后仍用钢琴线悬挂出机组轴线。一般只要定子安装合格，上机架的中心位置需要调整的不多。因制造厂在加工时控制了上机架与定子的同轴度。

（2）上机架水平度误差的测量和调整。上机架的水平度要求是针对抗重板顶面而言的，须用框形水平仪反复进行测量。当抗重板顶面不便于测量时，也可以放在上机架顶平面上进行测量，但此时容易受机架本身变形的影响。

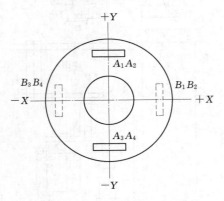

图 4-19　上机架水平度的测量

由于抗重板顶面和上机架顶面都是环形的，测量时框形水平仪应在不同方位上沿切线方向摆放，而且就地掉头重复测量。如图 4-19 所示，分别在 $\pm X$、$\pm Y$ 轴向上四个位置测量 8 次（测量值分别为 $B_{1\sim4}$、$A_{1\sim4}$），实际的水平度误差应取两侧的平均值，如图中 X 轴方向的水平度误差（格）为

$$\frac{1}{2}\left(\frac{B_1+B_2}{2}+\frac{B_3+B_4}{2}\right).$$

如果水平度误差超出允许范围，可在它与定子的结合面上加垫片来进行调整。但应注意：一般须用金属垫片，垫片的面积应足够大，最好做成与结合面相同的形状和尺寸，以避免将来在运行中松动。

（3）钻、铰定位销孔，打入定位销。上机架与定子之间因是粗制螺栓连接的，其中心位置才有了调整的余地。但机架调整合格后，必须与定子一起钻、铰定位销孔，再打入定位销使之固定。

另外，对下机架的中心位置和水平度的测量与调整，与上机架类似。

4.6　推力轴承的安装和初步调整

4.6.1　推力轴承的安装

安装推力轴承前，应先刮研镜板和推力瓦（详见 2.4.2 节）。根据推力轴承的类型不同，其安装程序大同小异，下面介绍常见的几种推力轴承的安装方法。

1. 刚性支柱式推力轴承的安装

（1）轴承的绝缘。大型同步发电机，不论是立式的还是卧式的，主轴将不可避免地在不对称的脉冲磁场中运转，这种不对称磁场通常是因定子铁芯合缝、定子硅钢片接缝、空气隙不均匀以及励磁绕组匝间短路等各种因素所引起。当主轴旋转时，总是被这不对称磁场中的交变磁通所交链，从而在主轴中产生感应电势，并通过主轴、轴承、机架而接地，形成环形短路轴电流，如图 4-20 所示。

由于这种轴电流的存在，从而在轴颈和轴瓦之间产生小电弧的侵蚀作用，使轴承逐渐粘吸到轴颈上去，破坏轴瓦的良好工作面，引起轴承的过热，甚至把轴承合金熔化，电流的长期电解作用，也会使润滑油变质、发黑，降低润滑性能，使轴承温度升高。

为防止这种轴电流对轴瓦的侵蚀，须用绝缘物将轴承与基础隔开，以切断轴电流回路，一般对励磁机侧的轴承（推力轴承及导轴承）、受油器底座、调速器的恢复钢丝绳等

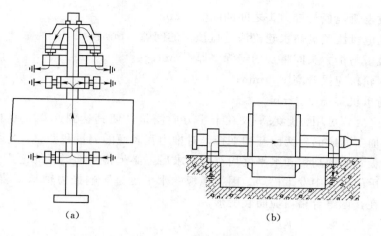

图 4-20 环形短路轴电流示意图
(a) 立式；(b) 卧式

均要绝缘，如图 4-21 所示。因此，在推力轴承支座与支架之间设有绝缘垫，垫的直径应比轴承直径大 20～40mm。支座固定螺栓及销钉都需加绝缘套。所有绝缘物事先要经烘干。绝缘安装后，轴承对地绝缘用 500V 摇表检查不应低于 0.5MΩ。

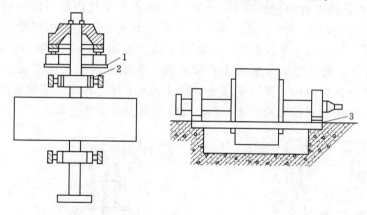

图 4-21 轴承的绝缘
1—推力轴承支座绝缘；2—导轴瓦绝缘；3—卧式机组底座绝缘

（2）轴承部件的安装。

1）组装油槽内套筒及外槽壁。合缝处加耐油橡胶盘根密封，组装后需作煤油渗漏试验，保证密封合格。

2）按图纸及编号安装各支柱螺钉、托盘和推力瓦，吊装镜板，并调整推力瓦和镜板的高程和水平度。瓦面抹一层薄而匀的洁净熟猪油，以 3 块互成三角形的推力瓦来调整镜板的标高和水平（转动推力瓦的抗重螺栓即可）。

镜板的高程，应按推力头套装的镜板与推力头之间的间隙来确定。预留间隙按式 (4-16) 计算

$$\delta = \delta_{\phi} - h + a - f \qquad (4-16)$$

137

式中　δ——发电机镜板与推力头之间的间隙，mm；

δ_{ϕ}——发电机法兰盘与水轮机法兰盘预留的间隙，mm；

a——镜板与推力头间将加的绝缘垫厚，mm；

h——水轮机应提升高度，mm；

f——荷重机架挠度，mm。

镜板的水平度，可用框形水平仪在十字方向测量，使其达到 0.02～0.03mm/m。由于镜板是精密加工而成的，两面互相平行，对推力瓦表面的测量和调整，也可针对镜板背面来进行。镜板背面的高程和水平度均符合要求后，必须将支承镜板的这几个抗重螺栓锁紧，防止在以后的过程中发生松动。因为镜板的水平度是影响推力轴承安装及轴线检查、调整的关键所在，调整合格后应防止变形。

（3）推力头的安装。

1）先在同一室温下，用同一内径（外径）千分尺测量推力头与主轴配合尺寸，测量部位如图 4-22 所示。

2）热套推力头。推力头与主轴多为过渡配合，套装后有 0～0.8mm 的间隙。这样小的间隙，不能保证主轴顺利套进推力头。为此，要对推力头加热，孔径膨胀，使间隙增加 0.3～0.5mm 时进行套装，加热计算可参考有关资料。推力头与轴一般用平键连接（键应先配好），推力头加热布置情况如图 4-23 所示，在推力头孔内及下部放置足够的电炉或远红外元件，推力头用千斤顶支承，在千斤顶与推力头之间用石棉纸垫（或石棉布）隔热，吊起推力头，用框形水平仪找平（此时水平偏差控制在 0.15～0.20mm 以内），在吊离地面1m 左右时，用白布擦净推力头孔和底面，在配合面上涂抹一层水银软膏或石墨粉，然后吊起套装。套好后，待温度降至室温时装上卡环。在此之前应先测两者的配合尺寸。为保证卡环两面能平行而均匀地接触，允许用研刮的方法处理。

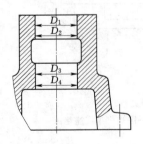

图 4-22　推力头测量部位

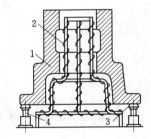

图 4-23　推力头加温布置图

1—推力头；2—电炉；3—石棉板；4—千斤顶

3）连接推力头与镜板。卡环装好，复查推力头和镜板之间的间隙，若与预定值相符，即可进行推力头和镜板的连接。其过程是先按要求放绝缘，接着使定位销钉对号入座，然后在对称方向装入两根连接螺栓并使镜板向上提起，再装入其他螺栓，按正确的顺序和方法逐步拧紧，使镜板、绝缘垫与推力头连接成完整的转动体。

（4）将转子重量转换到推力轴承上。转子吊装后，其中心位置已经调整合格，但它是由制动器和下机架支撑的。安装上机架、推力瓦，组装了推力头与镜板之后，即可将发电机转子重量转换到推力轴承上，并使它达到设计的工作位置。

对于锁定螺母式制动闸，这种转换工作比较容易，只要用油压顶起转子，将锁定螺母旋下，再重新落下转子时，转子重量即转换到推力轴承上。

对于锁定板式制动闸，其转换工作过程较复杂一些。

此后可进行油冷却器的预装和耐压试验，以及其他一些部件的安装。

2. 液压支柱式推力轴承的安装

液压支柱式推力轴承的安装与刚性支柱式大体相同，主要区别在于前者的弹性油箱和底盘是结合在一起的整体。若用应变仪进行推力轴承调整时，应先在选定的油箱壁上贴放规定数量的应变片。支座与底盘之间的接触面要均匀。弹性油箱的钢套旋至底面时，应有良好的接触状态。用弹性油箱确定镜板高程和水平时，应考虑各部间隙和油箱本身可能产生的压缩量，为此，安装时需相应提高镜板高程。

3. 平衡块式推力轴承的安装

平衡块式推力轴承的特点是用平衡块代替上述两种轴承的固定支持座或弹性油箱。安装时首先要清理平衡块，并对其棱角上的毛刺和突起进行适当修整，然后将下平衡块一一就位，接着将支柱螺栓分别拧在每个上平衡块上。在三角方向用三个支柱螺栓初调镜板的标高和水平，然后吊装推力头，再将其余支柱螺栓顶靠。其他部件可参照刚性支柱式推力轴承的安装方法。

4.6.2 推力轴承受力的初步调整

上述发电机转子改由推力轴承支撑时，实际上只有已经调整好的 3 块（或 4 块）推力瓦承受了转子重力。其余推力瓦也需调整，以保持主轴的中心位置和垂直度不变，又要使各推力瓦受力均匀一致，以防止个别瓦因负荷过重而烧毁。

当机组轴线初步调整合格后，即可调整推力瓦的受力。

1. 刚性支柱式推力轴承的受力调整

（1）用人工锤击调整受力。如图 4-24 所示，先在每个固定支座和锁定板上做好记号，以便检查支柱螺栓旋转后的上升数值。检查锁定板时，应向同一侧靠近。为监视在调整受力时造成转轮的中心位移，应在水轮机导轴承处，在互相垂直的方向装两只百分表。调整过程中，应注意改善镜板的水平，检查发电机空气间隙和水轮机转轮止漏环间隙，力求中心不变，转动部分不许与固定部分相靠，也不许人在转动部件上工作。其调整步骤如下：

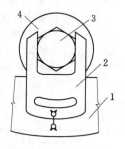

图 4-24 检查支柱
螺栓上升值

1—轴承支架；2—锁定板；
3—支柱螺栓；4—固定
支持座

1）按机组大小选用 12～24 磅大锤（宜选重一点的锤），使锤靠自重下落，均匀地打紧一遍支柱螺栓。

2）检查锁定板记号移动距离，并把每次锤击数和移动距离计入表 4-7 内。

3）酌量在移动多的支柱螺栓上再补打一两锤。

4）对移动少的可不打或在其附近支柱螺栓上补打一两锤，以减轻移动少的负荷。

5）每打一次均按表格要求记录。分析记录，并找出支柱螺栓移动不同的原因，以便于正确地决定下次打锤的方位与锤数。

表 4-7　　　　　　　　　　　　　　　　推力瓦受力调整记录

次数	推力瓦撞击后移动距离 （锤数/连同上次移动距离）								每块瓦每次移动距离 （mm）								水导处百分 表指示数 （0.01mm）	镜板 水平偏差 （0.01mm/m）
	1	2	3	4	5	6	7	8	1	2	3	4	5	6	7	8		

6）在打击的同时，要监视镜板的水平。若发现镜板水平不符合要求或水轮机导轴承处的百分表有移动，则应及时在镜板低的方位适当增加几锤，并在其附近的支柱螺栓上也应较轻或较少的锤数锤击，使镜板保证水平。

7）按上述方法重复调整，直至全部支柱螺栓以同样力锤击一遍后，锁定板的位移差不超过 1～2mm，镜板基本上保持水平时，即认为推力瓦受力均匀。

8）推力轴承受力调好后，应将机组转动部分调整在中心位置。

（2）百分表调整受力。这是目前刚性支柱式推力轴承常使用的调整受力的方法，人工调整受力不精确，轴瓦温差达 5～8℃，用百分表监视受力情况可使轴瓦温差减少 3～5℃。

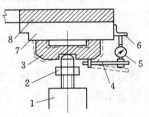

图 4-25　用百分表监视推力
轴承受力情况

1—固定支持座轴承支架；2—支柱螺栓锁定板；3—托盘；4—百分表架；
5—百分表；6—测杆；
7—推力瓦；8—镜板

百分表调整受力方法的实质是测量轴瓦托盘的变形，如图 4-25 所示。镜板传递下来的轴向力，经推力瓦传给托盘，再传到支柱螺栓。托盘是弹性钢料的，受力时其应变与应力成正比。如在托盘下部适当位置焊一方形螺母，将百分表架螺纹端旋入，百分表触头顶在推力瓦的测杆上，百分表则反映托盘的应变情况。其调整步骤如下：

1）在每个托盘同一位置上（图 4-25）布置百分表。

2）顶起转子，使百分表小针对"0"，大针指刻度中间。

3）落下转子，记录每只百分表的读数，列入表 4-8。

表 4-8　　　　　　　　　　　　用百分表调整推力轴承受力记录

托盘（瓦）编号	1	2	3	…	n
百分表读数（mm）	$\Delta\delta_1$	$\Delta\delta_2$	$\Delta\delta_3$	…	$\Delta\delta_n$

4）计算各百分表读数的平均值

$$\Delta\delta_{cp}=\frac{\Delta\delta_1+\Delta\delta_2+\cdots+\Delta\delta_n}{n} \tag{4-17}$$

式中　　　　　　　$\Delta\delta_{cp}$——各百分表平均读数，mm；

$\Delta\delta_1$、$\Delta\delta_2$、…、$\Delta\delta_n$——各百分表读数，mm；

n——百分表个数。

5）计算每个支柱螺栓的旋转角

$$\alpha = \frac{\Delta\delta - \Delta\delta_{cp}}{s} \times 360 \qquad (4-18)$$

式中　α——支柱螺栓的旋转角，（°）；

　　$\Delta\delta$——$\Delta\delta_1$、$\Delta\delta_2$、…、$\Delta\delta_n$，mm；

　　s——支柱螺栓的螺距，mm。

6）再次顶起转子，按式（4-18）计算的旋转角分别旋转各支柱螺栓（α 为正值时应旋低；α 为负值时应旋高），然后各百分表重新对"0"。

7）重复3）～6），经多次调整，使每只百分表读数与平均值之差不大于平均变形值的 $\pm 10\%$。

（3）用应变仪调整受力。用应变仪进行托盘受力的调整，近年来已得到广泛的应用。调整前，先在托盘变形明显的部位贴应变片，再用导线引至应变仪。试验表明，应变片应贴在接近支柱螺栓中心的环向部位，以提高测量的灵敏度。托盘标定和受力调整步骤如下：

1）在托盘上合适的部位贴应变片，如图4-26所示。

2）由于托盘加工和贴片位置的误差，事先应经过受力与应变关系的标定，即将托盘支承在支柱螺栓试件上，试件头部形状与硬度应与支柱螺栓相同，如图4-27所示。

3）根据托盘荷载与应变关系，绘制各托盘受力时的关系曲线。

4）将托盘装在轴承上，吊上镜板，并调好水平，将转动部分重量落在推力瓦上，用应变仪测量并记录各托盘实际变形值。

5）根据各托盘实际应变值，从其荷载与应变关系曲线（图4-28）上求出各个托盘实际载荷值。

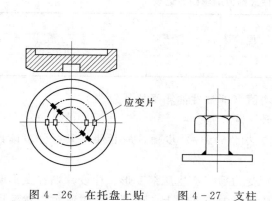

图4-26　在托盘上贴　　图4-27　支柱　　图4-28　托盘载荷与应变关系曲线
　　应变片位置　　　　螺栓试件

6）计算各托盘载荷的平均值。

7）按式（4-17）计算各托盘下支柱螺栓的升、降值。

8）顶起转子，按式（4-18）计算的支柱螺栓升（降）角进行调整。

141

9）再落下转子，用应变仪测量并记录各托盘实际变形值。

10）重复 5）～9），经过多次调整，使各个托盘受力与平均值相差不超过±10％，即认为合格。

2. 液压支柱式推力轴承的调整

调整时，主轴可能处于两种不同状态。一是将整个转动部分落在推力轴承上后，以实际轴线为基准，在十字方向装 4 块上导瓦，单侧间隙留 0.04～0.06mm 或按规定留间隙。转子下部不装导轴瓦，因而没有径向约束，呈自由状态；另一种是将全部转动部分落在推力轴承上后，像第一种情况一样，装好上导轴瓦，使主轴处于垂直状态，装上、下导瓦或水导瓦（或临时导轴瓦），使双侧间隙为 0.1～0.2mm 或留规定间隙，这样主轴上、下受到径向约束，处于强迫垂直状态。对于液压支柱式推力轴承，选定两种状态中任一种进行受力调整都是允许的。下面介绍调整方法。

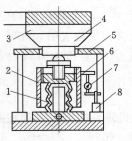

图 4－29　液压支柱式推力
轴承受力调整百分表布置

1—弹性油箱；2—套筒；3—薄瓦；

4—托瓦；5—轴承支架；6—测杆；

7—百分表；8—表座

（1）用百分表调整受力。由于液压支柱式推力轴承是弹性油箱结构，其自调能力很强，故在安装调整时要求不高。当推力轴承承受转动部分荷重后，用百分表监视各瓦高度差或弹性油箱压缩量的偏差（在 0.2mm 以下即可）。调整步骤如下：

1）整个转动部分落于推力轴承上，使主轴处于自由式强迫垂直状态（主轴垂直度在 0.02～0.03mm/m 以内）。

2）旋起弹性油箱套筒，按图 4－29 布置百分表，测杆拧在套筒上，表座吸附在油槽底盘上。

3）使各百分表读数对"0"。

4）顶起转子，记录每只百分表读数变化值（即弹性油箱压缩值），列入表 4－9。

表 4－9　　　用百分表调整液压支柱式推力轴承受力记录

弹性油箱（瓦）编号	1	2	3	…	n
百分表读数变化值（mm）	$\Delta\delta_1$	$\Delta\delta_2$	$\Delta\delta_3$	…	$\Delta\delta_n$

5）按式（4－17）计算各百分表读数平均值（即弹性油箱平均压缩量）。

6）按式（4－18）计算各个支柱螺栓的升（降）角。

接着仍按刚性支柱式用百分表调整受力方法的 6）、7）步骤，最后使每只百分表读数变化相差在 0.2～0.3mm 以内。

（2）用应变仪调整受力的方法。弹性油箱受力后将产生压缩变形。应变片贴在变形明显的部位，如图 4－30 所示；也可以贴在间接变形的应变梁上，如图 4－31 所示。然后用导线把应变片和应变仪接在一起进行测量。

3. 平衡块式推力轴承的调整

平衡块式推力轴承不需作受力调整。将平衡块下部的临时楔子板抽去，则平衡块受力将自行调整。

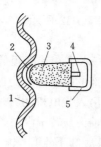

图4-30　在弹性油箱中部贴应变片
1—油箱壁；2—应变片；3—塑料气包；
4—气嘴；5—固定架

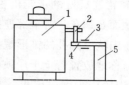

图4-31　在应变梁上贴应变片
1—弹性油箱；2—压杆；3—应变片；
4—应变梁；5—应变梁座

4.7　主　轴　连　接

1. 外法兰连接

悬式发电机主轴与水轮机主轴的连接形式多为外法兰连接。

（1）连接的条件。

1）法兰组合面和联轴螺栓、螺帽已经检查处理合格，并用汽油、无水乙醇或甲苯仔细清扫干净。在联轴螺栓的螺纹与销钉部位涂上一层水银软膏或二硫化钼润滑剂，用白布盖好待用。

2）与转轮组合成一体的水轮机主轴已按原方位就位，主轴法兰面在原标高基础上，下降一法兰止口加2～6mm的高度；止漏环的间隙和主轴法兰面的水平已合乎要求。

3）水轮机的有关大件，如底环、导叶、顶盖、接力器与控制环等均已吊入就位。

4）制动器已加垫找平。

5）可靠、平稳、安全工作平台已搭设。

（2）主轴法兰的连接。连接前两法兰的螺孔要按号对准，再选取直径较小的螺栓在对称方向穿入并拧紧（借助于液压拉伸器）两组螺栓，使转轮均匀对称的提升；也可以使用螺旋千斤顶，导向螺栓在其下面的螺旋千斤顶作用下跟着向上升，使主轴连同转轮缓慢均匀地向上升起，两法兰提靠以后，用扳手拧紧导向螺栓的螺帽，用0.05mm的塞尺检查两法兰面间的间隙应通不过。再按号穿入其他螺栓，并拧紧。为检查螺栓的紧力，拧紧时要测螺栓的伸长。其伸长值可由制造厂供给或根据螺栓许用应力和有效长度进行计算。

2. 内法兰连接

大型伞式机组，其推力轴承装在水轮机主轴上端，

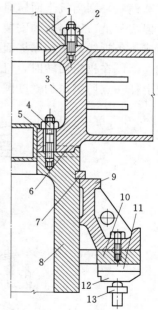

图4-32　内法兰连接
1—副轴；2—副轴连接螺栓；3—转子中心体；4—主轴连接螺栓；5—密封圈；6—十字键槽；7—卡环；8—水轮机主轴；9—推力头；10—镜板；11—薄瓦；12—托瓦；13—支柱螺栓

转子是空心无轴结构。这种结构多采用内法兰连接，如图 4 - 32 所示。

进行内法兰连接时，可有两种不同施工程序。

（1）吊入与转轮连接好的水轮机主轴，找正方位，调好水平，其高程低于设计高程。清扫、检查轴头接触面及螺孔，将全部连接螺杆旋紧在主轴顶部的螺孔内。为保护螺杆上部的丝扣，可用直径小于内法兰圆孔的锥形螺帽旋在螺杆的上部。吊入发电机的转子并找正就位。在转轮的下部均匀对称地放置若干千斤顶，将转轮向上顶，使轴头与转子内法兰止口入位。

若轴头与内法兰用十字键定位，要提前放键入槽。最后卸下锥形螺帽，换上永久螺帽并上紧锁住。

（2）水轮机主轴已按设计高程放置在推力轴承上（推力瓦数由图纸确定）；吊入发电机转子，使其内法兰直接向水轮机轴头靠拢进行连接。这是一种经常使用的方法。

上述这两种施工程序主要区别是靠拢方法不同。

4.8　机组轴线的测量和调整

机组轴线包括：发电机主轴线、发电机与水轮机连轴后总轴线、励磁机整流子及滑环处的轴线。发电机轴与水轮机轴连接后，轴线应为一条直线。

对于立式水轮发电机组，如镜板摩擦面与机组轴线绝对垂直，且组成轴线的各部件无曲折和偏心，则当机组回转时，机组的轴线将和理论回转中心相重合。

但实际上，因制造和安装误差等各种因素的影响，很可能使机组轴线发生倾斜，也可能形成一条折线，镜板摩擦面与机组轴线不会绝对垂直，且轴线本身也不会是一条理想的直线，因而在机组回转时，机组中心线就要偏离理论中心线，如图 4 - 33、图 4 - 34 所示。轴线上任一点所测得的锥度圆，就是该点的摆度圆，其直径 ϕ 称为摆度。

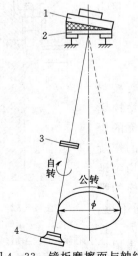

图 4 - 33　镜板摩擦面与轴线
不垂直所产生的摆度圆
1—镜板；2—推力瓦；3—主轴
连接法兰；4—水轮机转轮

图 4 - 34　法兰结合面与轴线
不垂直所产生的摆度圆

如果轴线误差过大，超过允许的误差范围，则转动部分的离心力将会使主轴和轴承均受到额外的负担。周期性交变力的作用会引起机组振动和摆动，进而缩短寿命。机组轴线的好坏综合反应了安装工程的质量，更会直接影响机组今后的运行。因此，在机组安装或大修后，必须采取措施调整机组轴线。

4.8.1 盘车的概念及方法

水轮发电机组主轴的尺寸一般较大，对其轴线的检查与测量工作是既困难又要求精度高。轴线的测量与调整主要是通过盘车来实现的，这是机组安装后期对安装质量进行鉴别的最重要的测量工作。

所谓盘车，就是用人为的方法，使机组转动部分缓慢转动。

在盘车过程中调整机组轴线。如果机组轴线不符合要求，就必须针对它的倾斜及折弯情况进行处理，直到符合要求为止。反复检查、反复调整是盘车的必然过程。

盘车时可用百分表或位移传感器等测量工具来测出有关部位的摆度值，借此来分析轴线产生摆度的原因、大小和方向，并通过刮削有关组合面的方法，使镜板摩擦面与轴线以及法兰组合面与轴线的不垂直得以纠正，使其摆度减少到所允许的范围内。如果制造厂加工精度高，不要求盘车，也可以不进行这项工作。

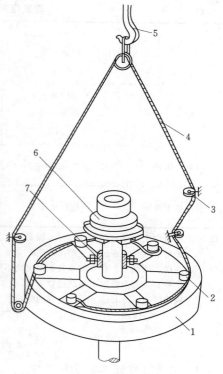

图 4 - 35　机械盘车
1—转动部分；2—盘车柱；3—导向滑轮；
4—钢丝绳；5—起重机主钩；6—推力轴承；
7—导轴瓦

1. **按盘车动力来源不同划分**

（1）人工盘车。用人工推动转动部分，每次转过 45°进行一次测量及记录。

（2）机械盘车。用厂内桥式起重机作动力，经过滑轮，用钢丝绳拉动机组的转动部分，如图 4 - 35 所示，仍然是每转 45°测量一次。

（3）电气盘车。在定子和转子绕组中通直流电，产生电磁力来拖动，对线圈改接后每通电一次使转子旋转 45°。

每个电站可根据具体情况进行选择。一般中小型机组多采用人工盘车方式；大中型机组则多采用机械或电气盘车方式。

2. **按盘车程序和方法上的不同划分**

（1）分段盘车。先检查、调整发电机轴线，当发电机轴线合格后才与水轮机轴相连，再检查和调整水轮机轴线，最后则校验全轴的质量。

（2）整体盘车。先连轴，发电机轴线与水轮机轴线同时检查和调整。

轴线的测量和调整可分段逐次进行，也可一并综合进行。相比之下，分段盘车应用较广；而整体盘车有可能缩短时间，对制造质量较好的机组可能更适用。

4.8.2　发电机轴线的测量

机组的实际轴线总是存在误差的，但必须控制在允许范围以内。对机组轴线的质量要求，标准规定了不同部分全摆度的允许值，见表 4-10。

发电机轴线的测量，是为了检查主轴与镜板的不垂直度，测出它的大小和方向，以便于通过有关组合面的处理，使各部位摆度符合表 4-10 中的有关规定。

表 4-10　　　　　　　　　水轮发电机盘车摆度允许值（双振幅）

轴的名称	测量部位	摆度的允许值				
		额定转速（r/min）				
		100 以下	250 以下	375 以下	600 以下	1000 以下
发电机轴	上导轴颈、下导轴颈、法兰	相对摆度（mm/m）				
		0.03	0.03	0.02	0.02	0.02
	集电环	0.50	0.40	0.30	0.20	0.10
水轮机轴	水导轴颈	相对摆度（mm/m）				
		0.05	0.05	0.04	0.03	0.02
发电机上部轴	励磁机整流子	相对摆度（mm/m）				
		0.40	0.30	0.20	0.15	0.10

注　1. 相对摆度＝绝对摆度（mm）/测量部位至镜板距离（m）。

2. 绝对摆度是指在测点处测出的实际全摆度。

3. 在任何情况下，各导轴承处的摆度均不得大于轴承的设计间隙值。

水导轴颈的全摆度不得超过以下值：

额定转速（r/min）	允许的绝对摆度（mm）
≤250	0.35
250～600	0.25
≥600	0.20

1. 测量前作好以下准备工作

盘车是针对轴上的测点，让主轴逐点转动，用百分表检查轴线情况的过程。前提条件是推力轴承已经安装并调整合格，主轴能在中心位置不变的情况下逐次旋转。盘车前应做以下准备工作。

（1）推力轴承安装完毕并调整合格。推力瓦表面的水平度误差不大于 0.02mm/m，各推力瓦受力均匀一致。

（2）在上导轴颈及发电机轴法兰盘（或下导）处沿圆周划等分线，上、下各部位的等分线应在同一方位上，并按逆时针方向顺次将测点编 1～8 号。

（3）安装推力头附近的上导轴承支架，并对称地装入 4 或 3 块导轴瓦（悬吊型为上导，伞型为下导），调整上导瓦固定主轴中心位置，瓦背支柱螺钉用扳手轻轻拧紧，使瓦与轴的间隙不大于 0.03～0.05mm。

（4）推力瓦面及上导瓦面均用纯净熟猪油（也可用其他动物油或二硫化钼）作润滑剂。猪油需事先熬制并用绢布过滤，均匀一致地涂在轴瓦面上形成一层很薄的油膜。

（5）清除转动部件上的杂物，检查各转动与固定部件缝隙处，应绝对无异物、卡阻和刮碰现象。

（6）装好百分表。盘车发电机轴线时，在上导轴颈和发电机轴法兰处装两层百分表；盘车整体轴线时，在上导轴颈、发电机轴法兰和水导轴颈分三层设置百分表。作为上下两（或三）个部位测量摆度值及互相校核用。每一层均应在相同的高度上，沿 X、Y 轴线各装一只百分表。就不同层次而言，上、下的百分表应对正，处于同一个铅垂平面内，如都在 $+X$ 或 $+Y$ 轴方向上。百分表测杆应紧贴被测部件，且小针应有 $2\sim3\text{mm}$ 的压缩量，大针调到"0"。

（7）准备使转子旋转的工具。在发电机轴法兰盘处推动主轴，应看到百分表指针摆度，证明主轴处于自由状态。

2. 盘车测量与摆度计算

以上准备工作完成后，各百分表应有专人监视与记录，在统一指挥下，使机组转动部分按机组旋转方向徐徐转动，每一次均须准确地停在各等分测点处，同时要解除盘车动力对转动部分的外力影响。再次用手推动主轴，以验证主轴是否处于自由状态，然后通知各百分表监护人员记录各百分表读数。如此逐点测出一圈八个点的读数，并检查第 8 点的数值是否已回到起始的"0"值，若不回"0"值，一般也不应大于 0.05mm。

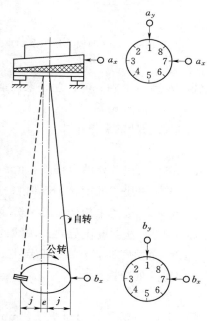

图 4-36　轴线测量关系示意图

以悬式机组为例。如发电机轴线与镜板摩擦面不垂直，当镜板处于水平位置时，轴线将发生倾斜；回转 $180°$ 时，轴线倾斜方向将转到相反方位。轴线测量关系如图 4-36 所示，图中 $1\sim8$ 号（逆时针编号）测点是主轴上的不同方位，四对测点对应为 5—1、6—2、7—3、8—4 点。

图 4-36 中的百分表沿 X 或 Y 轴线顶在外圆面上，如果主轴的实际中心处在理想的中心位置上，则无论轴怎么旋转，百分表的读数都不会变化。反之，在不同测点时如果百分表的读数不相同，则这种变化就说明主轴的实际中心不在理想的中心位置上。由于导轴承存在着间隙，主轴回转时轴线将在轴承间隙范围内发生位移，因此导轴承处的百分表读数反映了轴线的径向位移（即偏心距）e；而法兰处的百分表读数，则是法兰处的倾斜值 j 与轴线位移之和。

为了测记方便，往往在最初的测点位置使百分表对零，以后各测点的读数记为正或负，正数是主轴向外偏移。

（1）全摆度计算。同一测量部位对称两点数值之差，称为全摆度。

1）上导处的全摆度为

$$\phi_a = \phi_a' - \phi_{ao} = e \tag{4-19}$$

式中　ϕ_a——上导处的全摆度，mm；

　　　ϕ_a'——上导处旋转时的百分表读数，mm；

　　　ϕ_{ao}——上导处未旋转时的百分表读数，mm；

　　　e——主轴径向位移，mm。

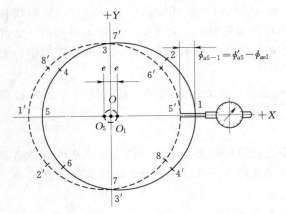

图 4 - 37　轴线测量关系示意图

式（4-19）反映了上导外圆面的摆动是由于实际轴心偏离理想中心造成的。轴心的偏移量是该方向上全摆度的一半。以上导处的 5—1 两测点为例，如图 4 - 37 所示，由于实际轴心不在理想中心 O 上，存在偏心距 e，测点 5 与测点 1 的百分表读数 ϕ_{a5}' 与 ϕ_{ao1} 就不同，则上导处轴心的偏心量为

$$e_{a5-1}=\frac{\phi_{a5-1}}{2}=\frac{\phi_{a5}'-\phi_{ao1}}{2}$$

当然，全摆度和偏心量在四组相对点所代表的方向上可能都存在，且可能各不相同，但其计算方法与上述是一样的。由于轴心对理想中心而言，总是来回摆动的，因而全摆度也可称为"双振幅"。当全摆度为正时，轴心向外偏移。

2）法兰处的全摆度为

$$\phi_b=\phi_b'-\phi_{bo}=2j+e \tag{4-20}$$

式中　ϕ_b——法兰处的全摆度，mm；

　　　ϕ_b'——法兰处旋转 180° 时百分表读数，mm；

　　　ϕ_{bo}——法兰未旋转时的百分表读数，mm；

　　　j——法兰与上导之间轴线的倾斜值，mm。

（2）净摆度计算。同一测点上、下两部位全摆度数值之差，称为净摆度。

如法兰处净摆度为

$$\phi_{ba}=\phi_b-\phi_a=(2j+e)-e=2j \tag{4-21}$$

式中　ϕ_{ba}——法兰处的净摆度，mm。

同理，净摆度也存在四个值，分别为 5—1、6—2、7—3、8—4 方向上，计算方法与上述一样。

（3）轴线的倾斜值计算。轴线的倾斜是针对理想铅垂线而言的，倾斜值为

$$j=\frac{\phi_{ba}}{2} \tag{4-22}$$

因此，只要测出上导及法兰两处各 8 个点的数值，即可算出法兰处最大倾斜值及其方位。当净摆度为正时轴线向外倾斜，如轴线是向 5、6、7、8 点倾斜的（图 4 - 36）。

【例 4.1】　某台水轮发电机单独盘车时，测得上导与法兰处的摆度值见表 4 - 11。试判断发电机轴的倾斜情况。

表 4 - 11　　　　　　　　　　　**发 电 机 盘 车 记 录**　　　　　　　　单位：0.01mm

测量部位	测 点 编 号							
	1	2	3	4	5	6	7	8
上导摆度	1	1	1	0	−1	−2	−1	0
法兰摆度	−12	−24	−19	−11	0	8	−1	−7

解：四对对称测点为 $5-1$，$6-2$，$7-3$，$8-4$。

由式（4-19）得，上导处的全摆度为

$$\phi_{a5-1}=\phi'_{a5-1}-\phi_{ao5-1}=(-1)-1=-2$$

$$\phi_{a6-2}=\phi'_{a6-2}-\phi_{ao6-2}=(-2)-1=-3$$

$$\phi_{a7-3}=\phi'_{a7-3}-\phi_{ao7-3}=(-1)-1=-2$$

$$\phi_{a8-4}=\phi'_{a8-4}-\phi_{ao8-4}=0-0=0$$

由式（4-20）得，法兰处的全摆度为

$$\phi_{b5-1}=\phi'_{b5-1}-\phi_{bo5-1}=0-(-12)=12$$

$$\phi_{b6-2}=\phi'_{b6-2}-\phi_{bo6-2}=8-(-24)=32$$

$$\phi_{b7-3}=\phi'_{b7-3}-\phi_{bo7-3}=(-1)-(-19)=18$$

$$\phi_{b8-4}=\phi'_{b8-4}-\phi_{bo8-4}=(-7)-(-11)=4$$

由式（4-21）得，法兰处的净摆度为

$$\phi_{ba5-1}=\phi_{b5-1}-\phi_{a5-1}=12-(-2)=14$$

$$\phi_{ba6-2}=\phi_{b6-2}-\phi_{a6-2}=32-(-3)=35$$

$$\phi_{ba7-3}=\phi_{b7-3}-\phi_{a7-3}=18-(-2)=20$$

$$\phi_{ba8-4}=\phi_{b8-4}-\phi_{a8-4}=4-0=4$$

分析上述计算结果可知，法兰处的最大倾斜点在"6"点。由式（4-22）得法兰的最大倾斜值为

$$j=\frac{\phi_{ba6-2}}{2}=\frac{35}{2}=17.5$$

若没有其他干扰因素，法兰处所测 8 个点的净摆度值在坐标上应成正弦曲线，并可在正弦曲线中找到最大摆度值及其方位。但实际上常有许多其他干扰致使正弦曲线不规则。当正弦曲线发生较大突变时，说明所测数据不准，应重新盘车测量。

以表 4-11 中法兰处所测 8 个点的净摆度值为例，绘制其坐标曲线，如图 4-38 所示，此曲线基本是正弦曲线，最大摆度在"6"点，其数值 $\phi_{max}=0.35mm$。将图 4-38

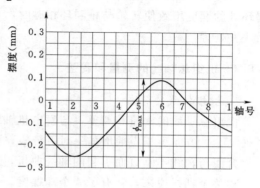

图 4-38　净摆度坐标曲线

中曲线与上述计算结果比较，可看出两者是一致的。

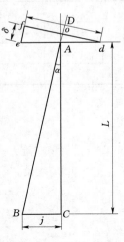

图 4-39　轴线倾斜与
推力头调整的关系

4.8.3　发电机轴线调整原理

如上所述，发电机产生摆度的主要原因是镜板摩擦面与轴线不垂直，而造成这种不垂直的因素有：

（1）推力头与主轴配合较松，卡环厚薄不均。

（2）推力头底面与主轴不垂直。

（3）推力头与镜板间的绝缘垫厚薄不均。

（4）镜板加工精度不够。

（5）主轴本身弯曲。

针对上述原因，我国使用比较成熟的方法是刮绝缘垫。没有绝缘垫的，则刮推力头底面。如图 4-39 所示，因镜板摩擦面与轴线 AB 不垂直，造成轴线倾斜，为了纠正该倾斜值，必须将绝缘垫刮出△efd 这样一个楔形层，楔形层的最大厚度即 $ef=\delta$。

从图 4-39 所示的几何关系不难推出绝缘垫或推力头底面的最大刮削量为

$$\delta=\frac{jD}{L}=\frac{\phi D}{2L} \tag{4-23}$$

式中　δ——绝缘垫或推力头底面最大刮削量，mm；

　　　ϕ——法兰（或下导）处最大净摆度，mm；

　　　D——推力头底面直径，mm；

　　　L——两测点的距离，mm。

当控制轴线位移的导轴承与推力头不是布置在一起时，无论在上或下，式（4-23）依然成立。

计算出最大刮削量及刮削点，即可进行绝缘垫的刮削。当然，修刮绝缘垫以后，还必须再次盘车，以检查轴线调整的实际效果。

有时为了加快安装进度，尽管法兰处的摆度仍不合格，但按比例推算到水轮机转轮止漏环处的摆度不致使转轮与止漏环相碰时，也可提前与水轮机轴连接，待机组总轴线测量后一并处理。

4.8.4　机组总轴线的测量和调整

1. 机组轴线的状态

机组总轴线的测量和调整，与发电机轴线的测量与调整方法基本相同。只是在水导轴颈处 X、Y 方向再相应地增加一对百分表，借以测量水导处的摆度，并计算分析因主轴法兰组合面与轴线不垂直而引起的轴线曲折，以便于综合处理，获得良好的轴线状态。

对整个轴线说来，就有了 3 个净摆度。这 3 个净摆度反应了 3 种轴线倾斜情况：法兰对上导的净摆度，反应的是发电机轴线的倾斜；水导对上导的净摆度，反映的是全轴线的倾斜；水导对法兰的净摆度，反应的是水轮机轴线的倾斜。

机组轴线主要由发电机和水轮机两段轴线组成，由于加工和装配上的误差，它们在空间的倾斜可能是任何方向的，连轴后可能出现以下各种轴线状态（图4-40）。

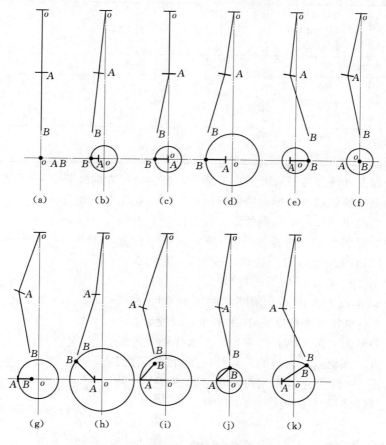

图 4-40 典型轴线曲折状态

（1）镜板摩擦面及法兰组合面都与轴线垂直，总轴线无摆度、无曲折，如图4-40（a）所示（图中 o 表示镜板摩擦面，A 表示法兰组合面，B 表示水导处）。

（2）镜板摩擦面与轴线不垂直，而法兰结合面与轴线垂直，总轴线无曲折，摆度按距离线性放大，如图4-40（b）所示。

（3）镜板摩擦面与轴线垂直，而法兰结合面与轴线不垂直，总轴线有曲折，法兰处摆度为零，水导处有摆度，如图4-40（c）所示。

（4）镜板摩擦面及法兰结合面与轴线不垂直，两处不垂直方位相同或相反或成某一方位角，总轴线有曲折，法兰及水导处均有摆度，如图4-40（d）～图4-40（k）所示。

机组总轴线的测量，可按百分表在 X、Y 方向的指示数，分别记录在表4-12中。

2. 调整机组轴线倾斜的方法

为了检查机组轴线的倾斜情况，可绘制轴线在水平面上的投影图，该方法简单明了，具体步骤如下：

表 4 - 12　　　　　　　　　　机 组 轴 线 测 量 记 录　　　　　　　　单位：mm

测　点		测　点　记　录							
		1	2	3	4	5	6	7	8
百分表读数	上导轴颈 a 法兰盘 b 水导轴颈 c								
相对点		1～5		2～6		3～7		4～8	
全摆度	上导轴颈 ϕ_a 法兰盘 ϕ_b 水导轴颈 ϕ_c								
净摆度	法兰盘 ϕ_{ba} 水导轴颈 ϕ_{ca}								

（1）在平面上画圆并将圆周等分成 8 部分，按逆时针方向标明 1～8 个方位。

（2）略去上导轴颈对理想中心的偏移，认定圆心处即上导轴心 a。

（3）取适当的比例尺，从 a 向外划一段直线，其方向为发电机轴线的倾斜方向，即净摆度 ϕ_{ba} 最大值所在的方向，其长短按该值的大小截取。这样，线段 ba 就代表了发电机轴线净摆度 ϕ_{ba} 在水平面上的投影。

（4）同理，再以 b 为中心，用同样的方法画出直线 cb，用以表示水轮机轴线净摆度 ϕ_{cb} 在水平面上的投影。

例如，上导轴颈的最大倾斜点在 8 点，水导轴颈的最大倾斜点在 7 点，该轴线是倾斜的，且是一条折线，它们的水平投影如图 4－41 所示。由图得出水导轴颈对上导轴颈的净摆度 ϕ_{ca} 在水平面上的投影为 $c'a$，有

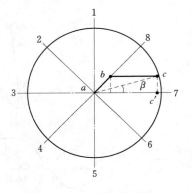

图 4－41　实际轴线的图示

$$\phi_{ca} = \phi_{ba}\cos 45° + \phi_{cb} \qquad (4-24)$$

不论总轴线曲折情况如何，只要法兰及水导处摆度均符合规定即可。如果轴线曲折很小，而摆度较大，可采用刮削推力头底面或绝缘垫的方法来综合调整。只有在用上述方法处理仍达不到要求时，才处理法兰结合面。

水导轴颈处的倾斜值为

$$J_{ca} = \frac{\phi_c - \phi_a}{2} = \frac{\phi_{ca}}{2} \qquad (4-25)$$

式中　　J_{ca}——水导轴颈处的倾斜值，mm；

　　　　ϕ_c——水导处的全摆度，mm；

　　　　ϕ_a——上导处的全摆度，mm；

　　　　ϕ_{ca}——水导处的净摆度，mm。

刮削绝缘垫或推力头底面的最大厚度为

$$\delta = \frac{J_{ca}D}{L_1 + L_2} = \frac{J_{ca}D}{L} = \frac{\phi_{ca}D}{2L} \qquad (4-26)$$

式中　　δ——推力头或绝缘垫最大刮削厚度，mm；

L_1——上导测点至法兰盘测点的距离，mm；

L_2——水导测点至法兰盘测点的距离，mm；

L——上导测点至水导测点的距离，mm；

其他符号同前。

处理法兰结合面时，需刮削或加斜垫的最大厚度为

$$\delta_\varphi=\frac{J_c D_\varphi}{L_2}=\frac{D_\varphi}{L_2}(J_{ca}-J_{cba})=\frac{D_\varphi}{L_2}\left(J_{ca}-\frac{J_{ba}L}{L_1}\right) \tag{4-27}$$

式中　δ_φ——法兰结合面应刮削或垫入的最大厚度，mm；

J_c——由法兰结合面与轴线不垂直造成水导处的曲折倾斜值，mm；

D_φ——法兰盘直径，mm；

J_{cba}——由法兰处倾斜值成比例放大至水导处的倾斜值，mm；

J_{ba}——法兰处实际倾斜值，mm。

当 δ_φ 为正值时，该点法兰处应加金属垫，或在其对侧刮削法兰结合面；当 δ_φ 为负值时，则该点应刮削法兰结合面。

【例 4.2】　某台大型的悬式机组，镜板外径 $D=1.6\text{m}$，发电机轴长 $L_1=4\text{m}$，水轮机轴长 $L_2=3\text{m}$，法兰外径 $d=1\text{m}$，机组额定转速为 150r/min，连轴后进行轴线检查，$+X$ 轴方向的盘车记录见表 4-13。

表 4-13　　　　　　　　　　　　　　　　$+X$ 轴方向的盘车记录　　　　　　　　　　单位：0.01mm

测　点		1	2	3	4	5	6	7	8
百分表读数	上导 a	−4	−3	−2	0	−2	−2	−6	−8
	法兰 b	−4	−21	−28	−18	−17	−13	−18	−8
	水导 c	−3	−10	−29	−10	−11	+9	+20	+13
相　对　测　点		5−1		6−2		7−3		8−4	
全摆度计算值	上导 ϕ_a	−2		−1		+4		+8	
	法兰 ϕ_b	+13		−8		−10		−10	
	水导 ϕ_c	+8		−19		−49		−23	
净摆度计算值	法兰—上导 ϕ_{ba}	+15		−7		−14		−18	
	水导—上导 ϕ_{ca}	+10		−18		−53		−31	
	水导—法兰 ϕ_{cb}	−5		−11		−39		−13	

解：由于上导轴颈的摆度很小，偏心量可以忽略，根据转速 150r/min 查表 4-10 求得：

上导轴颈处的允许全摆度为

$$[\phi]_a=0.03(\text{mm})（即为相对值）$$

法兰处的允许全摆度为

$$[\phi]_b=0.03\times L_1=0.03\times4=0.12(\text{mm})$$

水导轴颈处的允许全摆度为

$$[\phi]_c=0.05\times(L_1+L_2)=0.05\times(4+3)=0.35(\text{mm})$$

根据全摆度和净摆度的定义，将机组轴线的实际计算结果列入表 4-13。由表 4-13

可得出各部位在不同方向上的全摆度最大值如下：

上导轴颈处

$$\phi_{a8-4} = +0.08\text{mm} > [\phi]_a = 0.03(\text{mm})$$

法兰处

$$\phi_{b5-1} = +0.13\text{mm} > [\phi]_b = 0.12(\text{mm})$$

水导轴颈处

$$\phi_{c7-3} = -0.49\text{mm}（取绝对值） > [\phi]_c = 0.35(\text{mm})$$

上述计算结果表明该机组轴线不符合要求，需调整。

轴线检查的结果，可用表 4-13 的格式表达。除记录百分表读数以外，表中的计算符合"后减前、下减上、正偏外"法则。"后减前"是指全摆度的计算，用 5、6、7、8 点的百分表读数，减去 1、2、3、4 点的百分表读数；"下减上"是指净摆度的计算，用位置较低处的全摆度减去位置较高处的全摆度；"正偏外"是对偏移及倾斜方向的判别，都是针对 5、6、7、8 点而言的，当全摆度为正时，轴心向外偏移，当净摆度为正时，轴线向外倾斜。

4.8.5　励磁机整流子摆度的测量和调整

当机组总轴线将要调好或已经调好时，把励磁机电枢装于轴端，在整流子 X、Y 方向装 2 只百分表进行测量。如整流子处的绝对摆度超过允许值，可在励磁机法兰组合面加金属楔形垫进行调整，加垫厚度为

$$\delta_d = \frac{D_3}{L_3} j_3 \tag{4-28}$$

式中　　δ_d——励磁机法兰组合面最大加垫厚度，mm，该值为正时该点法兰处应加垫；

D_3——励磁机法兰组合面直径，mm；

L_3——励磁机法兰组合面至整流子测点的距离，mm；

j_3——整流子处轴线倾斜值，mm。

4.8.6　自调推力轴承的轴线测量和调整

自调推力轴承不仅能调节各推力瓦的受力，而且还能自动调节因镜板摩擦面与轴线不垂直而产生的部分倾斜，从而有利于减少机组运行中的摆度及振动。

对于自调性能较好、灵敏度较高的弹性推力轴承，若事先将推力头与镜板间的绝缘垫经过刮平处理（或取消绝缘垫），则盘车及运行时的摆度均很小，能够满足机组长期运行的要求。但目前许多安装工地，为了提高安装质量，增加推力轴承自调灵敏度，确保机组运行的稳定性，对具有自调推力轴承的机组，仍然照例进行轴线调整。

1. 平衡块式自调推力轴承的轴线调整

通常在平衡块两侧，用临时楔子板将其调平、垫死。按上述刚性推力轴承方式进行轴线测量和调整，合格后再把临时楔子板拆除，使其恢复自调能力。

2. 液压自调推力轴承的轴线调整

用测量镜板摩擦面外侧上、下波动值来代替轴线的测量，其方法如下：

（1）将上、下两部导轴承抱住，轴瓦单侧间隙控制在 0.05～0.08mm 以内。

（2）在镜板摩擦面外侧 X、Y 方位各装 1 只百分表。

（3）盘车测定镜板摩擦面上、下波动值，其值不应超过 0.2mm。超过时，可刮削相应的绝缘垫或推力头底面。

也可把液压弹性箱的钢套旋下作支承，使弹性箱变成刚性，按刚性推力轴承进行轴线测量和调整，合格后再把钢套旋上，使其恢复弹性自调作用。

4.9　导轴承的安装和调整

当机组盘车及推力瓦受力均合格后，可安装各部导轴承（即水导、上导与下导），并调整好导轴瓦的间隙。

导轴承安装前，首先调整整个转动部分的中心，使发电机气隙和水轮机止转轮漏环间隙均匀。然后在下止漏环间隙中沿十字方向打入小铁楔条，将转轮固定。导轴承调整应使其双侧间隙符合设计要求，各部导轴承必须同心。

因制造和安装的误差，机组摆度只能处理到一定程度，实际上机组中心线和旋转中心线是不重合的。吊装水轮机转动部分和吊装发电机转子时，都是把它们放在理想的中心位置上的，但盘车过程中多次纠正轴线，而且不断地推着转动部分旋转，机组轴线符合要求了，它的位置却可能发生了变化。这就需要重新检查转动部分的实际位置，再一次将它移到理想中心并固定下来。

在调整导轴承间隙时，其中心应是机组旋转的理想中心，转动部分的理想中心也就是固定部分的中心位置，检查转动部分四周的间隙大小，即可判明它是否发生了偏移。须根据设计间隙、盘车摆度及主轴位置进行。调整的顺序可先调水导，后调上导、下导，也可同时进行。

1. 检查发电机的气隙

按要求，发电机四周气隙应均匀一致，最大偏差不得大于平均气隙的±10％。检查时需用木楔和游标卡尺，在每一个磁极的顶部，从上、下两方向都进行气隙测量，最后计算气隙的平均值及最大偏差。

2. 检查水轮机转轮的间隙

水轮机转轮四周的间隙，混流式是止漏环间隙，轴流式是轮叶端部的间隙。按要求应该四周均匀一致，最大偏差不得大于平均间隙的±20％。

（1）轴流式水轮机，其轮叶端部的间隙可用塞尺检查，但需对每一片轮叶测量 3 点，即它的进水方向、出水方向以及轮叶中部各测一点，这样才能比较准确地反映实际情况。

（2）混流式水轮机，其上、下止漏环的间隙，在可能的情况下仍用塞尺检查，圆周上应多测几点，如测 8 点或更多。对于中小型机组，若尺寸太小而不便于用塞尺测量时，可以用图 4-42

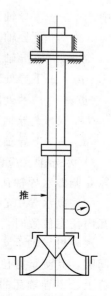

图 4-42　转轮间隙检查

所示的方法检查止漏环。在水导轴颈处装设两支百分表，使两支表处于互相垂直的方向上并调好零位。正对一支百分表用力推动主轴，到转轮与固定部分接触推不动为止，记录该百分表的读数。然后放松，让主轴回到原位置，此时两支百分表都应回到零位。读记的百分表读数可看作该方向上转轮与固定部分之间的间隙。再沿反方向以及另一支百分表的正、反方向推主轴，就可以测得 4 个方向上转轮间隙是否均匀一致。

此时转动部分仅在推力头处受推力轴承和上导轴承支撑，上导轴瓦还有一定间隙。由于实际轴线是倾斜的，下导轴瓦、水导轴瓦的实际间隙，推动主轴时它很容易偏转，而放松以后它会回到原位。如果在偏转的同时发生了平移，则两支百分表将不能回零，这很容易发现并纠正已有的读数。

3. 导轴瓦应调间隙计算

（1）以上导中心为机组中心调各部导轴承。对悬吊型水轮发电机组，由于上导轴颈的摆度很小，偏心量可以忽略，因此上导轴颈的转动中心可以看成是理想中心（轴线中心偏差 $e = 0$），上导轴瓦的实际间隙也就等于设计间隙，而且四周均匀一致。其轴承间隙计算如下：

1）上导轴瓦应调间隙计算值为

$$\delta_a = \delta_a' = \delta_{ao} \qquad (4-29)$$

式中　δ_a——上导轴瓦应调间隙，mm；

　　　δ_a'——上导轴瓦相对侧应调间隙，mm；

　　　δ_{ao}——上导轴瓦单侧设计间隙，mm。

2）下导轴瓦应调间隙计算值为

$$\delta_b = \delta_{bo} - \frac{\Phi_x}{2} = \delta_{bo} - \frac{L_b \Phi_f}{2L_1} \qquad (4-30)$$

$$\delta_b' = 2\delta_{bo} - \delta_b \qquad (4-31)$$

式中　δ_b——下导轴瓦应调间隙，mm；

　　　δ_b'——下导轴瓦相对侧应调间隙，mm；

　　　δ_{bo}——下导轴瓦单侧设计间隙，mm；

　　　Φ_x——下导处净摆度，mm；

　　　Φ_f——法兰处净摆度，mm；

　　　L_b——上导轴瓦中心至下导轴瓦中心距离，mm；

　　　L_1——上导轴瓦中心至法兰处的距离，mm。

3）水导轴瓦应调间隙计算值。根据在水导处的盘车摆度和机组中心偏移值（$e \neq 0$），计算并调整水导轴瓦的间隙。

（2）以水导中心为机组中心调各部导轴承。当水轮机导轴承与止漏环同心，而主轴在轴瓦内任意位置时，则发电机上、下导轴瓦间隙应按水轮机导轴瓦实测间隙来确定。

水轮机导轴承实测间隙最好以顶轴方法测量，用百分表测出水导 8 个或 4 个方向的实际间隙，其测量方位应和发电机下导轴瓦的位置对应。然后按式（4-32）～式（4-36）计算上、下导轴瓦的间隙。

1）上导轴瓦应调间隙计算值为

$$\delta_a = \delta_c + \frac{\Phi_s}{2} - (\delta_{co} - \delta_{ao}) \tag{4-32}$$

$$\delta_a' = 2\delta_{ao} - \delta_a \tag{4-33}$$

2）下导轴瓦应调间隙计算值为

$$\delta_b = \delta_c + \left(\frac{\Phi_s}{2} - \frac{\Phi_x}{2}\right) - (\delta_{ao} - \delta_{bo}) \tag{4-34}$$

或

$$\delta_b = \delta_c + \left(\frac{\Phi_s}{2} - \frac{\Phi_x}{2}\right) - (\delta_{co} - \delta_{bo}) \tag{4-35}$$

$$\delta_b' = 2\delta_{bo} - \delta_b \tag{4-36}$$

式中　δ_c——水导轴瓦实测间隙，mm；

Φ_s——水导处净摆度，mm；

δ_{co}——水导轴瓦设计间隙，mm；

其他符号意义同前。

若上、下导轴瓦结构位置不在同一方位时，调瓦还要酌量修正其错位的影响。

4. 将转动部分推到理想中心并加以固定

悬式机组，发电机的上、下导轴承都是分块瓦式结构；水轮机导轴承则可能有分块瓦和筒式轴瓦两种情况。一般说来，分块瓦式导轴承安装比较简单，先装入轴承油箱、轴瓦支架等，最后装入导轴瓦再调整其间隙。而筒式导轴承必须在刮瓦的同时就进行预装配，最后装在水轮机顶盖上，而且调整其四周的间隙。

导轴承是用来稳定主轴转动中心的，运行时它会承受径向力。导轴瓦与主轴轴颈之间要形成一层油膜，靠这层油膜传力并且润滑和散热，因此导轴瓦必须保证一定的间隙。导轴瓦间隙太大，不能稳定转动中心，主轴的摆度就必然很大；而导轴瓦间隙也不能太小，太小会不能形成油膜，使轴瓦发生半干摩擦甚至干摩擦而烧损。

对中小型机组而言，对导轴瓦单侧设计间隙的基本要求：上导轴承 0.05～0.08mm，下导轴承 0.08～0.12mm，水导轴承 0.15～0.25mm。其中下限用于转速较高的机组，而上限用于转速较低的机组。各制造厂往往对机组作了具体规定，安装时应遵照厂家要求调整。

经过复查，如果实测的间隙大小不均匀，则应综合上、下各部位的间隙情况，决定转动部分应该移动的方向和大小。再用调整上导轴瓦的方法将转动部分推到理想中心去。为了确实掌握移动的距离，应在水导轴颈处设百分表来监视。

确信转动部分位置正确以后，即可最后安装上导轴承的其余轴瓦，调好间隙并加以固定。同时可在水轮机转轮四周加楔子，或者点焊几点予以固定。

另外，对伞式机组，由于推力轴承安装在下机架上，因此，上、下导轴承的工作条件进行了互换，计算轴瓦间隙的公式也要作相应的互换，然后再进行计算。

对采用液压自调推力轴承的机组，由于液压自调推力轴承有很好的自调性能，因此，各部导轴承间隙可按设计值平均分配，不考虑摆度。如果主轴不在中心，仅从平均值中减去偏心即可。

导轴承调整前，先检查其绝缘，并在瓦面上涂透平油保护，按编号放在油槽绝缘托板上。轴瓦调整应由两人分别在两侧同时进行，并用百分表监视，主轴不应变位。

调整时，用两只小千斤顶，在瓦背两侧把瓦顶靠轴颈，然后调整支持螺钉球面与瓦背的间隙使其符合设计值，再把支持螺钉的螺母锁住，再次复查间隙，无变化后，即可进行下块瓦的调整。所有瓦均调整好后，再安装轴承其他零部件。

习　题

4.1　悬式水轮发电机安装的基本程序是什么？

4.2　为什么要进行定子组装？定子的组装程序如何？

4.3　发电机定子安装应满足哪些要求？如何测量和调整定子的高程、中心位置、水平度及垂直度？

4.4　对发电机定子的基础板有哪些要求？如何安装基础板？

4.5　发电机转子由哪些部分组成？对磁轭和磁极的基本要求是什么？

4.6　如何挂装磁极？

4.7　吊入发电机转子之前应作好哪些准备工作？

4.8　发电机转子吊入以后，如何测量和调整它的位置？

4.9　怎样检查和调整推力瓦的水平度？

4.10　如何调整推力瓦的受力？保证各轴瓦受力均匀而原有水平度不变？

4.11　什么叫盘车？有何重要性？盘车有哪些方式？

4.12　盘车前应作好哪些准备工作？

4.13　全摆度的定义？如何计算？它反映什么问题？

4.14　净摆度的定义？如何计算？它反映什么问题？

4.15　轴线如何用图示方法表示？举例说明。

4.16　怎样判定实际轴线是否符合要求？

4.17　纠正轴线的方法有哪两种？如何计算对绝缘垫或法兰面的刮削量？

4.18　如何判别盘车数据的可靠与否？

4.19　什么情况下应计算全摆度或净摆度的实际最大值？如何计算它的大小和方向？

4.20　机组的转动部分如何"推中"？

4.21　对导轴瓦间隙的基本要求是什么？

4.22　如何决定各导轴承的轴瓦间隙？

4.23　怎样测量和调整分块瓦式导轴瓦的间隙？

4.24　主轴未经过"推中"的，各导轴承的轴瓦间隙如何计算？

第5章

卧式机组的安装

学 习 提 示

内容： 卧式机组的类型；卧式机组的安装特点；卧式混流式水轮机安装；贯流式水轮机安装；卧式发电机安装；卧式机组轴线的测量与调整。

重点： 卧式混流式水轮机安装；卧式发电机安装；卧式机组轴线的测量与调整。

要求： 了解卧式机组的类型；卧式机组的安装特点；熟悉贯流式水轮机的安装；掌握卧式混流式水轮机安装，卧式发电机安装，卧式机组轴线的测量与调整。

卧式机组轴线呈水平布置，通常水轮机装在轴线的一端（常称为后端），而发电机则装在轴线的另一端（前端），它们的主轴直接连成一体并共同旋转。与立式水轮发电机组相比，卧式机组一般结构上相对简单，尺寸较小但转速更高。这类机组主要包括小型混流式、贯流式和冲击式机组。

卧式混流式和冲击式机组的主要部件均布置在厂房地平面以上，安装、运行和维护、检修均较方便，使厂房结构大为简化。贯流式整个机组均布置在水下，因其布置和结构的特殊性，使得安装、运行和维护很不方便。

5.1 卧式机组的类型

对于卧式机组，由于其尺寸小、转速高，转动部分的转动惯量常常不大，为此常在主轴上加装一个相当大的飞轮。由于主轴是水平安放的，总得有两个或更多的轴承座来支撑主轴，其径向轴承（导轴承）多采用由上下两半组成的筒式轴承。对于反击式卧式水轮机，还必须设有推力轴承来承受轴向水推力。但是，飞轮的位置不同，轴承座的个数和布置可以有不同的情况，最基本的分类如图5-1所示。按轴承座的个数不同，机组可分为以下几种类型。

1. 四支点机组

如图5-1（a）所示，水轮机和发电机各有两个轴承座支撑，飞轮布置在水轮机轴的中段，装在径向推力轴承与第一个径向轴承之间，水轮机轴与发电机轴由法兰或联轴器连接。就整个机组而言，转动部分由四个径向轴承支撑，因而称为四支点机组。

水轮机和发电机单独安装之后，调整机组轴线在一条直线上。如果不连轴，则水轮机、发电机都可以单独安装定位。

2. 三支点机组

如图 5-1（b）所示，飞轮布置在水轮机和发电机之间，两根轴通过飞轮连成整体，机组转动部分只需三个轴承座就能支撑，称为三支点机组。

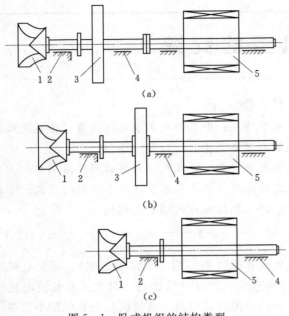

（a）

（b）

（c）

图 5-1　卧式机组的结构类型
(a) 四支点机组；(b) 三支点机组；(c) 两支点机组
1—水轮机；2—径向推力轴承；3—飞轮；
4—径向轴承；5—发电机

三支点机组中发电机可单独安装定位，但水轮机主轴是不能独立定位的。

3. 两支点机组

如图 5-1（c）所示，将发电机轴延长，将水轮机转轮安装在轴的端部，整个机组仅有一根主轴，只需要两个轴承座支撑，称为两支点机组。

比较以上几种机组布置型式可看出，两支点机组结构最简单，主轴长度也最短，但是推力轴承受轴的长度限制，设计和安装都比较困难，它最适合没有轴向水推力的水斗式机组；四支点机组的轴线最长，制造和安装较简单，小型机组采用得最多；容量较大的机组，缩短轴线长度成了重要问题，因此往往采用三支点的形式，但三支点机组主轴要在飞轮处连接，制造和安装的难度加大。

5.2　卧式机组的安装特点

与立式机组类似，卧式机组仍由转动部分、固定部分和埋设部分这三部分组成。从安装工程看，还是先安装埋设部件，再组装并吊入转动部分，同样要调整轴线，最后装入附属装置。

但是，卧式机组的布置和结构与立式机组有很大的差异，部分部件的安装工艺有其特殊的方法，考虑到问题更复杂，安装要求也更高。在安装过程中要注意以下特点。

1. 埋设部分安装

卧式机组的埋设部件，如卧式混流式机组的埋设部件包括蜗壳、尾水管、轴承座、发电机底座；水斗式机组的机座、轴承座、发电机底座等，都是在厂房内成水平方向布置的，安装时除了控制高程以外，更重要的是保证平面位置正确，尤其是各部件的相对距离要符合要求。

对于卧式混流式机组，水轮机蜗壳、座环常做成一体，作为安装工程的基准件；卧式水斗式机组则以水轮机机座作为基准件。当然，基准件必须首先定位并保证位置的高精度。

2. 机组的安装高程和轴线方位

卧式机组都以机组轴线高程作为安装高程，而水轮机、发电机在轴线方向布置。因此，机组安装过程中首要的问题是确定机组轴线，一般都要用标高中心架、求心架等拉出钢琴线来具体表达轴线。要确保轴线高程和平面方位符合要求。

3. 特殊要求

转动部件安装后轴线的自由挠度，对同心度的影响；发电机受热伸长对轴向安装尺寸的影响，在有关部件安装中不容忽视。导轴承不但有导向作用，而且承受比立式机组更高的单位载荷，对刮研的质量要求更严格，发电机转子与定子的组装则要求有配重。

尽管如此，卧式机组安装中某些工艺方法与立式机组的安装还有相似之处，如安装准备工作，埋设部分的安装和二期混凝土的浇注，部件水平、标高、中心的找正方法等。

下面主要介绍卧式混流和贯流机组的特殊安装工艺。

5.3 卧式混流式水轮机组安装

5.3.1 结构特点

以四支点卧式混流水轮机为例，其结构如图 5-2 所示。其特点如下：

（1）金属蜗壳通常与座环铸（焊）成整体，并与导水机构组装成整体。带有底座和地脚螺栓，蜗壳的进口通过直角弯管与压力钢管的水平段相接。

（2）采用弯曲形尾水管。尾水管的弯管段在厂房地面以上，进口法兰与水轮机后端盖相连，而出口法兰与直立的尾水管直锥段相连。直锥段埋设在地面以下，直通尾水渠。

（3）座环的内腔由前、后端盖封闭，形成导叶和转轮的工作空间。主轴从前端盖中间穿出，两者之间设有主轴密封装置。密封装置一般用迷宫型结构，小型机组也有用填料涵的。

（4）转轮悬臂式固定在主轴末端，多数机组用法兰、螺栓连接；小型机组也有用锥面配合，加上螺母锁紧固定的。

（5）活动导叶装在座环以内，前、后端盖之间。其传动机构和控制环装在前端端盖外侧（也有在后端盖以外的），控制环通常作摇摆运动来带动每一个导叶，只设一根推拉杆。尺寸较大的则用两根推拉杆，控制环作定轴的转动。

（6）水轮机主轴的中部安装飞轮，主轴前端通过法兰或联轴节与发电机主轴连接。飞轮前后侧各有一个轴承座支撑，其中紧靠蜗壳的是径向推力轴承。径向轴承是上下两半的筒式结构，而推力轴承则是分块瓦式的，多数用 8 块推力瓦承受推力盘传来的轴向力。

5.3.2 安装程序

卧式混流式水轮机的安装程序，会因结构不同而变化，但基本程序如下：

（1）埋设尾水管直锥段。

（2）蜗壳连同弯管、压力管水平段的埋设。

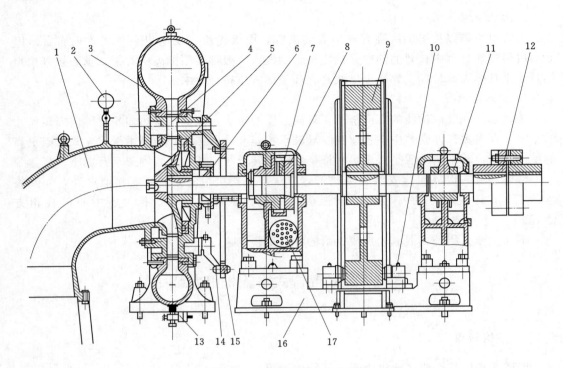

图 5-2　卧式混流式水轮机

1—尾水管；2—真空表；3—蜗壳；4—活动导叶；5—转轮；6—主轴密封装置；7—径向推力轴承；
8—推力盘；9—飞轮；10—制动器；11—径向轴承；12—连轴节；13—排水阀；
14—拐臂；15—控制环；16—轴承座板；17—冷却器

（3）导水机构预装配。

（4）转动部分的组合、检查。

（5）安装轴承座、轴瓦研刮。

（6）水轮机正式安装。

（7）与发电机连轴，轴线检查及调整。

（8）安装附属装置。

（9）机组启动试运行。

其中转动部分的组合、检查，导水机构的预装配和正式安装，主轴密封装置等的安装等，都与立式机组相近。而尾水管、蜗壳、轴承底座的埋设、轴承座的安装、轴瓦间隙的调整等项工作则与立式机组明显不同。

1. 埋设部分的安装

卧式混流式机组的埋设部分包括主阀、伸缩进水弯管，通常把这几件组合成一体，吊装就位后进行一次性调整。调整合格后，加以固定，浇注二期混凝土。要严格保证进水弯管上水平法兰面的水平度，因为它是蜗壳安装的基准，中心位置的偏差要满足要求。

2. 蜗壳与尾水管的安装

容量和尺寸比较大的卧式混流水轮机，为了便于施工，总是先埋设尾水管直锥段，再安装蜗壳、直角弯管以及压力管道水平段。但必须在尾水管的弯管段与直锥段之间增加凑合节，为水轮机的完全组合提供调整的条件。

容量和尺寸较小的机组，则是先安装蜗壳等进水部分，再安装尾水管；或者把尾水管与蜗壳等组合起来一次性地安装定位。

以先安装蜗壳后安装尾水管的情况为例，其安装调整工作如下：

（1）准备工作。

1）在机坑中设标高中心架，用钢琴线拉出 X、Y 轴线。将 X 轴线的高程调整为安装高程，即机组的轴线。严格控制钢琴线的位置精度，最后以它为准调整蜗壳的位置。

2）设垫板、基础板，准备地脚螺栓及临时性支架，如图 5-3 所示。其中地脚螺栓可有两种处理方法：一是先留地脚螺栓孔，蜗壳等安装就位后再浇注二期混凝土；二是先安装就位，将地脚螺栓点焊在前期预留的钢筋上，再一次性浇注混凝土。至于临时性支架、支撑横梁等，则视机组的具体情况准备。

3）清理需安装的工件，检查结合面质量以及连接螺栓配合情况。在蜗壳前、后法兰的端面上准备铅直及水平轴线的标记等。

（2）吊入并组合。在埋设部分的二期混凝土养生合格后，将压力管水平段、进水弯管、蜗壳依次吊入并组合起来，压力管水平段必须与事先安装的进水阀、伸缩节等对正，此时伸缩节不压紧，只对正方向。为了保证连接质量，减少调整工作量，也可以与进水阀、伸缩节等连成整体一次调整。

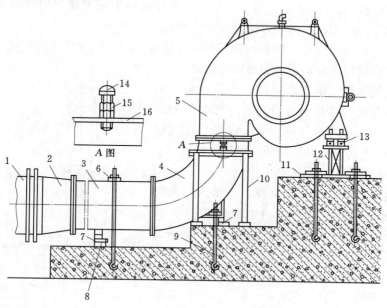

图 5-3　蜗壳、弯管、压力管水平段安装

1—压力钢管；2—伸缩节；3—钢管水平段；4—弯管；5—蜗壳；6—压梁；
7—楔子板；8—垫板；9—地脚螺栓；10—支架；11—垫板；12—支架；
13—可调整楔形板；14—球头螺栓；15—螺母；16—弯管法兰

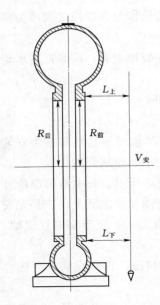

图 5－4　蜗壳位置找正

（3）位置调整。对蜗壳安装的质量要求主要有：轴线的平面位置误差不大于 5mm；轴线的高程误差 0～8mm；轴线的水平度误差不大于 0.06～0.1mm/m。

如图 5－4 所示，用内径千分尺加耳机，测量蜗壳前、后盖法兰止口的四周半径，若每一个止口处上下、左右的半径都相等，蜗壳实际轴线的平面方位和高程就必然符合要求，否则应根据实测情况对蜗壳位置进行调整。当然，在初步定位时可以用钢板尺测量。

由于前、后止口的内圆面与端面垂直，内圆面及其轴线的水平度误差也即是端面的垂直度误差。为此，可以实测端面的垂直度并加以调整，从而保证止口内圆面的水平度符合要求。粗调时如图 5－4 所示，在蜗壳以外悬挂铅垂线，用钢板尺测量法兰面上、下方到铅垂线的距离，通过调整使上下距离相等。

精调时可以用框形水平仪或吊线电测法，具体如下：

1）框形水平仪法。用框形水平仪直接靠在蜗壳的法兰面上测量，通过主水准泡读出其垂直度误差。框形水平仪应原地调头，以两次读数的平均值为准，精度可达到 0.02～0.04mm。

2）吊线电测法。在靠近法兰面上、下两点处悬吊一根钢琴线，用听声法测量上、下两点分别到钢琴线的距离，这种方法精度可达到 0.02mm/m。

在调整蜗壳位置的同时，应检查和调整压力管水平段与伸缩节等的对正情况，在两方面都符合要求后进行充分锚固，最后浇注混凝土。

（4）安装尾水管。蜗壳调好后，为防止装尾水管及浇二期混凝土时使蜗壳变位，要对已调好的蜗壳进行临时加固，才能吊装尾水管。蜗壳找正并锚固以后即可安装尾水管。

如图 5－5 所示，在尾水渠内用方木搭设支架，吊入尾水管直锥段并以楔子板支撑。再吊入尾水管弯管段，通过位置调整与蜗壳及直锥段连接成整体。这一过程中对尾水管位置的调整绝不能影响已调整好的蜗壳。在尾水管调整过程中，要靠钢支架和拉紧器承受其重量。至于混凝土的浇注，可以分两次进行，也可以装完尾水管后一次性浇注，但都必须四周均匀、逐层上升，要严密监视蜗壳的垂直度。

3. 轴承座及底座的安装

卧式机组的轴承座，一般都经过底座再安装在地基上。安装时先使底座定位，再装入轴承座作进

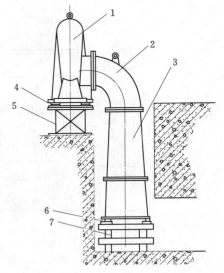

图 5－5　尾水管安装

1—蜗壳；2—尾水管弯管段；3—直锥段；4—楔子板；5—支架；6—楔子板；7—方木

一步的调整，轴承座的最后定位则是在盘车过程中完成的。底座和轴承座的初步安装定位，都是以机组轴线（即已安装的蜗壳的轴线）为准来进行的。

四支点机组一般有两个底座，水轮机的底座安装两个轴承座，以及飞轮护罩、制动器等。发电机的底座则安装发电机定子及两个轴承座。三支点机组可能只设一个底座，将发电机和三个轴承座都装在上面。无论机组有一个或两个底座，最好一次性安装就位，有利于保证安装精度。

（1）轴承座安装的质量要求。

1）轴承座之间以及轴承座对机组轴线的同轴度误差，不得大于 0.1mm。

2）轴承座的水平度误差，在轴瓦表面测量，或者在结合平面上测量。轴线方向不大于 0.1mm/m，横向方向不大于 0.2mm/m。

3）轴承座在轴线方向的位置误差不大于 5mm。

（2）蜗壳轴线的测量与调整。蜗壳已经安装定位，它的实际轴线也就是机组将来的轴线。为了安装轴承座、发电机定子等，都必须把蜗壳的实际轴线测量并且表达出来。

待蜗壳的二期混凝土养生到一定强度后，拆下尾水管弯管段，在蜗壳后端法兰面上安装求心架，在发电机端的地基上竖立支架和滑轮，利用重锤拉出钢琴线，如图 5-6 所示。求心架和滑轮见图 5-7，求心架与立式机组用的求心器类似，绝缘棒中心的小孔用以穿过钢琴线，它可以在上下、左右四个方向移动以便调整钢琴线位置。钢琴线的另一端经滑轮悬挂重锤，滑轮又由车床刀架支承在支架上，同样可以在上下、左右作位置调整。以座环内镗孔为基准，用内径千分尺加耳机，分别测量蜗壳后、前两个止口内圆的四周半径，从而调整钢琴线两端的位置，直到四周的半径相等，则钢琴线即为蜗壳的实际轴线。

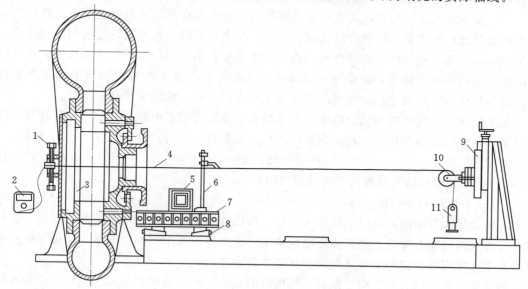

图 5-6　蜗壳轴线测量和底座的安装

1—求心架；2—万用电表；3—内径千分尺；4—钢琴线；5—框形水平仪；6—高度尺；7—机修直尺；
8—调整垫铁；9—小车库拖板；10—滑轮；11—重锤

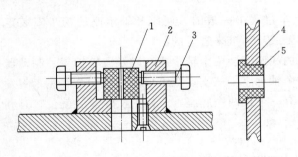

图 5-7 求心架及滑轮
1—绝缘棒；2—求心架底座；3—调整螺栓；
4—滑轮；5—绝缘轴套

（3）安装底座。事先清理底座并在表面标注其中心线，由楔子板支撑，楔子板置于基础底板之上，如图 5-6 所示。

卧式机组的基础底板，大部分由型钢焊成整体，机座组合面经过刨铣加工。尺寸较大的则分成两块或多块。

基础底板安装前，先初步按机组中心线和基准高程点把放置底板的地面凿毛，在适当的位置上放置垫板，并在每块垫板上放一对楔铁，找好楔铁顶面高程，然后把基础底板放在楔铁上。

移动基础底板，使中心线与钢琴线在一个垂直平面内。底板的轴向位置根据实测的转轮下环端面到推力盘摩擦面的尺寸确定。用精密水准仪或框形水平仪和游标高度尺测量底板的水平和高程。调好后固定，点焊楔子板、基础底板。

在基础底板上放置楔子板，然后调入底座，在蜗壳轴线上用软线悬挂小锤球，调整底座位置使它的中心线与垂球对正。同时以蜗壳前端法兰面为准，用钢卷尺测量底座的轴向距离。用钢板尺测量蜗壳轴线到底座表面的高度差。从而对底座的各方向位置进行调整。

为今后调整方便，底座表面的高程应比设计位置略低，如低 2～3mm。在底座与轴承座之间加入两层成形的垫片，垫片形状按轴承座底面制作，以保证足够的接触面积。底座就位后即可浇注地脚螺栓的二期混凝土，浇注前应点焊楔子板，从而固定底座的位置。

（4）安装轴承座。轴承座的安装基准则根据机型不同而不同。对卧式混流式机组则以止漏环为基准；贯流式机组则以转轮室为基准。按上述基准挂钢琴线，精确调整钢琴线的水平和中心位置。然后用环形部件测中心的方法测量各轴瓦两端最下一点和两侧到钢琴线的距离，使两侧距离相等，距最下一点等于轴颈的半径。轴承同轴度的调整必须严格进行，因为任何方向的偏差都会使转动部分发生有害的振动，使轴承承载不均匀。

轴承轴向的位置应根据轴颈的实际尺寸确定，并要考虑发电机受热的伸长量和开机时的自由轴向窜动。热伸长量一般由制造厂给出，若没有给出时，可由式（5-1）估算

$$f=0.012TL(\text{mm}) \tag{5-1}$$

式中　T——发电机转子温度高于环境温度值，℃；

　　　L——两轴颈中心距，mm。

对轴承座水平度的测量应用框形水平仪，可以在轴承座的上下结合平面上测量，也可以在它的内圆柱面上测量，根据实际结构决定。在底座基本水平的情况下，对轴承座水平度的调整只能用增减它与底座之间结合面垫片的方法。

轴承座调整合格后拧紧组合螺钉，钻配临时销钉，轴承座最后用永久销钉定位是在机组连轴盘车后进行。

轴承座调好后，拆下钢琴线、发电机的后部轴承，以利于机组转动部分的安装。

4. 轴承的安装和轴瓦间隙调整

小型整体卧式水轮发电机大部分采用滚动轴承。容量较大时采用正向对开式滑动轴

承，其径向载荷范围应在轴承中心夹角 60°到 70°以内。轴承允许通过轴肩或轴环承受较轻的轴向荷载。当轴肩直径或轴环直径不小于轴瓦外边缘直径时，允许最大轴向荷载不超过该轴承最大径向荷载的 40%，过大时应装止推轴承。

轴承的安装是卧式机组安装的关键工序，对机组的安全运行起决定的作用。轴承安装包括刮瓦、轴承间隙调整。

卧式机组有一个径向推力轴承和 1～3 个径向的导轴承。径向推力轴承是由推力轴承和导轴承组合而成的，图 5-8 就是一种常见的结构。它由分成上、下两半的筒式导轴承，分块瓦式的正向推力轴承，以及简化的反向推力轴承构成。用 30 号透平油润滑，油箱下部装有透平油冷却器。

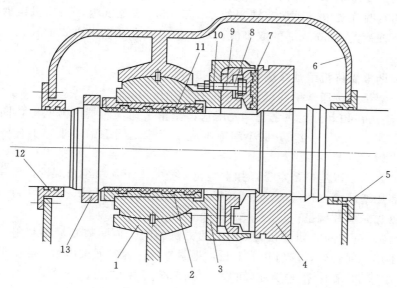

图 5-8 径向推力轴承

1—轴承座；2—下导轴瓦；3—轴承体；4—推力盘；5—前端盖；6—轴承箱盖；
7—推力瓦；8—推力销；9—抗重盘；10—调节螺钉；11—上导轴瓦；
12—后端盖；13—反向推力盘

（1）导轴承的刮研和组装。卧轴混流式机组的导轴承的刮研和组装方法，与立式机组大致相同。通常是在主轴还未吊装之前进行。对于轴颈小于 600mm 的轴承，轴瓦研磨要在假轴上进行，假轴直径因等于轴颈与双边间隙之和，假轴外圆柱面的粗糙度与轴颈相同。轴颈大于 600mm 时，为了节省制造假轴费用，可直接在轴颈上刮研。

筒式导轴承必须组合成整体再在轴颈上研磨，并拆开来刮削，两半块之间的垫片用以调整导轴瓦总间隙。

（2）推力轴承的研刮和组装。如图 5-8 所示，推力盘和反向推力盘都是紧固在轴上的，其工作面的研磨也只能在轴上进行。推力瓦一般分为 8 块，经过推力销、抗重盘、调节螺栓由轴承体支承。由于推力瓦在轴线方向位置调整的余地很小，甚至有的机组这一位置是不能调整的，研刮推力瓦时总要同时控制它的厚度，做到 8 块轴瓦基本一致。推力瓦的研刮及受力调整，最终目的是保证各瓦受力均匀，主轴及推力盘在旋转时不发生轴向串动。机组盘车时用百分表检查，推力盘的轴向串动应不大于 0.02mm。

此外，由于推力瓦和导轴瓦都安装在轴承体上。为了保证两者的工作表面互相垂直，细刮和精刮阶段总是把推力瓦、导轴瓦一起组装，并同时研磨的。

导轴瓦端面上的巴氏合金层也就是反向推力瓦，除了上下两半对齐之外，一般没有研刮的要求。由于机组运行时轴向水推力是指向尾水管的，将由正向推力瓦承受，反向推力轴承只在机组启动、停机等发生串动时才偶然受力。组装以后正向推力瓦与推力盘接触，反向推力瓦与反向推力盘之间应留下足够的轴向间隙，例如 0.3～0.6mm。

（3）轴承间隙调整。轴承间隙大小直接影响到机组运行稳定性和轴承的温度，对机组安全运行至关重要。轴承间隙的大小决定于轴瓦单位压力，旋转线速度、润滑方式等因素。制造厂均有明确要求，通常在轴颈的 0.1%～0.2% 范围内，高速机组取小值，低速机组取大值，轴颈大于 500mm 的取小值。对于采用压力油润滑方式的轴瓦，其间隙可适当增大些。

轴承间隙调整需待机组轴线调整完毕后进行。

轴承间隙测量方法通常用塞尺，较小的轴承用压铅法。

1）塞尺法。在扣上上瓦块之前，先用塞尺测量下瓦块两端两侧间隙，同侧两端间隙应大致相等，误差不大于 10%，最小间隙不应小于规定间隙的一半。不合要求的，取出刮大。

侧间隙调好后，以定位销定位，扣上上瓦，把紧上下瓦块组合螺栓，要注意螺栓紧力要均匀。然后用塞尺检查顶间隙及上瓦侧间隙，其值应符合要求。顶间隙过小时，可在上下瓦组合缝处加紫铜片调整。

2）压铅法。侧向间隙测量和调整与上述方法相同。顶间隙测量则利用在合缝处和轴颈顶上放电工用的保险丝，然后扣上上瓦，把紧螺栓，保险丝被压扁，再拆开上瓦，测被压扁保险丝的厚度来计算轴瓦顶间隙。保险丝直径约为顶间隙的 1.5～2 倍，长 10～20mm。

顶间隙调整法与用塞尺测量时的调整法相同。

轴瓦间隙合格后，正式装配轴承。用酒精把轴颈、轴瓦及油腔内部擦净，安装密封环及上轴承盖，然后安装轴承上的其他部件。

5.4 贯流式水轮机安装

5.4.1 结构特点

贯流式水轮机，适用于极低水头（如 3～15m）的水电站。它包括定桨和转桨两类，一般卧式布置，机组轴线成水平线或者倾斜的直线。其过流部件有引水管、座环、导水机构、转轮和转轮室、尾水管。水流从引水管进口到尾水管出口基本上沿机组轴线流过。

按结构和布置上的不同，贯流式水轮机又可分为灯泡体式、轴伸式、竖井式、虹吸式等不同类型，目前应用最多的是灯泡体式和轴伸式两种。大型贯流式水轮机，大多是灯泡式结构，其转动部分为悬臂结构。水轮机轴和发电机轴直接相连，靠水轮机轴承和发电机轴承来支承。有的小型灯泡贯流式机组还有增速齿轮装置。

如图5-9所示为灯泡体式机组，水轮机流道的中心设一灯泡体，发电机、主轴、轴承等都安装在灯泡体内，主轴向后延伸与转轮相连。从引水管到转轮室的这一段流道，其断面呈圆环形。从转动部分的支承上分析，属两支点机组。灯泡体内有两个轴承，靠近发电机的是推力和径向的组合轴承，而靠近水轮机转轮的是径向的导轴承。灯泡体由下部的机墩和支柱固定，两侧还设有装在流道里的支撑结构。

图5-9　灯泡贯流式水轮机
1—转轮；2—锥形导叶；3—发电机定子；
4—发电机转子；5—灯泡体

贯流式与立轴转桨式水轮机相比，主要有以下结构特点：

（1）贯流式机组是一个由发电机、水轮机和坝基下水流通管道三合一的整体，结构紧凑，体积小。其外形呈流线体，水力性能好。机组布置在坝下水流通道内，其引水室成管状并直接与压力管连通，有直的或略为弯曲的扩散性尾水管，降低了厂房基础的开挖深度，降低厂房高度，缩短跨距，减薄混凝土浇注厚度，缩短建设周期。

（2）贯流式机组一般采用锥形导水机构，如图5-10所示。除设有普通接力器外，还设重锤接力器，保证在无油压时靠重锤作用关机，确保安全。

（3）径向导轴承均采用调位轴承，能随轴的摆度自行调整，保证与轴径有良好的接触，以避免偏磨。有的贯流式水轮机受油器与水轮机导轴承结合在一起，称为受油导轴承，这种结构可改善轴承润滑条件，使结构更紧凑。为承受水轮机正反向水推力，还设有双向推力轴承。

（4）尾水管是舌形尾水管。对于灯泡体式机组，其尾水管呈水平方向布置，前段为圆锥形，后段由圆变方而且扩散成扁平的形状，从总体上看成为"舌形"，常称为舌形尾水管；对于轴伸式机组，其尾水管包括了S形的弯道，但从总体上看仍然是前小后大的舌形。舌形尾水管高度不大，可以减少开挖的深度。但它的长度较大，往往前段带有金属里衬，后段直接用混凝土浇注而成。

5.4.2　安装工程的特殊问题

贯流式机组的复杂结构，再加上用于极低水头，因此部件总是尺寸很大的薄壁构件。存在以下一系列比较特殊的问题。

1. 空间尺寸或大或小的问题

贯流式机组过流部件的尺寸很大，又由很多块薄壁构件组成，安装中对正位置、固定形状就特别困难。以转轮标称直径4.2m的GZ990-WP-420型机组为例，其中由引水管、座环等构成的"管形壳"，高约12m，长度3.6m，进口宽8.4m，总重量达80t。管形壳由8块构件拼焊而成，而且必须整体一次性找正。其安装精度要求又高，下游侧法兰面的中心位置误差不得大于0.5mm，安装工作的难度非常大。

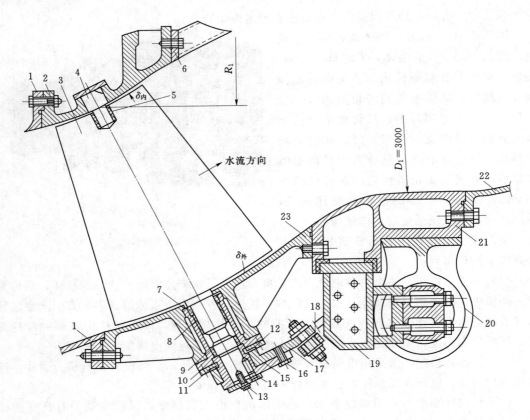

图 5-10　锥形导水机构

1—座环；2—内导环；3—锥形导叶；4—导叶短轴；5—内轴套；6—密封座；7—中轴套；8—套筒；9—外轴套；
10—压圈；11—橡皮圈；12—压板；13—调整螺钉；14—端盖；15—拐臂；16—剪断销；17—连接板；
18—球铰；19—控制环；20—环形接力器；21—导流环；22—转轮室；23—外导环

灯泡体机组的发电机、主轴、轴承等都装在灯泡体内，轴伸式机组水轮机主轴则要从流道中穿过，轴承和主轴密封装置等也装在灯泡体内。灯泡体的尺寸受流道限制，内部空间相对狭小。发电机定子、转子、主轴、轴承等，如何吊入，如何连接及找正都很困难，必须采用不同于一般机组的特殊的安装方法。

2. 零部件变形或下沉的问题

贯流式机组卧式布置，各主要部件受自身重力影响，过流部件还要承受水的重力和压力作用。由于机组尺寸大、过流量大、零部件的自重和承受的水压力均很大，安装或运行当中发生变形或下沉的可能性也很大。为保证主要部件运行时位置正确，在安装时应预留适当的裕量。以前述的机组为例，发电机端主轴的中心位置，安装时就应比设计位置高出1mm左右，即为它的下沉预留 1mm。这种考虑变形而预留的裕量，在其他机组的安装中很少见到。

3. 密封问题

灯泡式机组的密封非常重要但又比较困难。除设计和制造的因素外，安装质量将直接影响机组的密封性能。安装前应仔细检查密封结构，必要时还需预装并进行水压试验。

5.4.3 安装程序

贯流式机组上游端（前端）的引水管、座环等；下游端（后端）的尾水管里衬等都是埋设在混凝土中的，安装机组时必须首先安装、定位。中间部分的导水机构、转轮室等必须同时与前、后的埋设部分对正，势必要后一步安装，而且要整体调整。至于发电机、主轴、轴承等，则要先吊入灯泡体，再安装就位。由于贯流式机组结构的特殊，决定了其安装工艺与其他机组不同，而且灯泡体式和轴伸式机组也会不一样。

下面以灯泡体式机组为例，其基本安装程序如下：

（1）安装尾水管里衬、座环等埋设部件。

（2）主轴、轴承的组合、检查。

（3）吊入主轴轴承组合体，轴线调整、定位。

（4）导水机构预装配。

（5）导水机构正式安装。

（6）安装转轮室及转轮。

（7）安装发电机转子。

（8）安装发电机定子。

（9）安装灯泡体头部。

（10）受油器及附属装置安装。

上述安装程序中的具体要点如下：

（1）埋设部件的安装。埋设部件包括基础环、座环和尾水管等（图 5-11），安装机组时必须首先安装、定位。这些部件都是管状，呈水平布置，由法兰与其他部件相接，所以其法兰面的平直度和垂直度以及中心偏差，直接影响到部件位置的准确性及连接质量。因此必须严格控制，法兰面的垂直度和平直度不应大于 0.03mm/m，其中心和高程偏差在 ±1mm 以内。

为了节省调整时间，保证连接质量，通常基础环与座环组合后一起安装调整，严格调整导水机构的圆度以保证导叶的安装质量。当中心和组合面的垂直度调整好后，可钻铰组合面上的定位销钉孔。

（2）锥形导水机构安装。在安装内导环前，要复查座环内圈组合面的垂直度，应小于 0.3mm/m。内导环与密封座的组合面垂直度应在 0.3mm/m 以内。同时记录各导叶内轴孔间的距离。上述各项合格后，可将组合螺栓紧固，但不能钻铰销钉孔。

将导叶按全开位置插入外导环轴孔内，装上套筒、拐臂、止漏装置、连接板等，除用调整螺钉调整导叶外端部与外导环的间隙 δ 外，并在内导环内插入导叶短轴，检查导叶转动的灵活性。如有譬劲现象，可移动导叶短轴位置，或处理导叶短轴与内导环配合面，以检查导叶内端部与内导环的间隙值 δ。当上述工作完成后，可钻铰内导环与座环内圈的定位销钉孔。

将导叶全关，使控制环处于全关位置，将连杆调整到设计长度后，连接控制环，用油压推动接力器关紧导叶，再用塞尺测量其立面间隙，并要求其在 0.05mm 以内，局部允许为 0.15mm，间隙总长应小于导叶长度的 1/4。

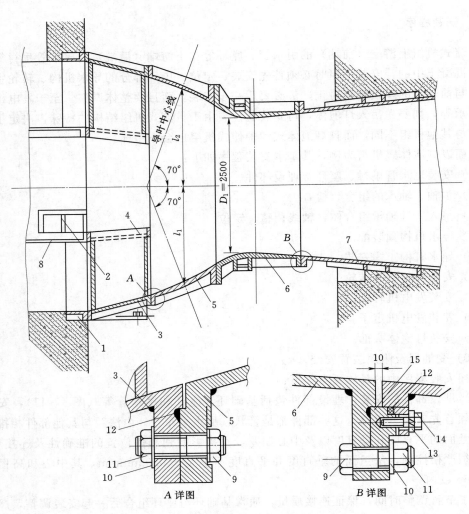

图 5-11 贯流式水轮机埋设部件（单位：mm）

1—基础环；2—行星齿轮座；3—座环外圈；4—座环内圈；5—外导环；6—转轮室；
7—尾水管里衬；8—行星齿轮座里；9—组合螺栓；10、13—弹簧垫圈；
11—螺母；12—止漏橡皮圈；14—紧固螺钉；15—压环

对于正反向发电和正反向泄水的潮汐电站机组，应检查正向水轮机工况时的导叶最大开度与设计值的误差应在 3％以内。反向水轮机工况和正反向泄水时的导叶极限开度与设计值 90％比较，偏差不应大于±2°。

在安装重锤接力器时，要保证活塞与活塞缸，导管与上下缸盖间隙均匀。在做耐压试验时，仅允许止漏盘根处有滴状渗油。

在无油压时，检查重锤在吊起和落下时，连杆、摇臂、转轴及重锤臂连接处有无不正常现象。重锤下落时，检查重锤是否落在托盘上。托架的弹簧弹力是否足够。

在油压作用下，应作开启和关闭试验，并应作失去油压时，在重锤作用下的自行关闭试验。

（3）转轮组装。贯流式转轮实际是轴流转桨式转轮，其组装工艺过程与转桨式转轮相同。

（4）导轴承安装。导轴承的刮瓦和安装调整要求与一般对开式滑动轴承要求一样，对于受油导轴承的受油部分要做耐压试验。受油管上轴套的间隙要符合要求。

（5）水轮机转轮和轴通常是在安装场组合为一体后，一起吊入安装。

泄水锥一般待转轮吊入后再安装，以减少安装尺寸。吊装转轮和组合件时要在主轴端配重。

（6）卧式机组因转轮为悬臂安装，转轮在重力和推力作用下转轮端将下垂，在安装时要测量转轮的下垂量。其方法是：待转轮与主轴的组合件吊入后，在转轮叶片与转轮室间加楔铁，用来调轴的水平。测定转轮室与转轮叶片下侧的间隙 Δ_1，待发电机和水轮机连轴后，撤掉楔铁，再测其间隙 Δ_2，则转轮下垂量 $\varepsilon = \Delta_2 - \Delta_1$。如发电机转子也是悬臂结构时，也可用同样办法测发电机转子的下垂量。

（7）发电机与水轮机连轴后进行盘车，测量机组的轴线状态。不合格的要加以处理。

（8）根据机组轴线状态，转轮和转子的下垂量，调整机组中心，使转轮（转子）在转轮室（定子内）的间隙均匀。其方法是调整轴承座下的垫片。

（9）通过盘车检查轴线与轴颈的配合情况。不合格时应进行处理，同时对轴瓦进行研刮。

（10）当上述工作完成后，装上导环、导流环及转轮室的上半部分，再进行控制环的安装。

5.5 卧式发电机安装

卧式水轮发电机一般用于中、小容量机组，转速较高，外型尺寸不大，部件整体性较强。除容量很小的以外，一般由底座、定子、转子、轴承座等组成，而且管道式通风冷却的占多数，其机坑与进、出风道相连。小型的定子与转子在制造厂组装成整体，经过试验后整体运到电站工地，安装工程相对简单；而中型卧式水轮发电机，为吊运方便，定子常采用分瓣结构，即分成上、下两部分，合缝处用销钉定位并用螺栓紧固。

卧式发电机的安装包括固定部分和转动部分。固定部分包括导轴承和发电机定子。这部分的安装往往是利用同一根中心线与水轮机导轴承同时进行调整，调整好后，做好装配标记，钻配好临时销钉，然后吊开，给水轮机转动部分安装提供方便。

5.5.1 安装质量要求与安装程序

1. 安装质量要求

卧式发电机都是以水轮机轴线为准来安装的。安装质量的最基本要求如下：

（1）发电机主轴法兰按水轮机法兰找正时，偏心量不大于 0.04mm，倾斜不大于 0.02mm。

（2）以转子为准调整定子的位置，发电机气隙应均匀一致，最大偏差不大于平均气隙的 ±10%。实测气隙时，应对每一个磁极的两端，在转子 3～4 个不同位置（如每次让转子转过 90°）测量，计算所有实测值的平均值，以此平均值为准，再计算偏差的大小。

（3）定子的轴向位置应使定子中心偏离转子中心，偏向水轮机端 1～1.5mm。以便于机组运行时转子承受与轴向水推力反方向的磁拉力，以减轻推力轴承负荷，有利于机组稳定。

2．安装基本程序

卧式水轮发电机的安装程序，会因具体结构的不同而变化，但一般来说基本程序如下：

（1）准备标高中心架、基础板及地脚螺栓。

（2）安装底座。

（3）安装定子、轴承座。

（4）转子检查及轴瓦研刮。

（5）吊装转子。

（6）与水轮机连轴，轴线检查、调整。

（7）安装附属装置。

（8）机组启动与试运行。

其中底座、定子、轴承座的安装定位，都以水轮机轴线为准，方法与前节的叙述相同。而转子的吊装与立式机组不同，将是本节介绍的主要内容。

5.5.2　基础埋设部分

基础架通过垫板及成对的调整楔子板支承在一期混凝土基础上。由基础螺栓将其固定，待发电机安装调整合格后，浇注二期混凝土，把基础架埋入混凝土机墩中。

基础埋设前，先按测量单位提供的机组纵横十字线基准点及高程点来检查基础坑尺寸的准确性，并作必要的处理和凿毛，然后埋设基础垫板。

基础垫板布置在定子机座及轴承支座的下面，每块垫板上放置一对楔子板。对大型基础架，为防止弯曲变形，在基础架四角及两块垫板之间，应适当敷设小楔子板作支承，对载荷较轻的基础架，也可用螺旋千斤顶代替楔子板，在小型卧式发电机安装中广泛采用。

清扫基础架，并刷混凝土灰浆以防锈，然后把它吊放在已找正的楔子板上，穿上基础螺栓，拧上螺母。

在基础架上空悬挂机组纵横基准钢琴线，一般用 28 号钢琴线，一端绑扎在横架上，另一端通过横架悬挂 10kg 左右重物，使其绷紧。钢琴线离基础架上平面约为 100～150mm，并测定其准确高程，调整钢琴线，使其既是中心线又是高程水平线。

在基础架平面上以定子基础螺孔及轴承基础螺孔为准划出各自的中心线，在已调好的钢琴线上悬挂线锤，使锤尖略高于机组平面。移动基础架使其纵横中心线与钢琴线重合。拆除线锤，用角尺或钢尺测量机座加工面与钢琴线的距离，并用楔子板调整基础板的高程和水平，要求高程比设计值低 0.5～1mm，符合要求后，固定螺栓，楔子板用锤子轻轻地打紧即可，在打紧过程中要用框形水平仪监视，以防基础架的水平发生变化。

5.5.3 转子吊入找正

轴承座初步安装后，便可进行定子和转子的安装。中型卧式水轮发电机转子应事先在安装间组装成整体，各部件组装时，重量应对称平衡。如果条件允许，最好对整个转子作静平衡试验，其不平衡力矩应不大于 0.5kgf·m。

卧式发电机的转子，两端由轴承座支撑，中部的磁轭、磁极空悬在定子内。由于气隙不大，又不允许转子与定子摩擦，转子的装入和拆出都必须沿水平方向移动，这就形成了所谓"穿转子"的特殊工艺过程，其过程如图 5-12 所示。

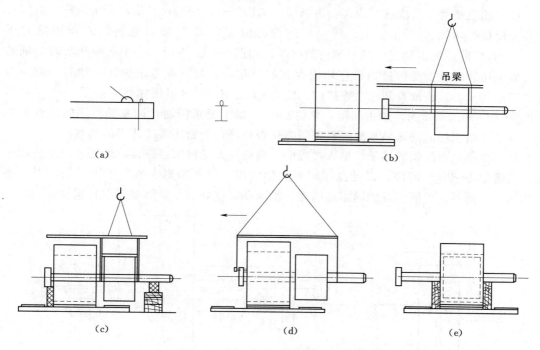

图 5-12 卧式发电机吊转子的过程

1. 准备工作

（1）吊装前，转子应彻底清扫。清洗主轴法兰防护漆，除去毛刺，并用研磨平台及显示剂来检查法兰组合面，铲除个别高点使整个法兰沿圆周有均匀的接触点。主轴轴颈须用细呢绒布及细研磨膏进一步研磨抛光。彻底清洗轴承座内腔，腔内不应有型砂及锈蚀。在腔内刷两层耐油漆或酒精漆片溶液。瓦背与轴承座应接触严密无间隙，承力面应达到60%以上，瓦面应无伤痕及其他缺陷，轴瓦清洁无杂物。轴承座油室应作 4h 煤油渗漏试验并且合格。

（2）准备吊具、吊索。起吊转子时，钢丝绳不能与转子两端接触，必须经过吊梁来悬挂转子。吊梁如图 5-12（a）所示，是一根刚度足够的横梁，通常用工字钢或槽钢焊接而成。根据需要在吊梁上设置钢丝绳吊点，悬挂转子的钢丝绳尽可能垂直向下，而连接行车吊钩的钢丝绳夹角应尽可能小。

（3）准备临时支撑。穿转子必须分段进行，为了调整钢丝绳，必须设置可靠的临时支撑。如图 5-12 （b）、（d）所示，最常用的方法是用若干条形方木作支撑，但必须稳定可靠。

2. 分步穿转子

如图 5-12 所示，转子吊入（或吊出）定子要分步进行，当中需要调整钢丝绳。如果法兰端的轴长不够，一般用一段带法兰的钢管作为假轴，其法兰按主轴法兰加工，用连轴螺栓连接假轴使主轴加长。但必须保证假轴有足够刚度。

转子开始穿入定子时，应该在气隙内放入非金属的导向条，用人力拉动以检查转子是否与定子摩擦，这与立式机组转子吊入的操作相同。

以水轮机法兰为基准进行找正，沿圆周方向四等分，用钢尺及塞尺测量两法兰的偏心值及倾斜值，如图 5-13 所示。两法兰的偏心值 a_1、a_2 与倾斜值 b_1、b_2 均不应大于 0.02mm。同时应测量轴瓦两端与轴肩的间隙，如图 5-14 所示。为了适应热状态下轴的伸长以及运转时转子受磁拉力的作用而存在的位移，安装时应考虑轴瓦与轴肩间隙的选择，即窜动量。其值推算到法兰连接后，使 $C \approx C'$、$d > d'$（以便在热状态下 $d \approx d'$），通常取 $d \approx d' + 0.4l$（l 为两轴承间距，单位：m）。以上要求需通过调整轴承座的位置来达到。调整合格后还应测量轴瓦两端双侧间隙是否相等，否则还需作适当的调整。

对小型单轴承结构的转子，吊入过程中一端应与水轮机法兰连接，使法兰凹凸止口压入，但需留 1～2mm 间隙，以便盘车时测量轴线用。另一端则安放在单轴承上。用上述方法测量并调整法兰倾斜及轴向窜动间隙。轴承座调整好后，紧固支座组合螺栓。

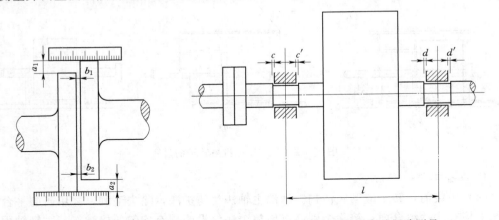

图 5-13　法兰偏心及倾斜测量图　　　　图 5-14　轴承两端轴肩窜动间隙测量

5.5.4　定子的安装

小型卧式水轮发电机的定子均为整体结构。大型卧式水轮发电机制成上、下分半式。

1. 整体式定子的安装

根据整体式定子的结构特点应选取安全、简便的安装方法，即采用转子固定，定子套入转子的方法，或定子固定，转子插入定子的方法。

整体定子，若铁芯膛孔高于基础架上平面，且为单水轮机时，可待转子吊入找正后，采用定子套转子的方式进行安装，如图 5-15 所示。

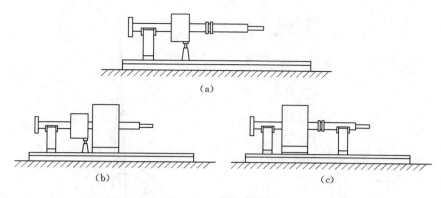

图 5-15 定子套转子

在已调入找正的转子磁极重心外侧，用垫木及千斤顶，把励磁机端转子略为顶起，使励磁机侧轴瓦与轴颈脱离，取出轴瓦，拆除轴承支座，如图 5-15（a）所示。为便于该轴承支座的装复，拆装前，可在原设计钻销钉孔的位置，先钻比设计直径小 3mm 以上的临时销钉孔，并配有临时销钉以定位。待轴线调整完毕后，再将该销钉孔钻到设计值。

用压缩空气吹净转子及定子各缝隙，将经整体交流耐压合格的定子水平吊起，套入转子轴端，直到转子磁极吊入定子膛孔，主轴轴颈已露出定子外侧，不妨碍轴承支座时止，如图 5-15（b）所示。

装复励磁机侧轴承，松去千斤顶，使转子回复支承在轴承上。

吊起定子，按转子找定子中心，慢慢套入转子，如图 5-15（c）所示。为防止定子与转子磁极碰撞受损，可在转子外圆包一层厚 2mm 的纸板保护层，纸板的长度应超过磁极端部，或与悬吊式发电机吊转子一样，在套入过程中用木板条引导防止碰撞。

定子套入转子后，按基础螺栓孔位置大致找正，并在机座处适当加调节垫片，落下定子，传入基础螺栓。

测量定子与转子轴向中心，使定子中心向励磁机侧偏移 1～1.5mm，以便运行时主轴因温升伸长后获得同心。

测量发电机两个端面的空气间隙，调整定子位置，使空气隙偏差不大于实际平均气隙的 ±10%。当用机座垫片来调整上下空气间隙时，两侧垫片厚度应相等，以防定子横向水平的恶化。

2. 同吊整体定子及转子

整体定子，其铁芯膛孔凹入基础架上平面，或为双水轮机时，则应先将定子吊入基础进行预装，与轴承座一并调整中心和水平，事先处理基础，并按实际中心高程确定基础垫片。然后将定子吊出，在安装场地进行定子套转子，或转子穿定子，并用 2～4 个链式起重机同钩调节定子与转子的空气间隙，气隙中塞木垫板或厚纸板隔离保护，最后同钩起吊整体定子及转子，如图 5-16 所示，一并吊入基础进行安装。

如果起重吊钩容量有限，不允许同钩起吊定子和转子时，则可在原基础上将定子用支墩垫高，使膛孔高程不妨碍转子穿入为原则，待转子穿入定子后，将定子支墩更换成 4 只

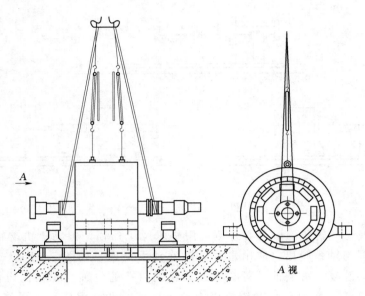

图 5 - 16　同钩起吊整体定子及转子

千斤顶,以配合转子慢慢下落,由 4 人同时操作 4 只千斤顶逐级下降定子,直至落到基础上为止。

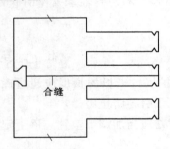

图 5 - 17　铁芯分半合缝开在齿部

3. 分半定子的安装

大、中型卧式水轮发电机的定子外形尺寸及重量较大,且通常都由左、右两台水轮机来驱动,为适应起重、运输及安装工艺的需要,一般均将定子作成上下分半式的,并将铁芯分半合缝开在齿部,如图 5 - 17 所示,这就为先下线后组合创造了条件,省略了转子穿定子的困难工序。

先在基础外将两半定子分别下完所有线棒。下线时要特别注意合缝处上、下层线棒端部的弧形曲率半径的大小、平整及间距,并以样板检查,确保组合时上下线棒不碰刷,间隙大致均匀。

然后把下半块定子吊入基础,初步找正中心及水平,并按前所述方法吊入和调整转子。最后将上块定子吊入与下半块定子组合、焊线头、包绝缘等,并以转子为准校正定子位置。

5.6　卧式机组轴线的测量与调整

轴线测量及调整,是卧式水轮发电机组安装工作的重要工序,其目的是检查机组转动部分的同轴度和主轴轴线的平直度,使主轴能获得正确的相互位置,以便运行时能稳定地工作。

数百千瓦的卧式混流机组和冲击式机组,大多是发电机和水轮机各有自己的两个轴承，这类机组主要是借助于靠背轮直接连接的，其测量调整包括如下过程。

1. 检查靠背轮端面与轴线的垂直度

其方法是将两块百分表固定在固定物上，使表的测杆顶在被测靠背轮端面上下成180°的两点上，如图 5-18 所示。装两块表，目的是通过计算消除因轴转动时产生轴向误差。然后将靠背轮每转 90°记录两块表的读数，则靠背轮端面 ac 方向的倾斜值为

$$K_{ac} = \frac{(a_A - c_A)/2 + (a_B - c_B)/2}{2} = \frac{1}{4}\left[(a_A - c_A) + (a_B - c_B)\right]$$

式中　a_A、c_A——A 表在 a、c 位置时的读数；

　　　　a_B、c_B——B 表在 a、c 位置时的读数。

对于轮面在 b、d 向的倾斜，其测法与上述相同，如图 5-19 所示。

2. 检查靠背轮外圆与轴线的同心度

将百分表测杆顶在靠背轮外圆上，如图 5-19 所示，转动靠背轮，每转 90°记录百分表读数，若读数完全相等，则表示靠背轮中心与轴中心同心。同心度要求误差不应大于 $0.02\sim0.03\text{mm}$。

用同样方法检查另一个靠背轮。以上记录的偏差，在两个靠背轮找中心时要计算在内。

3. 两靠背轮找中心

如果两个靠背轮有连接标记，则转动发电机轴，使靠背轮按记号对齐。在发电机轴上装上百分表，使百分表的测杆顶在水轮机靠背轮外圆上，同时将水轮机靠背轮外圆四等分。将两个靠背轮同时旋转，每转 90°（即一等分）记录一次百分表读数和四点的间隙，转完四个点回到原位时百分表应为 0，其误差不应大于 $\pm0.02\text{mm}$。否则说明百分表架在测量过程中有变形或位移，需重新测量。用塞尺测量间隙时要注意每次不能超过 3 片，并且塞尺不能有皱折。每次测量用力和塞入深度要一致。

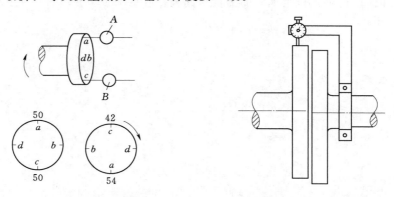

图 5-18　检查靠背轮端面与轴线的垂直度图　　图 5-19　用百分表测靠背轮偏心

为了消除两根轴转动时的轴向窜动影响，提高测量精度，将每点 4 次测量值相加后平均得各测点间隙值为

$$\delta_x = \frac{1}{4}(\delta_{1x} + \delta_{2x} + \delta_{3x} + \delta_{4x}) \quad (x \text{ 为测点，取 } x = a, b, c, d)$$

式中　$\delta_x(x = a, b, c, d)$——上、下、左、右十字方向靠背轮端面间隙值，mm；

$\delta_{ia}(i=1,2,3,4)$——在 0°时上、下、左、右十字方向靠背轮端面间隙值，mm；

$\delta_{ib}(i=1,2,3,4)$——在 90°时上、下、左、右十字方向靠背轮端面间隙值，mm；

$\delta_{ic}(i=1,2,3,4)$——在 180°时上、下、左、右十字方向靠背轮端面间隙值，mm；

$\delta_{id}(i=1,2,3,4)$——在 270°时上、下、左、右十字方向靠背轮端面间隙值，mm。

根据盘车测得的法兰径向偏差及间隙不均情况，分别计算主轴的倾斜值并调整轴承位置。

习　　题

5.1　卧式机组有哪些特点？

5.2　卧式机组有哪些类型？各有何特点？

5.3　卧式混流式水轮机有哪些结构特点？安装的基本程序如何？

5.4　卧式混流式水轮机的蜗壳，安装时有哪些基本要求？如何测量和调整蜗壳的位置？

5.5　如何安装卧式机组的轴承座？

5.6　如何研刮卧式机组的轴瓦？轴瓦间隙如何测量及调整？

5.7　贯流式水轮发电机组在结构上有哪些特点？安装中有哪些特殊问题？

5.8　灯泡体贯流式机组的安装程序如何？其埋设件包括哪些部分？

5.9　贯流式水轮机的导水机构有什么特点？

5.10　卧式发电机的安装质量要求与安装程序如何？

5.11　卧式发电机的转子如何吊入找正？

5.12　卧式发电机的定子如何安装？

5.13　如何进行卧式机组轴线的测量与调整？

第6章

水轮发电机组的启动试运行

学 习 提 示

内容：机组启动试运行的目的和内容；机组启动试运行程序。

重点：机组启动试运行的目的和内容；机组启动试运行程序。

要求：了解机组启动试运行的目的；熟悉机组启动试运行的内容；掌握机组启动试运行程序。

电力生产发电、供电、用电是同时完成的。根据用户用电负荷的变化，水轮发电机组需经常启、停操作。水轮发电机组的启动操作分为正常启动和首次启动操作。新装机组及大修后的第一次启动，称为首次启动操作。

水轮发电机组的启动试运行，是指机组在安装及调试基本完成后，或机组大修完工经检验合格后，对机组进行的一次综合性的启动运行试验。试运行是以水轮发电机组启动试运行为中心，对机组引水、输水、尾水建筑物和机电设备进行全面的综合性考验，技术要求非常严格，其中不少试验是首次进行。试运行主要是检查水工建筑物与机电设备的设计、制造、安装质量，并对机电设备进行调整和整定，使其最终达到安全、经济生产电能的目的，保障电站最终稳定、可靠地投入运行。

6.1 机组启动试运行的目的、内容及应具备的条件

6.1.1 机组启动试运行的目的

机组启动试运行的目的主要包括：

（1）参照设计、施工、安装等有关规定、规范及其他技术文件的规定，结合电站的具体情况，对整个水电站建筑和安装工作进行一次全面系统整体的质量检查和鉴定，以检查土建工程的施工质量和机电设备的制造、安装质量是否符合设计要求和有关规程、规范的规定。

（2）通过试运行前后的检查，能及时发现遗漏或尚未完工的工作以及工程和设备存在的缺陷，并及时处理，避免发生事故，保证建筑物和机电设备能安全可靠地投入运行。

（3）通过启动试运行，了解水工建筑物和机电设备的安装情况，验证机组与有关电气及机械设备协联动作试验的正确性，以及自动化元件的可靠性，掌握机电设备的运行性

能，测定一些运行中必要的技术数据并录制一些设备特性曲线，具体掌握机组的实际性能，作为正式运行的基本依据之一，为电厂编制运行规程准备必要的技术资料。

（4）在某些水电工程中，还进行水轮发电机组的效率试验和稳定性试验，以验证厂家的保证值，为电厂运行调度提供资料。

通过试运行的考验，证明水电站工程质量符合设计和有关规程、规范的要求之后，就可办理交接验收手续，水电站从施工安装单位正式移交给生产单位，投入正式生产。

6.1.2　机组启动试运行的内容

启动试运行的范围很广，要进行从水工建筑物到机电设备的全面检查。它包括检查、试验和临时运行等几个方面内容，每一方面与其他方面都互有密切的联系，但其中以试验为主。这是因为机组首次启动，其运行性能尚不了解，必须通过一系列的试验后才能掌握机组的运行特性，在新机组启动试运行期间对机组进行全面试验，有助于机组投运后的安全运行，有助于分析研究机组的性能。所以启动试运行各个阶段的检查和运行工作，是在保证安全的前提下为完成各项试验工作而安排的。

大中型水电站机组启动试运行主要包括以下内容。

1. 机组启动试运行前的准备工作

（1）做好试运行的工作安排和人员培训工作。

（2）准备好技术规范、规程等资料。

（3）准备好试验所需的仪器、仪表、物资等，并布置妥当。

2. 引水设备充水前的检查和调整试验

（1）水工建筑物的检查，包括各种闸门的试动作。

（2）水轮机检查。

（3）调速器的试验检查。

（4）发电机检查。

（5）机组油、水、气等辅助设备系统的调整与检查。

（6）电气一次设备的检查。

（7）电气二次回路的检查及模拟动作试验等。

3. 引水设备充水试验

从取水口到尾水渠的全部水工建筑物，以及水轮机的尾水管、压力管、蜗壳等，依次逐步充水达到设计要求，包括工作闸门、主阀等的启闭试验。在充水过程中及充水后应进行全面检查。

4. 机组空载试验

机组初次启动时或停机后，经检查，无异常情况下可以再次启动，进行空载试验。空载试验是机组带负荷前的机械和电气试验工作。空载试验的目的是在不带负荷情况下检查机组和调速系统、励磁系统以及其他辅助设备的制造和安装质量，消除发现的缺陷，使各项设备符合设计和规范的要求，以便于进行机组的带负荷试验。

通过机组空载试验，检查机组转动部分，确认机组转动部分与静止部件之间无摩擦或碰撞；检查机组振动、摆度符合标准要求；检查机组各部位瓦温正常，符合合同要求；机组过速试验；进行调速器调节参数调整及扰动试验。

期间主要完成的试验项目有：机组首次（手动）启动试验、机组过速试验及检查、调速器空载扰动试验、机组自动开停机试验，以及发电机三相短路试验、发电机定子绕组直流耐压试验、发电机空载升压试验、同步回路检查和试验等。

5. 机组并列及带负荷试验

机组并入系统前，应选择同期点及同期断路器，检查同期回路的正确性。机组并列试验完成后，即可进行带负荷试验。

带负荷试验的目的是检验机组及其辅助设备在各种工况下的运行情况，为机组投产发电提前做好准备。通过机组并列及带负荷试验，检查机组并网带负荷情况；检查水轮发电机组调节保证值；检查调速器及励磁装置带负荷下的调节参数；考验机组甩负荷时，调速器及励磁装置的调节性能等。机组的带负荷与甩负荷试验应相互穿插进行。

试验包括：机组假同期检查，机组并列、解列试验，机组带负荷试验，带负荷下调速器系统试验，带负荷下励磁装置试验，机组甩负荷试验，机组带最大可能负荷瓦温稳定试验，低油压事故停机试验，及动水关闭进水口闸门试验等。

在有要求的情况下，还要进行机组的调相运行试验和进相试验等。

6. 机组停机及停机后的检查

当机组转速和轴承温度稳定不变时或做动平衡试验合格后，可将机组转速降低，并利用制动器停机。机组在停机过程中和停机后，都要做相应的检查和调整。

6.1.3　机组启动试运行应具备的条件

水轮发电机组安装完毕后，第一次启动或检修后重新启动，应具备如下条件：

（1）各项检查工作全部结束并合格。

（2）推力轴承和导轴承若为巴氏合金，启动时其油槽温度应不低于 $10℃$。

（3）发电机定子和转子进行了相应的干燥，并且绝缘电阻都符合规范要求。

（4）各轴承应满足制造厂对油槽油位的要求。

（5）设有高压油顶起装置的水轮发电机组，其装置应处于正常待用状态，在启动前应顶起转子并检查制动器，确认制动器活塞已全部降落；装有弹性金属塑料瓦的机组也应顶起转子一次。

（6）过水系统在充水前，机组制动系统应处于手动制动状态。

（7）发电机轴承油冷却器和空气冷却器的冷却用水都已准备完毕。

（8）发电机所有保护装置都处于备用状态。

（9）发电机启动期间所有线路开关都应是开路状态。

（10）采用外循环系统的轴承，启动前整个循环系统应处于待用状态。

6.2　机组启动试运行程序

为了保证机组启动试运行能安全可靠顺利地进行，并得到完整而可靠的试验资料，启动调整试验必须按技术要求逐步深入有序地进行。

6.2.1　机组启动前的准备工作

为确保机组启动试运行工作正常有序进行，需要进行大量的前期准备工作，必须做到有严密的组织领导，要按照事先的计划安排来逐步进行。

1．严密组织，统一指挥

（1）由电站业主、建设单位、安装单位、监理部门等共同组成试运行领导班子。试运行人员的调配、业务学习及上岗培训；工程图纸及试运行资料的准备；试运行仪器、仪表及物资的准备与布置；通信联络与后勤保障等方面都进行统一的组织安排。

（2）从水工建筑物到机组主辅助设备、电气部分，都要分岗位设专人进行试运行的操作与测试，或检查与监视。

（3）作好技术方案和工作计划的编制，除了安排试运行的项目和日程外，还必须对可能发生的问题及意外事故作出应急措施的准备，确保电站和人员的安全。

（4）试验现场执行统一指挥。

2．准备好相关的技术标准等资料

水电站的水工建筑、金属结构、水轮发电机组、调速器及辅助设备、电气设备和一二次回路等，都有具体的技术标准，试运行及交接验收工作都应遵照执行，确保质量。

3．为试验记录做好准备

水电站各部门在试运行期间所进行的试验检查，都必须有详细的现场记录，而且要按标准的要求整理成文字资料，作为电站的技术档案保存，为今后的运行管理打好基础。同时，还要准备好试验时的仪器、仪表、物资等，都应布置到位。

6.2.2　引水设备充水前的检查和调整试验

1．引水系统的检查

进水口拦污栅应清洁干净，各闸门与主阀操作自如，并处于关闭落锁状态；从引水进口到尾水闸门之间的整个过流通道清理完毕；引水道的通流阀头、人孔门及闸门已现场确认关闭好。

2．水轮机检查

（1）水轮机及附件已全部安装完毕，施工测量记录完整，上、下止漏环间隙合格；机组盘车时所测得的下导、水导和转子中心体的摆度值合格，并经总工程师确认。

（2）真空破坏阀、空气吸力阀已竣工，并调试合格。

（3）顶盖排水装置检验合格，水流通畅。

（4）调相补气系统正常。

（5）轴承安装检验合格，润滑及冷却系统工作正常，数据记录齐全。

（6）导水机构安装完工合格，并处于关位，接力器锁定已投入，导叶的最大开度及接力器行程已测量合格，关闭后的严密性及压紧行程等符合设计要求，测试记录完整。

（7）各流量计、压力表、示流计、摆度和振动传感器及各种变送器已安装合格，管道附件良好。

3. 调速器及其设备检查

（1）调速器整体及管道和油压装置安装完好，调试合格，空载扰动试验的参数调整符合国家标准。

（2）调节保证计算经总工程师审定，确定关闭时间，并整定好。

（3）调速器仪表指针正常，红、黑指针位置全部在零位。

（4）油压装置手动和自动启动正常，压力继电器整定正确，高压补气装置阀门位置正确。

（5）调速器系统联动的手动操作的开和关位正常；检查调速器、接力器及导水机构联动的动作灵活性、平稳性，并检查导叶开度、接力器行程和调速器柜内的导叶开度指示器三者的一致性。对双调节调速器，其协联关系经过检查符合设计要求。

（6）用紧急停机关闭方法检查导叶全开到全关的时间，并核对调保计算数据。

（7）对调速器自动操作系统进行模拟操作，检查手动及自动开机和事故停机时各部件的正确性。

（8）检查全部管道有无渗漏油的情况。

4. 发电机的检查

（1）发电机安装质量检查正常并记录。检查发电机及其附属设备的安装质量是否符合制造厂提供的图纸和有关技术文件或规格要求，对在安装过程中要求进行试验和检验的项目，要求合格并有完整的记录。

（2）清洁检查。发电机安装后，内部清理完毕，检查定子、转子气隙等数据合格，确认无杂物，轴承油槽内不得有金属屑或灰尘。

（3）接线检查。发电机风罩内的所有电缆、导线、辅助引线、端子板等都应进行检查并正确无误，固定牢靠。

（4）各轴承油槽油位、油质正常。油槽应充以图纸规定牌号的润滑油并到规定的油面高度，检查油槽各部位是否渗漏。油槽内的油位计、温度传感器及冷却水压（或流量）要求都已调试，整定值应符合设计要求。同时检查充油后轴承对地绝缘电阻不得小于 $0.3M\Omega$。按照制造厂图纸或有关技术文件化验推力轴承、导轴承油槽内的润滑油油质是否符合要求，并且有合格证。

（5）冷却水管路正常，无渗漏现象。对于定子绕组水内冷却或蒸发冷却的发电机，定子绕组的水内冷却或蒸发冷却系统都应检查并调试合格。冷却介质检验合格，进出口管路和二次冷却水管路、接头、阀门均检查合格并无渗漏现象。同时，发电机的冷却器应检查合格，风路、水路要求畅通无阻，阀门及管路无渗漏现象。

（6）推力轴承的顶转子装置使用正常。对设有推力轴承高压油顶起装置的发电机，要求对其装置进行调试并合格，压力继电器工作正常，单向阀及管路阀门均无渗漏现象。

（7）制动器及管路安装合格并已使用。制动器通以设计压力的压缩空气，检查制动器升降是否灵活。要求发电机的机械制动系统的手动、自动操作已检验调试合格，动作正常。发电机风罩内的所有阀门、管路、接头、电磁阀、变送器等都应进行检查并合格，且处于正常工作状态。

（8）发电机内灭火水管路试验检查合格，有专人确认。

（9）发电机转子、集电环、碳刷试验检查合格，碳刷与集电环要求接触良好并调试合格；发电机转动部分所有的零部件确实可靠紧固或锁定、点焊牢，对凡是吊入转子后施工或拆动的部件必须进行逐一检查。

（10）励磁系统已安装合格，并经过初步调试。

（11）测量工作状态的各表计、传感器等检验合格；测量发电机工作状态的各种表计、振动、摆度传感器、气隙监测装置、局部放电装置等均应安装完工，调试整定合格。

（12）水轮机及发电机各自动控制保护屏上的定值核对正确，控制开关位置正确，并有继电保护部门专责人员随同检查确认。

5. 水、油、气系统检查

（1）技术供水系统，包括水源、水质处理设备、管网、阀门和表计等安装完毕，并检查合格，试运行正常。

（2）渗漏排水与检修排水系统都已安装合格，水泵经手动和模拟自动检查并运行正常。

（3）变压器油系统安装合格，已实际使用。

（4）高、低压气系统安装合格，已实际使用。

（5）所有的管道、阀门已涂漆、编号，并在必要的地方标明了流向。

6. 电气一次设备的检查

（1）从发电机到主变压器的母线安装合格，互感器已校验，断路器、隔离开关等已调试合格。

（2）主变压器已安装并调试合格。

（3）厂用电系统安装合格，已接通电源且工作正常，备用电源经检验合格。

（4）厂内、外的接地系统已安装完毕，并检验合格。

（5）照明及事故照明系统已安装合格，工作正常。

7. 电气二次回路的检查及模拟动作试验

（1）操作回路安装合格并经过模拟动作试验。如进水闸门的自动、手动操作，水机部分的自动操作，调速器及油压装置的自动操作，发电机励磁系统操作，断路器的操作，直流系统及中央音响系统、发电机同期系统、公共设备、通信及其他专门装置等操作。

（2）二次部分的电流回路、电压回路已安装并经过通电检查，对各主要的保护进行模拟动作试验。如发电机保护、主变压器保护、母线保护、厂用电系统保护、线路保护等。

6.2.3　引水设备的充水试验

1. 尾水管的充水试验

首先经试运行现场主管确认试运行前的各项检查已完毕，再次确认引水管路上所有闸门处于关闭状态，接力器锁定已落锁。

引水设备的充水过程是先向尾水管充水，检查尾水位高程以下各部件如顶盖、导叶轴套、进人孔、主轴密封等部位是否漏水，无异常现象后提起尾水闸门，以备引水管道充水过程中存在问题时进行排水、启动机组时排水。

2. 引水管道充水试验

（1）充水前应检查、观察引水管道总闸门的漏水情况，并处理好。

（2）首先打开进水口检修闸门的旁通阀，待两侧平压后提起检修闸门，再开启工作闸门的旁通阀，向管道充水。若无旁通阀时，可将工作闸门提起较小的开度（闸门全开度的3％～5％或设计规定值）进行充水，以免引水管内气压过大引起爆裂事故。

（3）记录引水管内充满水后的平压时间。

（4）平压后才能开启工作闸门，在静水中进行开启试验，并记录开启时间，然后将工作闸门放置牢固。

（5）引水管充满水后，检查引水管水压读数，检查伸缩节、人孔门、通气孔等渗漏情况。

（6）尾水管和引水管全部充满水后，检查正常，并报告运行主管确认。

3. 蜗壳充水试验

若蜗壳前没有主阀，则引水管道充水时水将一直流进蜗壳，压力水停留在导叶外圈，这时应检查水轮机顶盖等部件的漏水情况。

若蜗壳前装有主阀，主阀前引水管道充水试验完成后，就进行蜗壳充水试验。先打开主阀的旁通阀，向蜗壳充水，此时应检查蜗壳排气阀的动作情况，以及水轮机顶盖、导叶套筒、测压管路、进人孔及各连接处的漏水情况，同时记录蜗壳充水时间。当蜗壳充满水后，按顺序以手动和自动方式操作主阀，检查阀体开启和关闭的动作情况，调整并记录在静水中开启与关闭的时间。

4. 供水系统充水试验

钢管和蜗壳充满水后，打开蜗壳取水阀向技术供水系统供水，调整各示流继电器、减压阀、安全阀等，检查各压力表计指示是否正确，各技术供水管是否有漏水和堵塞情况。对水润滑的导轴承，供水至润滑水管路系统，应无漏水和堵塞，并检查止水盘根漏水情况。检查当主润滑水源切断以后，示流继电器的动作及备用水源投入的自动回路动作情况。

为了处理缺陷，将引水管道中的水排出时，应先将进水口工作闸门关闭，然后打开压力钢管和蜗壳的排水阀，引水系统内的水就经过尾水管排至下游，此时要记录全部排水时间。

6.2.4 机组空载试验

1. 机组首次启动试验

机组充水试验完成并正常后，检查确认过流通道、发电机、水轮机、调速器、电气设备及辅助设备等几大系统满足开机条件，即可进行机组的首次启动试验。首次启动试验采用手动方式进行，调速器也应该放在"手动"位置。操作制动风闸，确认所有制动闸全部在落下位置。若有高压油顶起装置，则应将高压油顶起装置置于"手动"位置，启动高压油顶起系统，其油压应正常。利用调速器手动模式开、停机，检查机组转动部分与固定部分之间是否有摩擦。机组首次启动后，要特别注意轴承温度、机组内部噪音、异常音响、机组运行稳定性等。确认首次启动试验正常后，再进行第二次开机。

（1）启动前的准备工作。

1）确认充水试验中发现的缺陷已经处理完毕。

2）机组周围各层场地清扫完毕；通道畅通；吊物孔已盖好，各部位运行人员已进入预定岗位，测量仪器仪表已调整就位。

3）调速器面板指针仪表正常，油压装置已完全正常，各阀门已处于开机位置。

4）机组各轴承油位及测温装置正常。

5）各部位冷却水、润滑水水压正常。

6）刹车低压气正常。

7）上、下游水位，各部位原始温度已记录。

8）发电机顶转子工作按规定已完成，油压撤除后，确认制动风闸已落下。

9）发电机出口断路器已断开，并拉开相应隔离刀闸。

10）发电机的励磁开关处于断开位置。

11）发电机集电环碳刷已拔出。

12）水力机械保护装置和测量装置已投入，机组自动屏上各整定值确认正确。

13）确认机组试验用临时接线及接地线已拆除。

14）临时监视摆度、振动和机组转速的表计已安装到位。

（2）首次启动时手动操作试验。

1）拔出接力器锁锭。

2）手动打开调速器的开度限制机构，红指针置于略大于空载开度位置，操作动作要求快捷，使机组快速升速，推力轴承形成润滑油膜。

3）专人检查调速器、接力器各压力油管路有无渗油、漏油情况，以及机组顶盖等处密封情况。

4）机组启动后，在 50％额定转速下运行 2～3min，无异常情况后逐步增加至额定转速，记录机组启动开度和与额定转速相对应的空载开度值、上下游水位和蜗壳压力值。

5）及时记录机组振动值、摆度值和转速值，若超过允许值，应进行动平衡试验。

6）及时监视机组各部位运转是否正常，有无金属撞击声、水轮机室窜水、轴瓦温度升高、油槽甩油、摆度及振动过大等，及时报告启动指挥主管，直至机组停机。

7）检查发电机集电环表面情况并处理。

8）运行时监视和定期记录推力轴承和各导轴承温度，运行 4～6h，温度应稳定，不允许有急剧升高现象，最高温度不应超过 65℃或设计规定值，轴承油位应正常。

（3）首次手动启动后的停机及检查。

1）操作开度限制手轮进行手动停机，检查自动加闸用的转速继电器动作整定值的正确性。当机组转速下降至 35％左右时，手动打开低压气管路阀门，使风闸加压制动，防止低速运转烧瓦事故发生，停机后解除制动风闸，并进入机组内部，现场检查制动闸落下情况。记录从停机开始到加闸、从加闸开始到机组完全停止转动的时间。

2）停机过程中严密监视、检查各轴承温度变化，转速继电器动作、油槽油面变化，并录制转速（频率）与永磁机电压关系曲线。

3）停机后投入接力器锁定。

4）停机后的检查。

a. 对机组本体的各部件螺栓、螺钉、锁片及键进行检查，是否有松动现象。

b. 检查转子及磁极等的所有转动部件带焊缝的部分。

c. 检查上下挡风板、挡风圈、导风叶是否松动或异常。

d. 检查制动闸摩擦情况。

e. 检查油、水、气管路情况。

f. 在相应水头下，调整开度限制机构的限制开度。

2. 机组过速试验及检查

过速试验是检查过速保护装置的动作值和机组本身在过速条件下的运行情况。

（1）机组在手动空载启动运行后的摆度与振动值均要符合标准要求，在启动主管认可后，才可作过速试验。

（2）过速试验用手动操作平稳地提高机组转速达到额定值，待机组运转正常后，将导叶开度限制机构的开度继续加大，使机组转速上升到额定转速 n_r 的115%，观察测速装置触点的动作情况。如机组运行无异常，继续将转速升至设计规定的过速保护整定值，监视电气与机械过速保护装置的动作情况。

按设计标准，整定过速保护装置的整定值，一般有105% n_r、115% n_r、140% n_r 三个整定值。方法是：先将转速继电器的过速保护接点出口回路从端子上断开。以手动方式先使机组转速达到额定值，待运行正常后，分别逐渐升高转速至额定转速 n_r 的105%、115%和140%倍，同时由继电保护专业人员分别调整其相应的转速接点，最后调至140% n_r 的过速保护接点，使其接点在相应过速下准确动作。调好后，使机组转速回到额定转速 n_r。然后将其断开的相应接点出口保护回路在端子处正确连接好。

（3）在过速试验过程中，应监视并记录过速前、后及最高转速时机组各部位的振动与摆度值，瓦温及各轴承油槽的油面变化值，定子、转子气隙变化情况，以及机组是否有异常响声。

（4）机组过速试验停机后，投入手动锁定，作好安全措施，然后对机组转动部分作全面检查，如转子磁轭键、磁极键、阻尼环及磁极引线、磁轭压紧螺栓等。

3. 调速器空载扰动试验

为选择缓冲时间常数、暂态转差系数和杠杆传动比等调节参数为最佳稳定值，需要进行调速器空载扰动试验。机组在额定转速下运行，检查调速器测频信号是否符合设计要求，进行手、自动切换试验，若接力器无明显摆动，符合设计值，则完成扰动试验。调速器空载扰动试验应符合下列要求：

（1）扰动量一般±8%。

（2）转速最大超调量，不应超过转速扰动量的30%。

（3）调节次数不超过两次。

（4）从扰动开始到不超过机组转速摆动规定值为止的调节时间，应符合设计规定要求。

（5）记录压油泵自动启动的周期时间。

（6）在调速器自动运行时，记录导叶接力器活塞摆动值及摆动周期。

（7）空载扰动试验中的问题，及时进行调整处理，并报告启动运行主管。

（8）在相应水头下，满出力时的相应开度初步调整，并按设计要求整定关闭时间，并经总工程师确认。

机组扰动试验完成后，进行励磁系统的起励、逆变、灭磁、主备用励磁调节器相互切换试验、故障模拟试验，试验结果要符合要求，为机组下一步带励磁装置进行试验作好准备。

4. 发电机三相短路试验

（1）水轮发电机定子出口处设临时三相短路线，启动机组至额定转速，调整发电机的励磁电流使发电机电流由零升至额定值。

（2）录制发电机定子电流与转子电流的关系曲线，此曲线呈直线。

三相短路电流试验时可以同时检查发电机的测量表计和继电保护装置的电流回路。在完成上述试验后，将机组停机，拆除发电机定子出口处的短路线，再在主变压器高压侧母线以及线路出口等处设置短路线。

（3）再启动机组至额定转速，调整励磁，利用短路电流检查主变压器、母线、线路的测量表计和继电保护装置的电流回路。

如发电机绝缘受潮，可利用短路电流进行干燥。在短路干燥过程中，用采用调节定子电流的办法控制绕组的温度，最高温度不超过 80℃，每小时升温不超过 5℃，开始试验 12h 内，每 2h 记录一次绝缘电阻温度及电流值，以后每 4h 测一次并绘制绝缘电阻与时间的关系曲线。当绝缘电阻值达到稳定并达到规定值要求后，绝缘电阻吸收比不小于 1.6；极化指数不小于 2.0，可停止干燥。

在进行短路试验时，还应适当通风，以排出发电机的湿气。

5. 发电机定子绕组的直流耐压试验

发电机短路干燥后，机组停机，拆开中性点和引出线，进行定子绕组每相对地的直流耐压试验，试验电压为 3 倍额定电压，时间 1min。耐压前后测量定子每相对地的绝缘电阻和温度。

如果水轮发电机定子绝缘采用 F 级环氧粉云母绝缘，抗潮性能好，在没有特殊情况下，发电机短路试验后不再进行短路干燥，也不做检查性的直流耐压试验。

6. 自动开机和自动停机试验

自动开、停机试验主要检查：机组各部位的输入/输出信号、LCU（Local Control Unit，即现地控制单元）与其他系统接口、各系统之间的通信是否正常，开、停机条件是否满足且合理，开机控制程序、逻辑关系是否正确，各辅助设备投入顺序及工况是否正常，开机模式、操作方式及开、停机总时间是否满足设计要求，通过上述试验对机组自动开、停机设置及控制程序进行参数优化。根据试验的实际情况，将自动开、停机试验穿插在其他试验中进行。

（1）自动开机、自动停机前的必备条件。调速器切换到自动位置；功率给定处于空载位置；频率给定处于额定频率位置；调速器参数在空载最佳位置；水力机械保护回路全部投入，并投入控制回路二次电源，要经过两人检查确认。

（2）自动开机可在中控室进行，操作水轮机自动控制开关，送出一个开机脉冲即可全部完成自动开机过程，并随即进行各项检查：

1）自动化元件能否正确动作情况。

2）调速器动作情况。

3）发出开机脉冲到开始转动，以及升至额定转速的时间。

4）导叶启动开度和空载开度。

5）上、下游水位和蜗壳压力。

6）机组大轴的摆度值和各测振点所在部位的振动值，以及各测温点所在部位的温度值。

（3）机组自动停机时，在中控室操作自动控制开关，扭向停机侧，发出停机脉冲，记录以下各项：

1）记录发出停机脉冲到转速降至额定转速 n_r 的35％时的制动转速时间。

2）记录自动加闸刹车到机组停止转动所需的时间，是否与整定时间相符。

3）检查转速继电器和全部自动化元件动作情况，并对异常情况进行处理。

4）停机后，再次重复首次手动停机后的检查，特别注意检查制动风闸是否自动落下。

5）停机后，整定自动回路的开、停机未完成的时间继电器。

此外，事故停机试验，通过模拟事故，检查事故停机程序启动的及时性与准确性，判断启动条件的正确性和合理性。事故停机试验穿插在其他试验中进行。

6.2.5 水轮发电机空载升压试验

水轮发电机在额定转速下运行，机组不带负荷，调整发电机转子励磁电流使定子电压从零升到额定值，检查发电机各部位是否有异常情况，称为发电机空载升压试验。

空载升压试验可先利用备用励磁装置进行，也可直接使用发电机的自励系统。空载升压过程可分两个阶段进行。

（1）第一阶段是对发电机定子的升压试验。具体步骤如下：

1）确认水轮机全部空载试验完成并合格。

2）带有复励装置的发电机，应按制造厂的规程规定，对励磁调节器现场调试合格。

3）发电机按试验规程进行的电气部分试验，如绝缘电阻的耐压试验等，应全部合格。

4）发电机保护装置全部投入，控制保护二次直流电源投入。

5）自动开机至额定转速空载运行，并测发电机电压互感器二次侧残压。

6）将励磁调整装置置于电压零位位置上，合上励磁开关，手动逐渐调整励磁电流，将发电机电压升至25％额定电压值，检查各电压回路、发电机引出母线、分支线、发电机断路器等设备状态是否正常，测量机组振动、摆度、气隙变化值及定子绕组局部放电起始状态值，发电机电压互感器二次侧测量相序、相位和各相电压。

7）检查上述情况正常后，将电压升至50％额定电压值，跳开灭磁开关检查灭弧情况，录制示波图。

8）经主管同意，调整励磁电流至空载电流值，再将发电机电压升至额定值。

9）在专责电气试验人员主持下，作发电机空载特性曲线试验，最高电压按规程一般不允许超过1.3倍额定电压。

10）在专业电气试验人员主持下，作发电机短路特性试验。

11）在作空载特性试验时，调整励磁电流要慢慢进行，并检查低压继电器和过电压继电器在整定值下的动作情况，并检查励磁碳刷有无火花。

（2）第二阶段是对发电机励磁系统的试验。

1）考验发电机起励及电压建立过程是否正常，自动励磁调节器应能在发电机空载额定电压的 70%～110% 范围内平衡地调节。

2）手动控制单元调节的下限不得高于发电机空载励磁电压的 20%，上限不得低于发电机额定励磁电压的 110%。

3）全部试验完成后，在 50%、100% 额定电压下，跳开灭磁开关，检查灭磁情况并录制示波图。同时，对于三相全控整流桥的励磁装置，还需进行逆变灭磁试验。

6.2.6　水轮发电机组并列及带、甩负荷试验

1. 水轮发电机组空载并列试验

机组在并入系统前，应选择同期点及同期断路器，检查同期回路的正确性。

机组投入电力系统的同期并列以自动准同期为首要方式，手动准同期作为辅助方式，一般不作自同期并列。自动准同期采用微机自动准同期装置，同期成功率一般在 99% 以上，同期点可按电站电气主接线方式及运行需要预先选择。发电机与主变压器采用单元接线方式的电站，同期点为主变压器高压侧出口断路器；扩大单元接线方式的同期点选择在发电机的出口断路器。同期并列过程中记录机组侧及电网侧的电压、频率和同期跟踪时间。国内多数电站在正式同期并列前，一般先在隔离开关断开的情况下，进行模拟并列试验，以确定同期装置工作的准确性。其具体步骤如下：

（1）检查全电站公用同期回路，周期表、周波表、电压表接线正确，同期表的切换开关"断开"位置正确，还要进行全电站所有断路器同期点开关"断开"位置的检查。

（2）全电站现场只留一个公用同期开关 TK（SS）插入操作把手。

（3）先以手动准同期方式进行并列试验。在正式并列试验前，应先断开相应的隔离开关，进行模拟并列试验，以确定同期装置的正确性。全站所有同期点都要模拟一次。

（4）正式进行手动准同期并列试验。有条件时可录制电压、频率和同期时间的示波图。

（5）手动准同期模拟合格后，再用自动准同期作模拟试验。

（6）同期并列由两人进行操作。

2. 水轮发电机组的带负荷试验

水轮发电机并列试验完成后，即可进行带负荷试验。带负荷试验的目的是检查机组各部位及辅助设备在各种负荷工况下的运行情况，为机组投产发电前作准备。机组带、甩负荷试验应相互穿插进行。

（1）水轮发电机组的带负荷试验。机组带负荷试验是在不同负荷和不同功率因数下进行的，它除了检查机组自动调节励磁装置的调节质量外，还可了解机组带负荷下的振动区域，并可录制出在不变水头时机组出力 P 与导叶开度的关系曲线 $P=f(\alpha_0)$。

1）操作调速器开度限制机构慢慢增大开度，使有功负荷逐级增加，观察并记录机组

各部位运转情况和各仪表指示。

2）观察和测量机组在各种负荷下的振动范围及其测量值，记录振动区相应的水头和相应的开度值，若机组振动明显，应快速越过避开。同时，测量尾水管压力脉动值，观察尾水补气装置工作情况，必要时进行补气试验。

（2）水轮发电机带负荷下励磁调节器试验。

1）对主变压器的全压冲击合闸试验，不允许用发电机进行，只允许用系统电源进行。

2）断开主变压器与发电机相联的低压侧断路器及隔离开关，断开供电用户断路器及刀闸。

3）投入主变压器全部保护装置及控制装置、信号装置，主变压器完全处于带电运行状态，只留下高压断路器未合上。

4）投入主变中性点接地刀闸。

5）联系电网调度部门，向电网送电到本水电站高压侧母线，检查电压正常。

6）合上主变高压侧断路器，使电力系统全压对主变冲击合闸 5 次。每次合闸后，要去现场进行检查，之后再逐次合闸 5 次，间隔不小于 10min。检查主变压器无异状、异声、异味，并检查主变差动及瓦斯保护有无动作情况，及时监视盘表的励磁涌流大小并记录下来，有条件时可以录下示波图。

（3）机组突变负荷试验。在其他试验全部合格条件下，使机组突然增加或突然减少负荷，变化量不应大于额定负荷的 25%，并应自动记录机组转速、蜗壳水压、尾水管压力脉动、接力器行程和功率变化等过渡过程，并选择各负荷工况下的调速器的最优调节参数。

上述调整机组有功和无功负荷时，应先在现地调速器和励磁装置上进行，正常后再通过计算机监控系统调节。

另外，对于转桨式水轮机，在不同负荷下，导叶开度和转轮桨叶开度协联关系应进行校核和调整。

3. 水轮发电机组甩负荷试验

甩负荷试验的目的是，检查当机组甩负荷时水轮机调速器和励磁调节器的动态特性、蜗壳压力上升率与转速上升率是否符合设计要求。甩负荷试验一般甩有功负荷。

（1）甩负荷试验应具备的条件。

1）将调速器的参数选择在空载扰动或负荷试验所确定的最佳值。

2）再次确认或调整好调速器在相应水头下，额定负荷时的最大开度位置，在此最大开度下，按设计调保计算结果，整定调速器全关时间，并经总工程师确认。

3）调整好测量机组振动、摆度、蜗壳压力、引水管压力、机组转速（频率）和接力器行程等电量和非电量的监测仪表。

4）所有继电保护及自动装置均已投入。

5）自动调节励磁已选择在最佳值。

6）已确认处理好在机组试运行中发现的缺陷。

7）按正常开机程序步骤开机运行。

8）与电网调度中心已经联系好，并确认同意。

9）总指挥及各岗位人员已就位。

（2）机组甩负荷试验。甩负荷试验应在额定负荷的 25％、50％、75％和 100％下分别进行，并记录有关数据，当电站受运行水头和电力系统条件限制时，若机组不可能在带额定负荷下甩额定负荷，则可按在当时水头、最大可能负荷下进行甩负荷试验。在低负荷试验后要分析测量数据，如转速上升、蜗壳压力升高等，估计在甩全负荷时，是否会超过其规定的范围。若某一方面可能超过范围，应调整某些参数，使转速上升和压力上升均不至于太大。

$$机组转速上升率=\frac{甩负荷时最高转速-甩负荷前稳定转速}{甩负荷前稳定转速}\times100\%$$

$$蜗壳水压上升率=\frac{甩负荷时蜗壳实际最高水压-甩负荷前蜗壳实际水压}{甩负荷前蜗壳实际水压}\times100\%$$

$$实际调差率=\frac{甩负荷后稳定转速-甩负荷前稳定转速}{甩负荷前稳定转速}\times100\%$$

1）机组并入系统，带上预先规定好的负荷。

2）运行稳定后，跳开发电机开关，将负荷突然甩掉，甩掉的负荷由系统或本电站其他机组承担。

（3）自动励磁调节器的稳定性和超调量检查。当发电机甩 100％额定负荷时，按标准要求，发电机电压超调量不应大于额定电压的 15％，振荡次数不超过 3 次，调节时间不大于 5s。

（4）水轮机调速系统调节性能检查。检查校核导叶接力器紧急关闭时间、蜗壳水压上升率和机组转速上升率等，均应符合调节保证计算的设计规定。如有不符，应经总工程师确认并处理。

（5）调速器动态品质检查。考核机组甩负荷时，调速器的动态品质应达到如下要求：

1）机组甩 100％额定负荷后，在转速变化过程中超过稳态转速 3％以上，波峰不应超过 2 次。

2）机组甩 100％额定负荷后，从接力器第一次向关闭方向移动起到机组转速摆动值不超过 ±0.5％为止，总历时不应大于 40s。

3）接力器不动时间，对于电液调速器不大于 0.2s，对于机械调速器不大于 0.3s。如有不符，应经总工程师确认并处理。

（6）转桨式水轮机甩负荷后检查。对转桨式水轮机，甩负荷后应检查调速系统的协联关系和分段关闭的正确性，观察和检查突然甩负荷引起的抬机情况。

甩负荷试验是机组的正常调节过程，不应作用于停机，机组过速保护装置也不应动作，否则须重新整定装置的动作定值。

在电站具体条件下，由于受到电站运行水头或电力系统的条件限制，机组不能按上述要求带、甩额定负荷时，可根据当时的具体条件，甩负荷的次数和数值作一调整，但希望最后一次甩负荷试验应在所允许的最大负荷下进行。

4. 水轮发电机组调相运行试验

此试验应根据设计要求和电力系统的运行情况确定。凡要求具有调相运行功能的电站或机组，均应对机组调相运行操作能否成功和调相能力加以试验。机组做调相运行时，向系统提供无功功率。试验时先启动水轮发电机组与系统并列，然后将导叶关闭，机组即转入调相工况运行。机组本身消耗的有功功率由系统提供。为了减少有功功率消耗，电站装设一套压缩空气系统和管路，利用压缩空气将水轮机转轮室内的水位压低，使转轮在空气中旋转，此时所消耗的有功功率仅为在水中的10%左右。

为了使机组能进行调相试验，应做以下检查：

（1）机组调相运行时，水轮机转轮室的充气压水操作应能实现。

（2）发电机在额定电压、额定功率、功率因数（cos φ）为零和过励条件下，持续发无功功率时，发电机转子温升不应超过规定值。国产机组发电机的调相能力一般为 $0.55\sim0.75$ 倍的额定视在功率。

（3）机组调相与发电工况的相互自动转换应正确，自动化元件及装置工作正常。

（4）发电机无功功率的调节应平稳，记录转子电流为额定值时零功率因数下的最大输出无功功率值。

进行调相运行试验时，应按照有关技术文件或标准要求，记录机组的无功功率、定子电压、定子电流、转子电压、转子电流、有功功率及各轴承温度，还有机组各部位的摆度和振动。

5. 水轮发电机组进相运行试验

如果设计有要求，机组应进行进相运行试验。水轮发电机进相运行试验时是处于欠励运行，以吸收电力系统剩余的容性无功功率又送出有功功率的一种运行方式。

机组进相运行试验可按照50%、80%、100%额定功率分阶段进行试验，在不同的功率下逐步降低励磁电流，使功率因数由滞相转入进相，待定子铁芯端部温度稳定后，继续加大进相深度，试验中应密切监视定子铁芯端部温度不超过限定值。进相深度以设计对发电机要求为准，在此状态下发电机不应失步。

进行进相运行试验时，应按照有关技术文件或标准要求，记录发电机有功功率、无功功率、定子电流、定子电压、转子电流、转子电压、功率因数、定子铁芯端部温度、开关站母线电压等有关参数。校核相关电气保护。根据试验结果，核对发电机设计功率圆图及V形曲线。

6. 水轮发电机组最大出力试验

如合同有要求，在现场有条件的情况下，进行机组最大出力试验。试验时应根据合同规定的功率因数和发电机最大视在功率下进行。最大出力下运行不小于4h，自动记录机组各部温升、振动、摆度、有功和无功功率值，记录接力器行程和导叶开度，校对水轮机运转特性曲线和发电机厂家保证值。

7. 水轮发电机组连续带负荷试验

（1）72h带负荷连续试运行。在进行启动、空载、带负荷等各项试验合格后，机组已具备并入电网带额定负荷连续72h试运行的条件后，进行机组连续带负荷试验。若由于水库没有达到设计水位等外部特殊原因使机组不能达到额定出力，可根据具体情况确定机组应带的最大负荷值。具体步骤如下：

1）完成以上试验内容并经验证合格，再经总工程师核准后，按规程规定程序和步骤，将机组并入电力系统，带额定负荷连续试运行。连续试运行时间，对新投产机组为72h，对大修机组为 24h。

2）根据正式运行值班制度，进行全面正常值班工作，并记录运行有关参数。

3）在连续运行时，由于机组及附属设备的制造和安装质量原因引起运行中断，经检查处理合格后重新开始连续试运行，中断前后的运行时间不得累加计算。

4）连续试运行后，应停机检查并将蜗壳和引水道的水排空，检查机组流道部分及水工建筑物排水系统情况，消除并处理连续试运行中所发现的所有缺陷。

5）连续试运行后，应及时消除水力机械和电气设备的所有已发现的缺陷。

6）新投产机组在试运行 72h 后要停机，处理好已发现的所有缺陷，随后可开始为期一年的试生产。试生产由电站建设单位委托生产单位进行。生产期满后方可正式移交。

（2）30 天考核试运行。对于合同规定有 30 天考核试运行的机组，应在通过 72h 连续试运行并经停机检查处理发现的所有缺陷后，立即进行 30 天考核试运行。机组 30 天考核试运行期间，由于机组及其附属设备故障或因设备制造安装质量原因引起中断，应及时加以处理，合格后继续进行 30 天试运行。若中断时间少于 24h，且中断次数不超过 3 次，则中断前后运行时间可以累加；否则，中断前后的运行时间不得累加计算，应重新开始 30 天考核试运行。30 天考核试运行中发现问题，按机组设备合同或安装合同文件的规定进行处理。30 天考核试运行结束和签署初步验收证书后，即可投入商业运行。

6.2.7　水轮发电机停机过程中和停机后的检查

水轮发电机停机的具体操作过程采用开度限制机构进行手动停机。当机组转速降到额定转速的 50%～60% 时，设有高压油顶起装置的机组，手动将其投入；当机组转速降到额定转速的 15%～20% 时，手动投入机械制动装置直到机组停止转动，解除制动装置使制动器复位。手动切除高压油顶起装置，同时要监视机组不能有蠕动。

1. 停机过程中的检查

机组在停机过程中应作如下检查：

（1）监视各轴承的温度变化及有无异常情况。

（2）检查转速继电器的动作情况。

（3）记录或录制停机转速与时间关系曲线。

（4）检查各轴承油槽油面变化情况。

2. 停机后的检查和调整

机组在完全停稳后应作以下检查和调整：

（1）检查各部位螺栓、销钉、锁片及键是否松动或脱落。

（2）检查转动部分的焊缝是否有开裂现象。

（3）检查发电机挡风板、挡油圈、导风叶等是否松动或断裂。

（4）检查制动块的摩擦情况及制动器动作的灵敏性。

（5）调整各轴承油槽油位继电器位置的触点。

（6）相应水头下，整定开度限制机构及相应空载开度触点。

习　题

6.1　机组的启动试运行指的是什么？

6.2　为什么要进行机组启动试运行工作？

6.3　机组启动试运行的目的是什么？机组启动试运行具备的条件有哪些？

6.4　机组启动试运行的主要内容是哪些？

6.5　试运行前的检查工作包括哪些内容？

6.6　充水试验的目的是什么？简述充水试验的程序。

6.7　为什么要做机组空载试验？

6.8　机组空载试验的主要内容有哪些？

6.9　机组过速试验及检查的内容有哪些？

6.10　机组带负荷试验如何进行？检查内容有哪些？

6.11　机组甩负荷试验的目的是什么？

6.12　为什么要进行水轮发电机空载升压试验？

6.13　如何进行机组的调相试验？

6.14　如何进行机组的进相试验？

6.15　72h 试运行的基本要求是什么？

6.16　机组停机过程中和停机后要作什么检查和调整？

第 7 章

水轮发电机组的平衡

学 习 提 示

内容： 水轮机转轮的静平衡，发电机转子的动平衡。

重点： 水轮机转轮的静平衡，发电机转子的动平衡。

要求： 掌握水轮机转轮的静平衡，掌握发电机转子的动平衡。

7.1 概　述

7.1.1　平衡的基本概念

水轮发电机组主轴及其上的附件都应是轴对称的，重心在轴线上时机组才能稳定运行。但发电机转子、水轮机转轮是比较大且比较重的转动部件，在设计、制造、安装过程中会出现质量不平衡的问题。

机组转动部件存在质量不平衡，分为静态不平衡和动态不平衡两类。

所谓静态不平衡，是指机组转动部件在制造加工过程中因材质不均匀、毛坯缺陷、加工质量不好，或在安装与检修阶段，安装装配时存在各种偏差，转动部分重心不在中心线上，在静态时其重心偏离旋转中心，形成一个质量偏心。

所谓动态不平衡，是指机组转动过程中存在质量偏心或不平衡力偶，或原本质量不偏心但运行一段时间后，由于振动使零部件磨损、松动、位移、脱落等造成质量不平衡，在机组旋转时质量偏心会产生不平衡离心惯性力。如由于发电机转子磁轭紧量不足，运行中磁轭径向外移而造成的质量不平衡；对于转速高而转子又长的机组，在转子垂直平面上还可能出现不平衡力偶。

当质量偏心部件旋转时产生的不平衡离心惯性力，会引起转子弓状回旋，增加轴承磨损，降低机械效率，形成转子和轴承的振动，甚至引发破坏性事故。因此，为了避免产生这些不良后果，在制造加工与安装检修过程中，必须严格控制转动部件的不平衡质量在合理的误差范围内。

存在质量偏心的主要部件是发电机转子和水轮机的转轮，但它们是通过不同的方法来实现平衡的。水轮机转轮一般在出厂前或检修后进行静平衡配重试验，发电机转子一般在试运行前进行动平衡配重试验。

7.1.2 静平衡试验类型

水轮机转轮的形状非常复杂，以混流式转轮为例，它由上冠、下环、若干叶片等组成，它的制造工艺过程无法保证其重心落在轴线上，也不便于计算。其静平衡就只能通过试验来检查和实现。用静平衡试验的方法，可以验证水轮机转轮重心是否与转轮几何中心重合，并可用加配重（或减重）的办法来消除质量偏心。

静平衡试验装置主要有立式和卧式两大类。立式包括支承式和悬吊式，其中支承式是最常采用的方法。支承式又包括球面刚性支承式、球面静压支承式，重力传感器三点支承式等多种。

小型转轮通常可由加工工艺来保证其质量均匀，也可采用卧式试验进行配重。

中型转轮（从数吨到数十吨）一般在机加工之后要进行质量补偿，工程上也设计了多种质量平衡测量装置；大型与巨型转轮（从上百吨到数百吨），其偏心质量的测量十分困难，测量装置有采用刚性支承式、静压支承式，重力传感器三点支承式称重等。总之，大中型转轮采用球面刚性支承式的较多，巨型转轮采用重力传感器三点支承式的较多。如小浪底、龙滩等电站采用的就是重力传感器三点支承式。

静平衡试验一般在水轮机出厂前交付使用时进行。有些电站运行一段时间后发现，因空蚀与泥沙磨损等原因引起转轮失重，造成新的质量不平衡，在机组检修补焊后有时也需要在电站现场做静平衡试验。随着巨大型机组制造技术的提高，在电站现场设计机械加工车间，将若干散件组焊加工成整体转轮，之后也需要在现场做静平衡试验。如美国大古力水轮机转轮是最早在电站工地组焊加工后做静平衡试验的；国内的小浪底、龙滩、拉西瓦、三峡右岸等电站，其水轮机转轮均是在现场组焊后做静平衡试验的；在建的溪洛渡电站的水轮机转轮，已在合同中要求现场加工组焊后做静平衡试验。随着水轮机技术的发展，静平衡试验的技术也有了很大变化。

7.2　水轮机转轮的卧式静平衡试验

对于尺寸和重量不太大的转轮，可以用卧式的静平衡试验台，如图 7-1 所示。

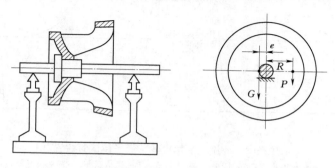

图 7-1　转轮静平衡的卧式试验台

设置两根互相平行的水平导轨，用试验轴将转轮支撑在导轨上。如果转轮的重心不在它的轴线上，转轮势必在重力作用下旋转，最后停在重心向下的位置 e 处，试验时反复搬动转轮，在不同位置上放手让它自由摆动并最后静止，就可以找出重心 G 所在的方向。再在反方向拟加配重的半径 R 处试加一个重量，重复前面的检查，当配重 P 适当时，转轮可停在任意位置，即构成力矩平衡关系，即

$$PR = Ge \qquad\qquad (7-1)$$

当然，这样的试验会受摩擦力影响，应该反复调整配重 P 的大小，并且顺、反时针搬动转轮来进行检查。

7.3　水轮机转轮的立式静平衡试验

大中型立轴混流式和轴流式水轮机的转轮，常采用球面支承式方法进行立式静平衡试验。支承球体置于底座的平衡底板上。根据静力学原理，这种支承在球面上的转轮，只有当其平衡时，轴线才处于垂直状态，否则转轮将向重心一侧倾斜，以求保持重心处于通过球体中心的垂线上。

下面主要介绍最常用的球面刚性支承式静平衡试验方法。

7.3.1　静平衡试验装置

球面刚性支承式静平衡试验装置，一般采用调整螺杆的结构方案，如图 7-2、图

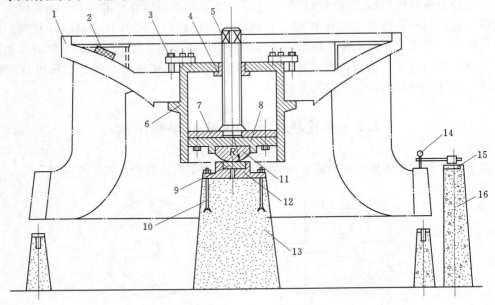

图 7-2　混流式水轮机转轮静平衡试验装置

1—转轮；2—加配重块位置；3—压板；4—螺杆套；5—调整螺杆；6—平衡托架；7—定心板；
8—平衡板；9—平衡底板；10—基础螺栓；11—平衡球；12—平衡底板座；
13—混凝土墩；14—百分表架；15—测量底板；16—测量支墩

7-3所示,由金属支座、平衡底板座、平衡底板、平衡球、平衡板、定心板、平衡托架、调整螺杆等组成。先将平衡底板放在平衡底板座上,并将平衡底板座固定于混凝土支墩上;再将平衡球(或部分球面)支承于平衡底板上,平衡球面体由固定在转轮上的支架握持。为了能将被平衡系统的重心调整到适当高度,设置调整螺杆和螺母,平衡球就装在调整螺杆下端的定心板或平衡板上。为保证平衡球的球心位于转轮几何中心线上,平衡托架、定心板的内、外圆需精细加工,严格控制其圆度、光洁度和配合间隙。

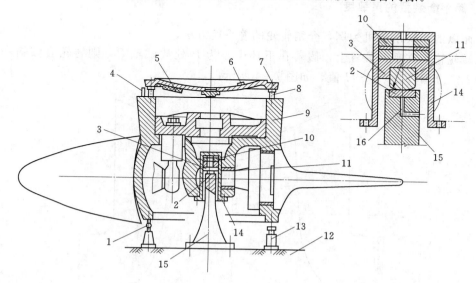

图7-3 轴流式水轮机转轮静平衡试验装置

1—测量用百分表;2—平衡底板;3—定心板;4—框形水平仪;5—配重块位置;6—精平衡时所加
配重块;7—下端盖;8—组合螺钉;9—转轮;10—垫环;11—平衡球;12—基础平台;
13—千斤顶;14—平衡托架;15—支墩;16—排气孔

平衡球和平衡底板要用锻钢加工,经淬火后再研磨,以保证足够的硬度、圆度、平直度和粗糙度。

在转轮放上后,球与平衡底板间的接触应力为

$$\sigma = 0.388 \times \sqrt[3]{\frac{GE^2}{R^2}} \tag{7-2}$$

式中　σ——接触应力,N/cm²;

　　　R——平衡球面的曲率半径,cm;

　　　G——被测平衡系统的质量,N;

　　　E——钢的弹性模量,$E = 2.16 \times 10^7 \text{N/cm}^2$。

为使接触应力不超过许用接触应力,不致产生过大的压缩变形,平衡球(或球面)的半径不应太小,可由式(7-3)计算

$$R = \sqrt{\frac{0.388^3 GE^2}{[\sigma]^3}} \text{(cm)} \tag{7-3}$$

式中　$[\sigma]$——球和平衡底板的许用接触应力,N/cm²。

对于中小型水轮机转轮，钢球直径可取 90～100mm，若钢球直径超过 150～200mm 时，可用部分球面体来代替。

为防止试验时转轮发生倾覆事故，在进行静平衡试验时，必须在转轮下对称设置几个防倾覆的方木。为了防止焊接配重时烧坏球面接触面，在施焊前，必须用四周设置的千斤顶同时顶起转轮，使球面与平衡底板脱开。

7.3.2　静平衡装置的灵敏度

下面以混流式水轮机为例，介绍转轮的静平衡方法。

将转轮稳定在平衡装置上，假若在下环中心为 R 处放试重 P，则转轮会倾斜一个角度 $\angle oo^\circ o_1$，下环下沉一个 H 值，如图 7-4 所示。

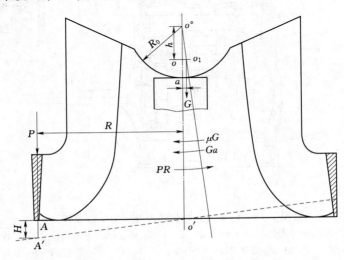

图 7-4　静平衡时的力矩平衡

这里力矩 PR 不但要克服转轮重心偏离轴中心的力矩 Ga，而且要克服摩擦力距 μG。因此，力矩的平衡方程式为

$$PR = Ga + \mu G \tag{7-4}$$

式中　G——被平衡系统的质量，kg；

　　　　R——下环上放试重点距转轮中心的距离，mm；

　　　　P——在下环上放试重的质量，kg；

　　　　a——转轮重心偏离球心垂线的距离；

　　　　μ——滚动摩擦系数，对钢与钢，约为 0.01～0.02mm。

由于转轮是整体倾斜一个角度，故 $\angle oo^\circ o_1 = \angle Ao'A'$，有

$$\frac{H}{R} = \tan\angle oo^\circ o_1 = \tan\angle Ao'A' = \frac{a}{h} \tag{7-5}$$

式中　H——在下环上放试重方位距转轮中心距为 R 点测得的下环下沉量，mm；

　　　　h——平衡球心与转轮重心的距离，mm。

由式（7-5）得

$$a = \frac{H}{R} h \qquad (7-6)$$

代入式（7-4），则有

$$PR = G\frac{H}{R}h + \mu G \qquad (7-7)$$

式（7-7）就是静平衡试验的基本方程。由方程可知，被平衡系统的重心与支持球的球心的距离 h 越小，能使系统失去平衡而倾斜的力越小，即平衡装置的灵敏度越高。或者说，当试重为一定量时，h 越小，则下环下沉量 H 就越大，使平衡试验具有足够的精度。但是，当 $h=0$ 时，平衡系统处于随遇平衡状态，不可能进行静平衡试验；当 $h<0$ 时，即被平衡系统的重心高于支持球的球心，系统处于不平衡状态，会发生转轮倾覆。为了提高静平衡试验的灵敏度，又要保证试验的安全，h 值应该调整到表 7-1 的范围内。

但是，转轮等被平衡系统的重心位置很难用理论办法做精确计算，必须用试验办法找出球心与重心的距离，并据此调整球心位置，使 h 符合表 7-1 要求。试验办法是将被平衡系统通过平衡球放置于平衡底板上，此时可将球心位置调高一些。试验时，在下环处放置试重 P。待系统重新稳定后读出该点的下沉量，由式（7-7）算出 h 值，为

$$h = \frac{(PR - \mu G)R}{GH} \qquad (7-8)$$

将式（7-8）求出的值与表 7-1 中相应的值比较，通过调整螺杆或增加垫环的办法使值减小到表 7-1 中的要求。

表 7-1　　　　　　　　　　　　　转轮立式静平衡灵敏度

被平衡转轮质量 (t)	h 值（mm）		被平衡转轮质量 (t)	h 值（mm）	
	最大	最小		最大	最小
5 以下	40	20	50～100	80	50
5～10	50	30	100～200	100	70
10～50	60	40			

7.3.3　平衡工具带来的误差

因制造上的原因，平衡工具——球面支承中心不在转轮几何中心线上，就会给静平衡工作带来很大误差。这种球面支承中心与转轮几何中心线的偏差，在现场用一般方法很难检查出来，且难以处理纠正。除在平衡装置的平衡球、定心板、平衡板、平衡托架等零件的加工中，尽量保证其同心度外，在现场可用旋转对称平衡法来消除球心与转轮几何中心偏差带来的误差。由于平衡工具的误差，则静平衡试验得出的结果是转轮本身不平衡和平衡工具误差二者的矢量和。如图 7-5 所示，当平衡工具与转轮的相对位置固定后，平衡试验所求得的配重大小 P_1 和配重安装方位 α_1 用 $\overrightarrow{OA}$ 表示；然后解除平衡托架与转轮的连接，连同托架内的零件旋转 180°角后与转轮连接，再次做平衡试验，得出配重的大小 P_2 及安装方位 α_2 用矢量 $\overrightarrow{OB}$ 表示。连 AB，取 AB 中点 C，则 $\overrightarrow{OC}$ 就代表转轮所需要的配重大小 P 及安装方位 α。而 $\overrightarrow{CA}$ 和 $\overrightarrow{CB}$ 代表平衡托架及内部零件中心误差在 0°、180°时相对静平衡试验所带来的误差。

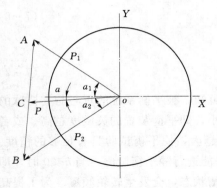

图 7-5　图解法求解转轮的
实际配重

7.3.4　静平衡试验方法

1. 试验前的准备工作

（1）主要工具和仪器。两架精度为 0.02mm/m 框形水平仪，两块与框形水平仪底面形状尺寸相同及重量相等的平衡块；量程为 0.5m 的钢板尺；量程为 0～10mm 的百分表；质量为 1kg、2kg、3kg 的砝码各若干个；千斤顶根据承载荷重选择，千斤顶总工作能力大于被平衡系统总重量，一般 4～8 只；防转轮倾覆的方木或钢支墩若干；平衡配重用的铁块或铅块若干；其他如磅秤、电焊机、砂轮机等准备好。

（2）场地选择布置。试验场地要求设在基础坚固、吊运设备方便的地方。试验前应清扫场地，以基础支墩为准，在直径相当于下环直径的圆周上，分别等距地放好钢支墩（或方木）和千斤顶若干个，并调整钢支墩使之在同一高程上，调整千斤顶顶面高程，一般以转轮放上后球与平衡底板间保持有 5mm 的距离为准。

（3）试验装置的安装。

1）金属支座、平衡底板座、平衡底板安装。把支座底面与平衡底板顶面清洗干净，吊放在基础支墩上，用螺栓固定即可，并保证不平衡底板水平不低于 0.02mm/m。

2）平衡球、平衡板、定心板、平衡托架等的安装。安装前将其清扫检查后，放置在转轮组合场地中央，然后吊起转轮放在托架四周的千斤顶上，松开钢丝绳，再用桥机通过转轮法兰孔把托架这个组合件对正中心缓慢提起后，拧紧压环螺栓及其周围的顶丝，利用调整螺杆将球心调到高于重心的位置。

3）检查平衡托架与转轮内圆周边间隙，使之周边间隙相等，保证球心在转轮几何中心线上。

2. 灵敏度 h 的检查

在转轮下环上分别放置质量为 1kg、2kg、3kg 的试重 P，则在相同位置用百分表测出下环下沉量 H_1、H_2、H_3，分别用式（7-8）计算相应的 h 值。如果 3 次计算的 h 值基本相同，则用其中一个值与表 7-1 中的相应值比较并调整螺杆，使 h 值符合规定。若 3 次计算出的 h 值差别较大，则说明计算中所用的 μ 值不尽合理。在实践中按式（7-8）计算，3 次计算结果往往相差超过 10%，其原因是 μ 值取值不当。因为滚动摩擦对静平衡的影响是复杂的，它的方向永远与转轮倾斜运动方向相反，转轮加试重后会摆动几次才稳定下来，摩擦力矩的方向不可能永远同 PR 方向相反。所以可把 μ 值也当成一个未知数。为了求出 h 和 μ 值，可利用上述 3 次加试重的测量数据中的两次加试重的测量数据，列联立方程式为

$$\left. \begin{array}{l} P_1 R = G \dfrac{H_1}{R} h + \mu G \\[3mm] P_2 R = G \dfrac{H_2}{R} h + \mu G \end{array} \right\} \qquad (7-9)$$

该方程的解为

$$h = \frac{(P_1 - P_2)R^2}{(H_1 - H_2)G}$$
$$\mu = \frac{(P_2 H_1 - P_1 H_2)R}{(H_1 - H_2)G}$$

(7 – 10)

然后用第 3 个试验结果进行校核。这种办法得出的 h 值误差较小，可根据这个结果再调整至符合表 7 – 1 中的规定。

3. 转轮的初平衡试验

如图 7 – 6 所示，在转轮的下环 X、Y 两个方位（半径相同）平稳地放置框形水平仪，为克服水平仪自重的影响，在对称位置（$-X$、$-Y$）放置与水平仪等底面、等重量的平衡块。根据水平仪的水平读数，在转轮轻的一侧放置平衡配重，使转轮的轴线垂直（即水平仪读数为零）。平衡配重的大小、方位可根据水平仪读数计算，有

$$H = \sqrt{(\delta_X R)^2 + (\delta_Y R)^2} = \sqrt{\delta_X^2 + \delta_Y^2}\, R \qquad (7 – 11)$$

$$P = \frac{hH + \mu R}{R^2}G \qquad (7 – 12)$$

$$\alpha = \arctan \frac{\delta_X}{\delta_Y} \qquad (7 – 13)$$

式中　H——使水平仪指示为零时转轮轻的一侧下环应下沉的高度，mm；

P——平衡配重的质量，kg；

δ_X、δ_Y——在 X、Y 轴线上水平仪测出的不水平度（注意读数的正负方向）；

α——平衡配重在转轮上的安放角度（$+X$ 方向为零度，并注意所在象限）；

G——转轮及平衡工具的总质量，kg；

R——水平仪、百分表和平衡配重安放半径，mm；

h、μ——前述的计算结果。

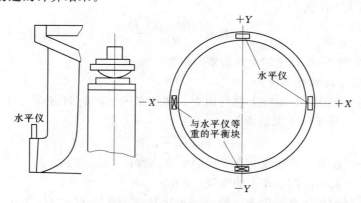

图 7 – 6　水平仪放置位置

按计算出的 P 和 α 值放置平衡配重，并适当调整其大小及方位，至两框形水平仪气泡居中为止，记录此次求出的配重大小和方位 P_1、α_1。将平衡托架连同内面的零件旋转 180°，拿下第 1 次试验的配重 P_1，再次进行平衡试验，得出使两框形水平仪气泡居中时的配重大小及方位 P_2、α_2。用图 7 – 5 的方法求出转轮本身不平衡所需要配重 P 及方位 α，将平衡工具误差所需要配重暂时放在下环上。因转轮所需配重的实际安放位置不在下环

上，多数焊在转轮上冠和减压板之间的空间内，故实际配重的质量为

$$P' = \frac{R}{R'}P \tag{7-14}$$

式中　P——下环处的计算配重质量，kg；

　　　R——下环处的水平仪放置半径，mm；

　　　P'——上冠上的实际配重质量，kg；

　　　R'——上冠处实际配重放置半径，mm。

按计算值来确定配重的安放方位。由于配重多用电焊焊接在转轮上，故在配重称重时，应把焊条焊接金属量计算进去。施焊时，应顶起转轮，以免焊接电流烧坏平衡球接触点。

4．转轮精平衡的试验

转轮初平衡的平衡配重安放定位后，需再次进行平衡工作，此时平衡工具带来的误差还需增加配重，该配重应放在下环上，用水平仪测下环上平面的水平度，仍在较轻一侧加配重，直至残留不平衡质量矩满足要求为止。

静平衡精度，用不平衡质量矩表示，一般在转轮加工图纸中标明残留不平衡质量矩的允许值。转轮质量若在图纸中没有标明，则可查图 7－7 中的曲线。建议转速较低的机组按曲线 1 查取，转速较高的机组按曲线 2 查取。

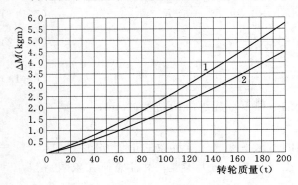

图 7－7　允许残留不平衡质量矩

根据允许残留不平衡质量矩，计算在下环处允许最大下沉值，为

$$H_0 = \frac{(PR - \mu G)R}{Gh} \tag{7-15}$$

式中　PR——按图 7－7 查出的允许残留不平衡质量矩；

　　　R——百分表所处半径。

用水平仪在下环 X、Y 轴线上进行检查，转轮实际下沉值 H' 必须小于允许下沉值 H_0（即 $H' < H_0$）。下环实际下沉值为

$$H' = \sqrt{\delta_X^2 + \delta_Y^2}\, R \tag{7-16}$$

式中　δ_X、δ_Y——在 X、Y 轴线上水平仪的实际读数；

　　　R——水平仪在下环上的半径，mm。

精平衡的平衡配重焊在转轮上之后，需再次复查，直到 $H' < H_0$ 为止。

7.4　发电机转子的静平衡

7.4.1　容量很小的发电机转子的静平衡

这种转子可以采用静平衡试验方法处理其机械不平衡力。最常用的方法是把转子放在

两个平行的导轨上，令其自由滚动，如果每次滚动后，转子上的某一点都是停止在最下面位置，就说明重心向法向偏移。这时可以在相反方向（转子静止时的上方）试加平衡块。平衡块的大小，可以逐步调整，直到转子自由滚动时其每次停止的位置完全是任意位置的时候为止。这种方法比较简单，但由于转轴和导轨间有摩擦，所以误差较大。

为了消除摩擦的影响，应采用下述较为精确的静平衡法。

首先在导轨上令转子自由滚转，找出转子本身存在的不平衡重的方向。为了达到这一目的，先令转子反时针方向滚动，如图 7-8（a）、图 7-8（b）所示。假设不平衡重由于摩擦阻力的原因，并不能停止在最低点，而是停止在图 7-8（a）的位置，这时把转子最低点记下来，记作 1，然后令转子顺时针方向滚动，同样，不平衡重也不能停止在最低点，而是停止在图 7-8（b）的位置，这时也记下最低点，记作 2。显然，这 1、2 两点的中间点就是实际的不平衡重的位置，就是转子本身不平衡重的方位，把这个点记为 M 点，其不平衡重的质量记为 G_M（牛顿）。

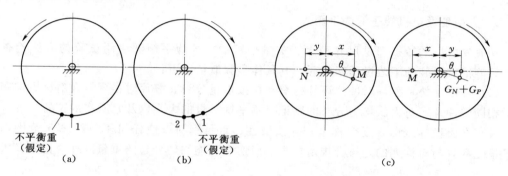

图 7-8 发电机转子静平衡试验及计算示意图
(a) 静平衡试验位置 1；(b) 静平衡试验位置 2；(c) 静平衡试验加重示意图

平衡质量应加在 M 点直径方向上的对称点 N 上，但应该加多少，还要通过以下的试验，并加以计算求得。

如图 7-8（c）所示，先人为地把转子转到 M 点处于水平位置，并在 N 点处放一个质量 G_N（牛顿）的平衡重块，使其距中心为 y，以使转子尚能自行沿箭头方向滚动某一个角度，记下这个角度为 θ，这时转子停止转动的条件是 G_M 产生的转矩平衡了 G_N 产生的转矩与摩擦阻力矩 m 的和，即

$$G_M x \cos\theta = G_N y \cos\theta + m \tag{7-17}$$

则

$$m = (G_M x - G_N y)\cos\theta \tag{7-18}$$

所加质量 G_N 的大小及距离 y 应满足

$$G_N y < G_M x - m \tag{7-19}$$

然后将转子转过 $180°$，使不平衡质量 G_M 和试加质量 G_N 的中心连线处在同一水平位置上，如图 7-8（c）所示，在 N 点加上适当质量 G_P（牛顿）的重块，该重块能使转子自行转动的角度与第一次转动的角度 θ 尽可能相等。这时可以得到式（7-20）

$$(G_N + G_P)y\cos\theta = G_M x \cos\theta + m \tag{7-20}$$

则

$$m=\left[(G_N+G_P)y-G_Mx\right]\cos\theta \qquad (7-21)$$

两次转动的摩擦力矩应该是相等的。因此将式（7-18）代入式（7-21）得

$$G_Mx-G_Ny=(G_N+G_P)y-G_Mx \qquad (7-22)$$

整理这个等式可以得出

$$G_Mx=\frac{2G_N+G_P}{2}y \qquad (7-23)$$

显然，在 M 点相对方向的半径 y 处加 $2G_N+G_P/2$ 的平衡质量或在 y 处只加此平衡质量的一半，而将另一半加到转子另一端与 y 同方位的对应点上。

平衡重块必须固定牢稳，防止在发电机运转时飞出造成事故。常用的紧固方法：（1）将平衡重块装在燕尾槽内，用螺钉顶紧固定，此法调装方便，但零件加工较费工时；（2）将平衡块焊接在钢圈的内圆面上。

7.4.2　大中型发电机转子的静平衡

一般发电机的转子都是尺寸很大、重量很重的，其静平衡无法用试验的方法检查调整，只能依靠组装的工艺过程来实现，其具体步骤概括如下：

（1）在磁轭叠片前，对冲片逐片称重，再按重量分组。叠片时尽可能在对称方向布置重量相同的冲片，对无法均匀分布的则记录不平衡重量的大小以及它所在的位置。

（2）在磁极挂装前，逐个称重，并按极性、重量配对，使任何 45°或 22.5°范围内磁极重量之和，与对称侧的差符合规范要求。对实在不能均匀分布的重量同样要记录其大小和方位。

（3）对以上两项工作中遗留的不平衡重量进行计算，求得总的不平衡力矩的大小和方向，进而在转子上加焊平衡配重，使转子的重心调整回转动轴线（第 4.3 节中已介绍）。

实践证明，利用式（4-10）、式（4-11）很难计算准确，所以大中型转子还需通过下面介绍的动平衡试验来配重。

7.5　发电机转子的动平衡试验

7.5.1　试验原理

（1）对于圆盘形转子（$L/D<0.3$），由于质量不平衡，设重心偏离旋转中心线 O—O 的距离为 e，如图 7-9（a）所示，在额定转速下旋转时，产生的不平衡离心力为

$$P_0=Ge\omega^2 \qquad (7-24)$$

式中　ω——转子的旋转角速度；

　　　　G——转子的质量。

对于这种不平衡，用上节的静平衡的方法是能够发现并加以消除的，称为静不平衡。

（2）对于圆柱形转子（$L/D\geqslant0.3$），如图 7-9（b）所示，可把转子看成由上下两部组成，上部分重 $G/2$，重心在左边，偏心距为 e；下部分重 $G/2$，重心在右边，偏心距也

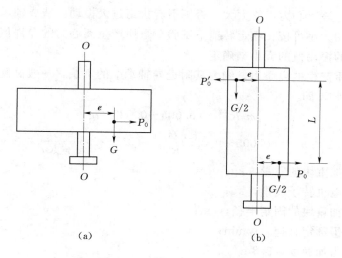

（a）　　　　　　　　　　　　　（b）

图 7-9　转子的不平衡现象
（a）不平衡离心力；（b）不平衡离心力偶

为 e。

转子在静止时并不产生不平衡力矩。当转子以角速度 ω 旋转时，不但出现不平衡离心力 P_0 与 P_0'，还会出现不平衡离心力偶 T 与 T'（不平衡离心力和离心力偶组成作用在导轴承上的旋转作用力，引起导轴承和轴承支架产生横向振动），有

$$P_0 = P_0' = \frac{G}{2} e \omega^2 \tag{7-25}$$

$$T = T' = P_0 L = \frac{G}{2} \omega^2 L \tag{7-26}$$

这种不平衡，做静平衡试验是无法发现的，只有在转子做旋转运动时才会出现，故称动不平衡。

实际上，转子既存在静不平衡，又存在动不平衡。对于这种情况，可通过下面介绍的动平衡试验，将这两种不平衡一起消除。

（3）动平衡试验，即人为地改变转子的不平衡性，测量机组振动的变化，从而计算出转子存在的质量不平衡，用平衡配重的办法使转子重心趋于旋转中心，减小转子旋转时所产生的不平衡离心力和离心力偶，从而减小质量不平衡引起的振动。

需指出的是，只有在机组启动试运行阶段，发现确由转子质量不平衡并引起机组振动超标时，才进行动平衡试验。

实践证明，水轮发电机组的振动，绝大多数是由发电机转子静不平衡或动不平衡所造成的，因此应做动平衡试验，尤其在大容量和高转速机组中就更加重要。

7.5.2　试加荷重的选择

下面以圆盘形转子为例，对转子进行配重试验。

加装试验荷重是人为地改变转子不平衡情况，选择试重块的质量时，应使机组振动大小比原来有显著区别，故试验荷重要有足够的质量。但试验荷重加在转子上，在转子旋转时它产生离心力，该离心力不能太大，否则引起机组过大振动，造成轴承损伤。根据经验得出，试验荷重的大小可按在额定转速下试验荷重所产生离心力的允许值来确定，也可以根据机组所存在的振动值的大小来确定。

（1）试验荷重产生的离心力，约为其附近导轴承上的负载，一般试验荷重约为转子重量的 0.5%～2.5%，即

$$m_0 R \omega^2 = (0.005 \sim 0.025) G g \tag{7-27}$$

可得

$$m_0 = (0.005 \sim 0.025) \frac{Gg}{R\omega_r^2} = (0.5 \sim 2.5) \frac{Gg}{\pi^2 R n_r^2} \tag{7-28}$$

式中　m_0——试加重块的质量，kg；

　　　　G——发电机转子质量，kg；

　　　　R——试加重块的固定半径，cm；

　　　　n_r——机组额定转速，r/min；

　　　　g——重力加速度，9.8m/s²。

式中的系数（0.5～2.5），对低速机组取小值，对高速机组取大值。

（2）使试验荷重产生的离心力约为转子原实际最大离心力的一半。而实际最大离心力在试验前是未知的，可大致按每增加转子重量的 1% 的离心力，轴承双振幅增加 0.01mm 的关系来决定试验荷重的大小，有

$$m_0 = 450 \frac{\mu_0 G}{R n_r^2} \tag{7-29}$$

式中　μ_0——未加试验荷重前所测机组导轴承处振动的双振幅值，（1/100）mm；

　　　　其他符号意义同前。

7.5.3　基本假设

在额定转速下，转子上所发生的不平衡离心力与转子的偏心质量矩是成正比的。不平衡离心力使导轴承及支架产生横向振动。在振幅较小时，振幅的大小与不平离心力的大小成正比。即

$$\mu_0 : \mu_1 : \mu_2 : \mu_3 = P_0 : P_1 : P_2 : P_3 \tag{7-30}$$

式中　μ_0——未加试验荷重时，由于 P_0 的作用，导轴承机架上产生的横向振动双振幅，mm；

　　　　P_0——转子原存在的质量不平衡所产生的不平衡离心力；

P_1、P_2、P_3——试验荷重分别安放在转子 0°、120°、240° 三个位置时，原质量不平衡所产生的离心力与试验荷重所产生离心力的合力；

μ_1、μ_2、μ_3——在不平衡离心力的合力为 P_1、P_2、P_3 时，导轴承支架横向振动的双振幅，mm。

由式（7-24）、式（7-30）可知，导轴承支架横向振动的双振幅的大小与转子上不平衡质量矩的大小成正比。

7.5.4　动平衡的三次试加重法

（1）试验的基本过程及力的矢量关系。

1) 试验的基本过程。三次试加重法是我国水电站对发电机转子进行动平衡试验的常用方法。即在机组无励磁额定转速空转时，测机组导轴承支架中心体横向振动，若振动过大并判定是因转子质量不平衡而引起时，则做动平衡试验。

三次试加重法，就是顺序地在发电机转子的同一半径互成120°的三点逐次加试重块，分别启动机组至额定转速，并在额定转速下分别测记导轴承所在机架支腿内端径向水平双振幅值分别为 μ_1、μ_2、μ_3，连同未加试重时所测得的振幅值 μ_0 共有四个，根据这四个振幅值，用作图法或用计算机法求出转子原来存在的不平衡质量的大小和方位。

2) 试验时力的矢量图。为了理解作图法和计算法的原理，需要介绍一下动平衡试验时力的矢量图。在上述试验过程中，当不带试验荷重时，由于转子质量不平衡而产生的离心力 P_0，引起机组振动双振幅 μ_0；而将试验荷重 m_0 依次放在转子半径为 R 的圆周三个互隔120°的点上，在转子以额定转速旋转时，就分别产生大小为 $m_0R\omega^2$ 而方向互成 120° 的离心力 R_1、R_2、R_3（图7-10中以 R_1、R_2、R_3 表示三个离心力），它们分别与 P_0 合成而有 P_1、P_2、P_3 三个合力，P_1、P_2、P_3 便分别引起振

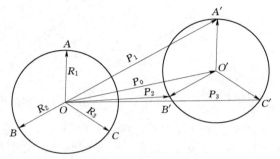

图 7-10　动平衡试验时力的矢量关系

动 μ_1、μ_2、μ_3。鉴于不平衡离心力与振幅大小之间的比例关系，合力图也可以表示振幅值的合成（振幅和相位构成振动的矢量）。OO'、OA'、OB'、OC' 分别代表双振幅 μ_0、μ_1、μ_2、μ_3 及各自的相位，OA'、OB'、OC' 实际上是单纯由试验荷重放在不同方位上产生的离心力 R_1、R_2、R_3 所引起的大小相同、相位不同的振动幅值 μ_p。由于通过试验可以测出 μ_0、μ_1、μ_2、μ_3，若设法据此计算出 μ_p，则按比例关系可算出转子上的质量不平衡的大小和所处方位，平衡配重的大小和安放方位即可确定。

（2）作图法求平衡配重的大小及方位。常用的有四圆作图法、五圆作图法、计算法及查图法等。

1) 四圆作图法。如图7-11所示，其步骤如下：

a. 取任意点 O 为圆心，以按比例（1mm/kg）缩小的试加重为半径，画试加重圆 $OABC$，而 A、B、C 三点相隔各120°，它是相当于转子试加重的固定点，如图7-11所示。

b. 连接 AB，在其两端作垂线。在 B 端点作 $BB' \perp AB$，取 $BB' = \mu_B$（取比例为1mm/0.01mm）；A 端点两侧作垂线 $AA' \perp BA$ 和 $AA'' \perp BA$，取 $AA' = AA'' = \mu_A$（与 μ_B 取相同比例）。连 $B'A'$ 并延长，与 BA 的延长线交与 E 点。连 $B'A''$ 并延长，与 AB 线交与点 E'。以 EE' 为直径画轨迹圆 O_{AB}，在这个圆周上的任意点与 A、B 两点的距离比，都等于 μ_A/μ_B。

c. 连 BC，在其两端作垂线，在 B 端点作 $B'B \perp CB$，$CC' \perp BC$ 和 $CC'' \perp BC$，取 $BB' = \mu_B$，$CC' = CC'' = \mu_C$（与 μ_B 取相同比例）。连 $B'C'$ 并延长，与 BC 的延长线交于 F 点。连 $B'C''$ 并与 BC 线交于 F' 点。以 FF' 为直径画轨迹圆 O_{BC}。

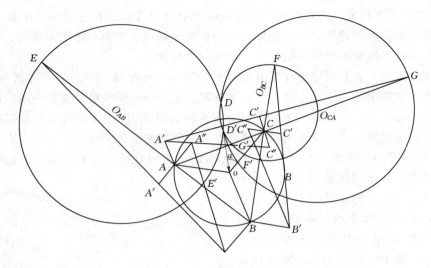

图 7 – 11　四圆作图法求配重

d. 轨迹圆 O_{BC} 与 O_{AB} 相交于 D 及 D'。同理也可画出 C、A 两点的轨迹圆 O_{CA}，同理，连 $A'C'$ 与 AC 交于 G 点，连 $A'C''$ 与 AC 交于 G' 点，以 GG' 为直径画轨迹圆 O_{CA}。O_{CA} 与 O_{BC}，O_{AB} 交于 D 和 D' 两点。证明 D 及 D' 两点位置正确；实际应用时有两个轨迹圆即可得 D 及 D' 两点，第三个轨迹圆只起到校核的作用。

D 与 D' 点是三个轨迹圆的公共点，因此，它与 A、B、C 三点的距离之比为

$$DA : DB : DC = P_A : P_B : P_C = \mu_A : \mu_B : \mu_C \qquad (7-31)$$

或

$$D'A : D'B : D'C = P_A : P_B : P_C = \mu_A : \mu_B : \mu_C \qquad (7-32)$$

e. 连接 DO 及 $D'O$，得两个向量，其中哪一个是所求的原有不平衡矢量的模 $P_0(N)$ 的值，需要把原始振幅 μ_0 代入，与 μ_A、μ_B、μ_C 中任何一个值比较后确定，其值应符合式（7 – 33）

$$P_0 = DO = \frac{\mu_0}{\mu_A} DA = \frac{\mu_0}{\mu_B} DB = \frac{\mu_0}{\mu_C} DC \qquad (7-33)$$

式中　$DO = D'O$，$DA = D'A$，$DC = D'C$。

凡是符合式（7 – 33）者为真值，不符合者为假值。例如 $DO = \mu_0 / \mu_A DA$，则 $P_0 = DO$；若 $D'O = \mu_0 / \mu_A D'A$，则 $P_0 = D'O$。

f. 应加配重块的质量为

$$m = \frac{DO}{OA} m_0 \qquad (7-34)$$

式中　m——应加配重质量 kg；

m_0——试加配重质量，kg。

g. 实际配重块固定方位，可以直接用量角器从图 7 – 11 量取 α 角的值，它肯定是三次试加重块时，实际测得最小振幅点向中间振幅点偏移的夹角。

h. 如果配重块固定半径与试加重块固定半径不一致，则应按照下式换算配重块值

$$m' = \frac{R'}{R} m \qquad (7-35)$$

式中 m——配重块按 R' 半径的换算质量，kg；

　　　　R'——配重块实际固定半径，m。

2）五圆作图法。如图 7-12 所示，其具体
步骤如下：

a. 以所测的振动双振幅值 μ_1、μ_2、μ_3 为依
据，按同一长度比值 k（如用 10mm 长度的线
段代表 0.01mm 的双振幅值）放大，以这些长
度为半径作同心圆。

b. 在最大圆上任取一点 A 作基点，以最大
圆半径为弦长，在大圆上画弧得两点 D、D'。

c. 以 D、D' 为圆心，以最小圆半径为半径
画弧，交于中圆于 B、B'、B_1、B_1'。

d. 以 A 为圆心，以 AB 或 AB' 为半径画
弧，交小圆于 C 及 C' 两点。

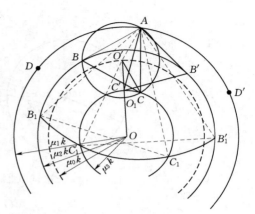

图 7-12   五圆作图法求配重

e. 连 A、B、C 三点得 $\triangle ABC$，连 A、B'、C' 得 $\triangle AB'C'$。

f. 根据所测振动 μ_1、μ_2、μ_3 对应加试验荷重的方位，在上述两三角形中选取所对应
的一个。例如，所测振动 μ_1、μ_2、μ_3 对应在转子上加试验荷重的排列方向为顺时针，则
应选三角形三顶点 ABC 为顺时针即取 $\triangle AB'C'$。若转子上加试重的顺序为逆时针，则
取 $\triangle ABC$。

g. 在所选取的等边三角形中（如 $\triangle ABC$），作三个边的垂直平分线，三条垂直平分线
即为三角形的中心 O'，此点应在以 μ_0 为半径（按放大比值 k）的圆上或附近。

h. 连 OO'，由 OO' 可换算得到转子原有不平衡所引起振动的双幅值。

i. 以 O' 为圆心，以 $O'A$ 为半径作圆，其圆周与 OO' 的交点 O_1 就是转子上应加平衡配
重的方位。连 $O'C$，则平衡配重所加的方位，是三次试重中引起最小振动幅值的加重点向
引起中等振动幅值的加重点旋转 $\angle CO'O_1$ 角度的位置。

j. 需加平衡配重的质量为

$$m = \frac{OO'}{O'A} m_0 \tag{7-36}$$

式中 m_0——试验荷重的质量，kg；

　　　　m——平衡配重的质量，kg；

OO'、$O'A$——图中相应线段的长度。

k. 假设在第 g 步中，O' 不在以 μ_0 为半径的圆上或附近，则取消 $\triangle ABC$ 或 $\triangle AB'C'$。
以 A 为圆心，以 AB_1 或 AB_1' 为半径画弧交小圆周于 C_1、C_1'，连 A、B_1、C_1 或 A、B_1'、
C_1' 得 $\triangle AB_1C_1$、$\triangle AB_1'C_1'$。按第 f 步在 $\triangle AB_1C_1$、$\triangle AB_1'C_1'$ 中选取顺序方向与加试重顺
序方向一致的三角形，并按 g~j 步骤进行求解。

方位角 α 可以图中用量角器量出。

3）计算法。根据前述的动平衡原理及相互间的关系，可利用三角形余弦定理计算平
衡配重的质量及配重应安放的方位。

如图 7 - 13 所示，假定 μ_0 与 μ_{p1} 之间的夹角为 θ，则有

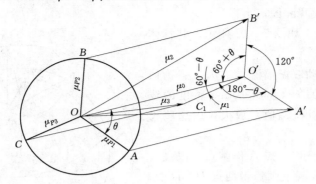

图 7 - 13　三次试加重后振动值与原振动值间的关系

$$\angle A'O'O = 180° - \theta$$

$$\angle B'O'O = 360° - (180° - \theta) - 120° = 60° + \theta$$

$$\angle C'O'O = 180° - \theta - 120° = 60° - \theta$$

根据余弦定理有

$$\mu_1^2 = \mu_0^2 + \mu_P^2 - 2\mu_0\mu_P\cos(180° - \theta)$$
$$= \mu_0^2 + \mu_P^2 + 2\mu_0\mu_P\cos\theta$$
$$\mu_2^2 = \mu_0^2 + \mu_P^2 - 2\mu_0\mu_P\cos(60° + \theta)$$
$$= \mu_0^2 + \mu_P^2 - 2\mu_0\mu_P(\cos\theta\cos60° - \sin\theta\sin60°)$$
$$= \mu_0^2 + \mu_P^2 - \mu_0\mu_P\cos\theta + \sqrt{3}\mu_0\mu_P\sin\theta$$
$$\mu_3^2 = \mu_0^2 + \mu_P^2 - 2\mu_0\mu_P\cos(60° - \theta)$$
$$= \mu_0^2 + \mu_P^2 - 2\mu_0\mu_P(\cos\theta\cos60° + \sin\theta\sin60°)$$
$$= \mu_0^2 + \mu_P^2 - \mu_0\mu_P\cos\theta - \sqrt{3}\mu_0\mu_P\sin\theta$$

将以上三式两边相加，得 $\mu_1^2 + \mu_2^2 + \mu_3^2 = 3\mu_0^2 + 3\mu_P^2$，则

$$\mu_P = \frac{1}{\sqrt{3}}\sqrt{\mu_1^2 + \mu_2^2 + \mu_3^2 - 3\mu_0^2} \tag{7-37}$$

$$= 0.578\sqrt{\mu_1^2 + \mu_2^2 + \mu_3^2 - 3\mu_0^2}$$

式中　μ_1、μ_2、μ_3——每次加试重后所测得振幅的双振幅值，mm；

$\qquad\mu_0$——未加试重时所测机组振动双振幅值，mm；

$\qquad\mu_P$——试验荷重所产生离心力引起支架振动的双振幅值，mm。

需要的平衡配重质量为

$$m = \frac{\mu_0}{\mu_P}m_0 \tag{7-38}$$

式中　m——平衡配重的质量，kg；

$\qquad m_0$——试验荷重的质量，kg。

平衡配重的固定方位为

$$\theta = \arccos\frac{\mu_1^2 - \mu_0^2 - \mu_P^2}{2\mu_0\mu_P} \tag{7-39}$$

$$\alpha = 180° - (120° + \theta) = 60° - \theta \tag{7-40}$$

式中 θ——原有不平衡质量位置与产生最大振动的装试验荷重点之夹角；

     α——平衡配重的固定角，它是从产生最小振动的装试验荷重点向产生中等振动的装试验荷重点偏转的角度。

平衡配重在转子上的安放位置应是半径为 R（试验荷重的安放半径），从产生最小振动的加试重点向产生中间振动的加试重点转一 α 角的方位。

若平衡配重在转子上的安放半径与试验荷重安放半径不同，则平衡配重实际为安放半径 R' 修正平衡配重的大小。有

$$m' = \frac{R}{R'}m \tag{7-41}$$

式中 R'——平衡配重实际安放半径；

     m'——在半径 R' 处应有的平衡配重质量。

若在 α 方位不便于安放平衡配重时，则可在规定位置的两边各装一配重，使两配重所产生离心力的合力与计算平衡配重的离心力相同。

4）查图法。图 7-14 是确定配重块固定角的曲线图，图 7-15 是确定配重块质量的曲线图。

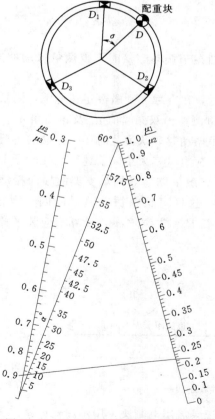

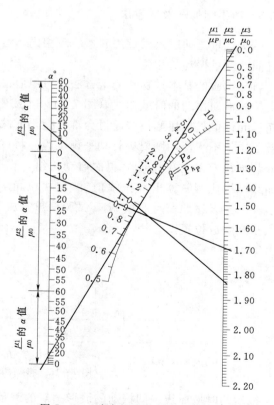

图 7-14   确定配重块固定角的曲线图   图 7-15   确定配重块质量的曲线图

a. 按三次试加重块所测得振动值的大小顺序进行排列，令其 $\mu_1 > \mu_2 > \mu_3$，并计算 μ_1/μ_2 及 μ_2/μ_3 的值。

b. 从图 7-14 中两侧比值线找取各自的比值点 μ_1/μ_2 及 μ_2/μ_3，并把两点相连接交于中间角度线，该点的数值就是配重块的固定角 α。

c. 计算 μ_1/μ_0、μ_2/μ_0、μ_3/μ_0 的比值，从图 7-15 的右侧振动比值线上找取各自的三个点，并将这三个点与左侧相应比值固定角 α 相连接，交中间重量比值线得读数 β_1、β_2、β_3。

d. 从理论上讲 $\beta_1 = \beta_2 = \beta_3$，但由于种种原因及误差而使三点不重合，为此可取其平均值，即

$$\beta_{aV} = \frac{\beta_1 + \beta_2 + \beta_3}{3} \tag{7-42}$$

式中　β_{aV}——平均质量比值；

β_1、β_2、β_3——μ_1/μ_0、μ_2/μ_0、μ_3/μ_0 时的质量值。

但是，查取 β_1、β_2 时，有时会出现两个交点或无交点，这时可以近似取两交点中临近于 β_3 的那个点，或者直接由 β_3 查取。不过这样做的误差较大，不易一次成功。

e. 须加配重质量为

$$m = \beta_{aV} \times m_0 \tag{7-43}$$

7.5.5　动平衡的一次试重法

一次试重法同三次试重法基本原理相同，区别在于振动测量时不仅测量振动的振幅，而且同时测量振动的相位。

(1) 试验的基本过程和测量方法。机组启动后，在空载无励磁额定转速下，测量导轴承支架的横向振动的时域曲线（图 7-16），按比例测算出双振幅值 μ_1 及相位角 φ_1。若振幅超过允许值，或振幅虽未超过允许值但仍需减小振动时，认为此时产生振动的主要原因是转子质量不平衡，则要进行动平衡试验。将试验荷重（其大小同前述）装在转子上，记录安装半径 R 和方位角 φ_0，再次启动机组，在同工况下测量导轴承支架的横向振动的时域曲线，按比例测算出双振幅值 μ_2 和相位角 φ_2。这样可根据振动测量的四个数据 μ_1、φ_1、μ_2、φ_2 及试验荷重质量 m_0，试验荷重安放半径 R 和方位角 φ_0，计算出应装平衡配重的大小及安放位置。

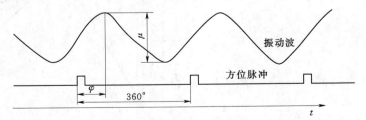

图 7-16　振动的时域曲线图

振动的时域曲线（即振动的波形图）的测量记录需用电测法，用示波器记录。同时在转子某一方位装设同步信号装置，使转子每转到此处时发一同步信号，由示波器记录下

来，并定义该点为转子零度方位。两同步信号之间的相位差为 $360°$，即可按比例测算出波峰时的相位角 φ_0。

（2）计算平衡配重的大小及安放方位。根据测量所得数据，可用作图法或计算法求出平衡配重。

一次试重法的矢量图如图 7-17 所示，坐标原点代表转子中心，OA 代表空载测振的 μ_1、φ_1，加试重后测振数据 μ_2、φ_2 由 OB 代表，而 $AB=OA-OB$ 系试验荷重对振动的影响。按图 7-17 法作图，连 AB 两点得 AB 的长度，得平衡配重的大小为

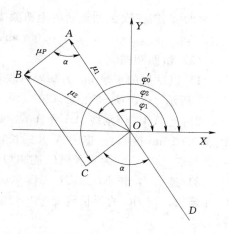

图 7-17　$\mu_2 = \mu_1 + \mu_P$ 矢量图

$$m = \frac{OA}{AB}m_0 \qquad (7-44)$$

平衡配重在转子上的安放角 φ 为

$$\varphi = \varphi_0 + \alpha \qquad (7-45)$$

式中　α——在图 7-17 中标明的角度。

图 7-17 中由 OC 至 OD 是反时针旋转，α 的符号为正；若 OC 至 OD 是顺时针旋转，则 α 的符号为负。

图 7-17 也可利用余弦定理进行计算，有

$$AB^2 = OA^2 + OB^2 - 2OA \cdot OB\cos(\varphi_2 - \varphi_1) \qquad (7-46)$$

因 AB、OA、OB 分别代表 μ_P、μ_1、μ_2，则有

$$\mu_P = \sqrt{\mu_1^2 + \mu_2^2 - 2\mu_1\mu_2\cos(\varphi_2 - \varphi_1)} \qquad (7-47)$$

$$\alpha = \arccos\frac{\mu_P^2 + \mu_1^2 - \mu_2^2}{2\mu_P\mu_1} \qquad (7-48)$$

平衡配重的大小为

$$m = \frac{\mu_1}{\mu_P}m_0 \qquad (7-49)$$

平衡配重的安放角 φ 为

$$\varphi = \varphi_0 + \alpha \qquad (7-50)$$

7.5.6　动平衡试验实例

【例 7.1】　有一台立式水轮发电机，额定转速 500r/min，转子质量 95t。启动试运转中测得上机架支腿内端水平振幅为 0.075mm，其振动频率为发电机转速频率。降低转速时，振幅也随着下降，因此可以认为动平衡不良，决定按三点试加重平衡法作动平衡试验。

解：用四圆作图法。

根据题意知：$n_r = 500\text{r/min}$，$G = 95\text{t} = 95000\text{kg}$，$\mu_0 = 0.075\text{mm} = 7.5 \times 1/100\text{mm}$

（1）选择试加重量。将试重块固定在半径 $R = 77.2\text{cm}$ 处，有

$$m_0 = 450\frac{\mu_0 G}{Rn_r^2} = 450 \times \frac{7.5 \times 95000}{77.2 \times 500^2} = 16.6(\text{kg})$$

(2) 测得三次试加重后的上机架支腿内端水平振动为

$$\mu_A = 0.08\text{mm};\mu_B = 0.12\text{mm};\mu_C = 0.05\text{mm}$$

(3) 做四圆图。

1) 以试加的重量 m_0 为基础，取 1mm 等于 1kg 的比例作半径，画试重圆 O_{ABC}，如图 7-11 所示，A、B、C 相隔 120°。

2) 连 AB，作垂线 $AA' = AA'' = 100 \times 0.08 = 8\text{mm}$；$BB' = 100 \times 0.12 = 12\text{mm}$（1mm 代表 0.01mm 振幅）。连 $B'A'$ 并延长，与 BA 的延长线交与 E 点。连 $B'A''$ 延长，与 AB 线交与点。以 EE' 为直径画轨迹圆 O_{AB}。

3) 连 BC，作垂线 $B'B = 100 \times 0.12 = 12\text{mm}$；$CC' = CC' = 100 \times 0.05 = 5\text{mm}$。连 $B'C'$ 并延长，与 BC 的延长线交于 F 点。连 $B'C''$ 并与 BC 线交于 F' 点。以 FF' 为直径画轨迹圆 O_{BC}。

4) 轨迹圆 O_{BC} 与 O_{AB} 相交于 D 及 D'。同理也可画出 C、A 两点的轨迹圆 O_{CA}，其圆也交于 D 及 D' 点，证明 D 及 D' 两点位置正确；

5) 连 DO 及 $D'O$，量得

$$DO = 26\text{mm};D'O = 11.5\text{mm}$$

真实不平衡质量为

$$m = \frac{\mu_0}{\mu_A}DA = \frac{0.075}{0.08} \times 27.5 \approx 26(\text{mm})$$

由于 $P_0 = 26 = DO$，则 DO 即为原真实不平衡质量。

6) 实际应加配重的质量为

$$m' = \frac{DO}{OA}m_0 = \frac{26}{16.6} \times 16.6 = 26(\text{kg})$$

7) 配重装设位置。用量角器量 α 得为 41.5°。

8) 由此得出在转子半径 $R = 77.2\text{cm}$ 处，从 C 点到 A 点偏移 41.5°处加配重 26kg，即可使转子获得平衡。

9) 加配重后，再次开机测得上机架支腿内端水平振幅值为 0.02mm。

【例 7.2】 以上例四圆法为依据，用五圆法求配重块质量 m 和方位角 α。

解： 用五圆法。

(1) 取比值 $k = 500$，以 $\mu_0 k = 0.75 \times 500 = 37.5$（mm），$\mu_1 k = 0.12 \times 500 = 60$（mm），$\mu_2 k = 0.08 \times 500 = 40$（mm），$\mu_3 k = 0.05 \times 500 = 25$（mm）为半径，画同心圆，如图 7-18 所示。

(2) 在 $\mu_B k$ 圆周上取一点 B 为圆心，以 $\mu_1 k$ 为半径画弧，交 $\mu_1 k$ 圆周上于两点 b_1 及 b_2。

(3) 以 b_1 及 b_2 为圆心，$\mu_3 k$ 为半径画弧，交 $\mu_2 k$ 圆上于 A 及 A' 两点。

(4) 以 B 点为圆心，BA 为半径画弧，

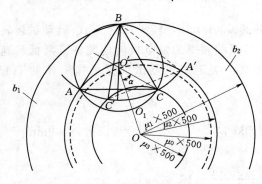

图 7-18　五圆作图法实例

交 $\mu_3 k$ 圆周上于两点 C 及 C'。

（5）连 A、B、C 三点得一等边三角形 $\triangle ABC$，且 A、B、C 排列顺序为顺时针，与转子实际三点试加重的排列次序相一致，故它就是要找的三角形。

（6）作 $\triangle ABC$ 各边的中垂线，交于 O' 点，且 O' 又在 $\mu_0 k$ 圆周上，则 O' 即被肯定。

（7）连 OO'，它就是原有不平衡质量的矢量。

（8）需加配重块质量为

$$m=\frac{OO'}{O'A}m_0=75\times16.6/48\approx26(\text{kg})$$

（9）用量角器量得 $\alpha=41°$。

【例 7.3】 某台水轮发电机转子质量 G 为 280t，机组额定转速 n_H 为 428r/min。启动试运转中，测得上机架支腿内端水平振动为 0.16mm，振幅随机组转速增减而增减，认定是动平衡不良所引起，决定用三点试加重平衡法做动平衡试验，试加重块固定半径 R 为 0.723cm。

解： 用查图法。

（1）试加重估算值为

$$m_0=(0.5\sim2.5)\times\frac{G}{Rn_r^2}=(0.5\sim2.5)\times\frac{280000}{0.723\times428^2}\approx1.1\sim5.3(\text{kg})$$

初次配重时，尽量选取一试重块的质量接近上述计算值。本例中临时找到一块试重块质量为 $m_0=9.4\text{kg}$。

（2）三点试加重测得的振动值为

$$\mu_1=0.12\text{mm};\mu_2=0.2\text{mm};\mu_3=0.23\text{mm}$$

（3）计算比值为

$$\mu_1/\mu_2=0.6；\mu_2/\mu_3=0.87$$

从图 7-14 中查得

$$\alpha=18°$$

（4）计算比值为

$$\mu_1/\mu_0=0.75；\mu_2/\mu_0=1.25；\mu_3/\mu_0=1.44$$

查图 7-15 得

$$\beta_1=4；\beta_2=1.7；\beta_3=1.85$$

（5）平均质量比值为

$$\beta_{av}=\frac{\beta_1+\beta_2+\beta_3}{3}=\frac{4+1.7+1.85}{3}\approx2.5$$

（6）须加配质量为

$$m=\beta_{av}m_0=2.5\times9.4=23.5(\text{kg})$$

第二次配重时应根据 m 计算值选取更接近的试重质量。本例中实际配重质量选取 25.51kg，固定半径 0.723m，固定角 18°。再次开机测得上机架支腿内端水平振动为 0.025mm，振动明显减小。

应当指出，上述几种动平衡试验和平衡配重的计算方法，都是在机组振动纯粹是转子质量不平衡引起这个基础上进行的，因此只要实际情况与此相符，且试验测量精确、计算

正确，那么无论采用哪种方法求出的配重 m 和方位角 α 均应一致或近似。

但在实际中，机组振动不可能由单一的转子质量不平衡所引起，电磁及水力影响因素或多或少地起作用，这就使得上述计算受到干扰，并产生各自的计算误差，致使同一测量数值用三种方法求得的结果互有出入，其值随其他干扰力的大小及所测数值的精确程度而变化，这就是动平衡试验有时不能一次配重成功以及不能用动平衡试验完全消除振动的原因。

对于高转速机组，发电机转子直径较小而磁轭高度较大。当磁轭高度与转子直径之比大于 1/3 时，就视为圆柱形转子。此时转子的质量不平衡，在转子旋转时不但产生不平衡离心力，而且产生不平衡离心力偶，使上、下两机架产生振动，振动相位不相同。在这种情况下仅按上述圆盘形转子的动平衡试验和计算方法，不能完全解决质量不平衡引起的振动问题。此时应分别在转子上、下两端面装设试验荷重，一般先校核振动较大的一端，然后再校核另一端，必要时还得回来再校核原来一端。试验时的测量应同时测上、下机架的水平振动幅值和相位角，应分别计算出转子上、下两端面应加平衡配重的大小和各自的方位角。

习　　题

7.1　是什么原因引起机组不平衡的？机组不平衡有哪几类？

7.2　水轮机转轮静平衡试验有何作用？通常何时做？

7.3　水轮机转轮静平衡试验的目的是什么？试验装置主要有哪些？举例说明。

7.4　简要叙述静平衡试验装置的灵敏度及平衡工具带来的误差。

7.5　水轮机转轮静平衡试验前要做哪些准备工作？试验时如何进行灵敏度的检查？

7.6　水轮机转轮初平衡试验和精平衡试验是如何做的？

7.7　容量很小的发电机转子静平衡试验如何做？

7.8　为防止在发电机运转时飞出造成事故，平衡重块通常应该如何紧固？

7.9　大型发电机转子动平衡试验的目的是什么？

7.10　发电机转子动平衡试验时配重块如何选择？

7.11　发电机转子在进行三次试重动平衡试验时，通常采用哪些方法？

7.12　发电机转子动平衡试验的一次试重法是如何确定试重块的大小和方位的？

第 8 章

水轮发电机组的检修与维护

学 习 提 示

内容： 水轮发电机组检修的特点；水轮机转轮的检修；导水机构主要部件的检修；轴流式水轮机主要部件的检修；主轴的检修；水导轴承的检修；引水钢管与蜗壳的检修；尾水管及其他部件的检修；水轮发电机转子的检修；水轮发电机定子的检修；水轮发电机推力轴承的检修；水轮发电机导轴承的检修；水轮发电机组状态检修；机组经常出现的故障及处理方法。

重点： 混流式水轮机转轮的检修；导水机构主要部件的检修；水导轴承的检修；水轮发电机转子的检修；水轮发电机定子的检修；水轮发电机推力轴承的检修；水轮发电机导轴承的检修；机组经常出现的故障及处理方法。

要求： 了解水轮发电机组检修的特点与状态检修的概念；熟悉轴流式水轮机主要部件的检修、引水钢管与蜗壳的检修、尾水管的检修；掌握水轮机转轮、导水机构、水导轴承、水轮发电机转子、定子、推力轴承、导轴承的检修以及机组经常出现的故障与处理方法。

8.1 水轮发电机组检修的特点

为了保证最好地利用水能，保证水电站不间断地向系统和用户提供电能，就必须对水轮发电机组进行检修，更换那些难以修复的易损件，修复那些在运行中已明显损坏且可修复的零部件。反之，若检修不足或检修质量不高，将会导致机组运行过程中发生故障或事故，从而使某些重要设备整体损坏或其主要零、部件完全损坏，甚至使整个水电站或整个电力系统的正常运行遭受严重破坏。因此，运行、检修人员必须熟知水轮发电机组的性能特点，了解机组的工作状态，以便在运行中及早发现和判断机组的故障及其原因，并采取正确有效的手段加以消除。

8.1.1 水轮发电机组检修分类

根据机组大小、水电厂管理和维护水平等情况，水轮发电机组的检修工程大致有以下三种方式。

1. 事后检修

当设备发生故障或性能低下后再进行修理，称为事后检修。简单地说，就是"不坏不修，坏了才修"。

这种检修是为恢复机组的运行而采取的一种检修方法。其最大优点是充分地利用了零部件或系统部件的寿命。但事后检修是非计划性检修，也不具备经济性。当水电厂技术管理水平低下，对设备故障缺乏应有的认识和监测手段，技术人员不足或发生临时的事故或故障时才采取这种方式。我国在 20 世纪 50 年代前，常用这种检修方式。

2. 定期检修

随着对设备磨损机理认识的不断深入，20 世纪 50 年代出现了以预防性为主的定期检修，即事先在某一固定时刻对设备进行分解检查，更换翻修，以预防故障的发生，防患于未然。

定期检修的理论依据是浴盆曲线，如图 8-1 所示。从图 8-1 中曲线可看出，设备的故障率随时间的变化可分为三个阶段：早期故障期、偶然故障期和耗损故障期，也有人称其为磨合期、有效寿命期和耗损期。在早期故障期，设备刚投入使用，缺乏磨合，所以故障率很高；在偶然故障期，随着设备使用时间的增加，故障率渐渐地趋于稳定；在耗损故障期，设备磨损老化严重，故障率又逐渐增加。

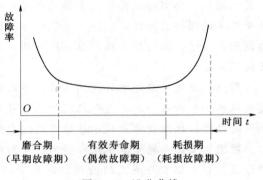

图 8-1　浴盆曲线

定期检修是从众多水电厂的统计规律或某水电厂长期的经验出发，根据设备的磨损规律，预先确定修理类别、修理间隔期、修理工作量及所需的备件、材料，例如预定每 4 年左右进行一次大修，不管机组具体的损坏和状况如何，只要到时间就进行以预防为目的的大修，更换部分零部件。

这种检修思想包含了主动预防的思想内容，其实质是通过采取各种预防性措施，将故障消灭在萌芽状态。具有明显的周期性计划修理的特点。

定期检修的周期是根据人的经验和某些统计资料来制定的。只要周期确定合理，在减少故障和事故，减小停机损失，提高生产效益方面明显优于事后检修。目前，我国水电厂仍以这种检修制度为主。

但这种检修制度也有一定的盲目性和局限性：

(1) 定期检修工作以直接经验作为指导，只能提出一般性的检修原则，缺乏针对性，工作量大、耗时多、费用高，往往是该修的不一定检修到，而不该修的反倒进行了检修，造成人力、物力和财力的极大浪费。

(2) 定期检修只着重解决检修中的具体技术问题，忽视了检修的整体内涵，缺乏对检修管理的研究。对于大量的随机性的故障，很难获得预期效果。

(3) 刻板地实行定时的分解检测维修，不可避免地使检修工作出现频繁分解拆卸的现象，很有可能因拆装埋下一些新的故障隐患，大大降低了水轮发电机组设备运行的可靠性。

3. 状态检修

随着科学技术的发展，近年来，在预防为主检修思想的基础上，运用现代管理科学，广泛采用先进的在线测试技术和诊断装置，根据所预报的设备监测结果，在确认设备状态的基础上来确定水电站设备检修工作的时间和内容，制订检修方案。这种强调以设备状态为检修依据，借助运行监测、振动监测、诊断技术、测试技术、油液分析、信号处理等先进手段，对设备进行状态系统监测，诊断设备的异常和劣化程度，制定具有针对性的设备检修计划或更换必须更换的零部件，修复潜在的故障，避免不必要的停机事故的检修方式，称为状态检修或预知检修。

状态检修具有很强的针对性，必须进行大量参数的日常监测。在线监测是实现状态检修的第一步，其基本任务是为状态诊断提供需要的各种数据，目前主要为一些大型水电厂所采用。这里需要强调如下内容：

（1）状态检修不同于事后检修。事后检修是"事后监测，事后控制"，而状态检修的关键就在于"事先监测，预先控制"。

（2）状态检修也是有计划的。状态检修强调事先搜集信息，对设备进行适时适度修理，既关心检修周期的合理性，又关心检修计划的合理性，是建立在"状态"基础上的计划。

（3）故障征兆诊断是状态检修的核心。状态检修的特点在于检修之前是预知"状态"，它是根据早期征兆对故障进行趋势分析，制定出合理的针对性强的检修方案。

设备状态诊断方法一般可分两个层次，即简易诊断和精密诊断。前者是通过五官监测，即眼看、耳听、手摸、鼻嗅的方法对设备故障进行简易诊断，这种方法简单、直观、是人为定性的经验层次；后者是指使用精密的仪器对简易诊断难以确诊的设备状态作出详细评价。这种方法客观、准确，是科学定量的状态诊断层次。

（4）状态检修的目的是提高设备运转率。状态检修与定期检修显著不同，状态检修是按照实际需要进行更换或检修损坏的零部件，从而减少了停运时间，降低了检修配件消耗，提高了设备运转率和生命周期。它不会产生过剩检修。

目前，我国水电厂的运行管理与检修方法正发生着深刻的变化，虽说多数中小型水电厂实行的是定期检修制度，并辅之以事故后的及时处理，但正在逐步走向状态检修，或者正在加强机组的日常监测，力图减少检修工作的盲目性。

8.1.2 水轮发电机组检修周期的确定

1. 检修的分类和周期

实际运行中的水轮发电机组，其检修工作大体上可分为两类，即临时性检修和定期检修。

（1）临时性检修。其主要内容是消除水轮发电机组某些机构和转动部件的异常工作状态，完善自动控制系统和设备的运行可靠性，防止设备的缺陷引起机组停机事故的发生，以及发生事故后的检修处理。水电厂应根据运行中发现的问题，制定临时性检修的具体计划和规程，并进行检修。

（2）定期检修。根据机组运行中发生故障的情况和时间间隔，周密细致地检查机组各部件的工作状态，校核设备的性能参数和技术经济指标，对异常情况进行调整处理，以及进行重大技术改造工作的计划性检修。

为提高水电厂的经济效益，通常对一般小的故障和一些不易监测到的机组缺陷，如空蚀磨损程度、机械连接螺栓断裂、流道水工建筑物的损坏情况等，尽量安排在枯水季节有计划地轮流检修机组。这样既可以在时间方面做到从容不迫，又可以在丰水季节尽量让机组满发、多发电，少停机。运行经验表明，绝大多数的机组能在一年时间内持续稳定地安全运行，这就为机组检修时间安排在枯水期提供了先决条件。

根据检修规程的要求，定期检修因检修程度的不同，可分为维护检查、小修、大修和扩大性大修四种，其一般的周期和占用时间如表 8－1 所示。

表 8－1　　　　　　　　　　　　　　定期检修类别及周期

检修类别	维护检查	小修	大修	扩大性大修
周期	（1～2）次/周	（1～2）次/年	（3～5）年/次	（8～10）年/次
工期（天）	0.5	5～7	20～30	45～75

1）维护检查。在不停机状态下检查运行情况，测量、记录某些参数，以及进行必要的清洗和润滑等工作。其目的在于掌握机组的日常运行情况。其周期一般为每周 1 次，在汛期、高温季节，其周期可以增加到每周 2 次。

2）小修。小修指机组发生了设备故障或事故需立即处理的项目，或有目的地检查和修理机组的某一重要部件的过程。主要内容包括零、部件检查，更换备品配件，预防性测试、定期调整测试等。目的是掌握被修部件的使用情况，为编排大修项目提供依据。小修一般要在停机状态下进行，周期一般为半年，新建水电厂一般为 1 年。

3）大修。大修主要是为解决运行中出现并经临时性检修和计划性小修无法予以消除的设备严重缺陷，全面检查机组各组成部分的结构及其技术参数，并按照规定数值进行调整工作。大修时，需要拆卸机组某些复杂的部件和机构，拆卸部件的多少，视机组设备损坏的严重程度决定。但这些工作往往在不吊出水轮机转轮的情况下进行。

机组的损坏有两种：①事故损坏；②积累性损坏。事故损坏的发生几率很小，它不决定检修的周期；而积累性损坏是指设备在持续运行过程中，由于相对运动构件间的相互摩擦、水流空蚀和泥沙磨损、各种振动等因素所导致的损坏过程，这一过程是持续的、渐变的，也是可预测的。大修周期视具体情况决定，一般为 3～5 年。

4）扩大性大修。为消除运行过程中导致整个机组性能和技术经济指标显著下降的零部件的严重磨蚀、损坏，全面彻底地检查机组每一部件（包括埋设部件）的结构及其技术参数，并按规定进行调整处理的机组修复工作过程。机组扩大性大修时，通常要将机组全部分解、拆卸、转子吊出，检修所有被损坏的零部件，协调机组各部件和各机构间的相互联系，有时还要进行较大的技术改造工作。扩大性大修的一般周期为 8～10 年。

2. 检修工作中应注意的问题

定期检修使检修管理工作有计划有目标地进行，但运行设备的损坏程度、检修及更换周期往往难以准确掌握。在确定检修周期和工作量时，必须注意下列问题：

（1）不该拆卸的坚决不拆。如无特殊需要，应尽量避免拆卸工作性能良好的部件和机构，特别是尽量避免分解、拆卸推力轴承、油压装置、自动化元件及转桨式水轮机的转轮等，因为任何这样的拆卸和随之进行的装配，都可能埋下一些新的故障隐患。

（2）适当延长检修周期。检修周期的确定要充分考虑零部件的磨损情况和类似设备的实际运行经验，以及该设备在运行中某些性能指标的下降情况等因素。如果运行情况表明机组并未产生明显的异常现象，同时又预示在以后相当长的时间内机组仍将可靠运行时，则可适当延长大修的周期。否则，一味地按规定的大修周期来拆卸机组的部件或机构，只会恶化机组的运行状态。运行实践表明，低水头机组，特别是自动化水平较高、主设备选型可靠的机组，在正常运行和妥善监视、保养的条件下，机组可以不经扩大性大修而连续运行达十七八年之久。

适当延长检修周期，缩短检修期，降低检修规模，显而易见具有重大的实际意义。需要说明的是，水轮机的空蚀破坏、泥沙磨损，机组运行的稳定性以及转轮裂纹的严重性，是决定机组检修周期和检修时间的主要因素，也是目前我国水轮发电机组运行中的突出热点和难点问题。由此带来的损失要远比检修期间的电能损失和检修费用的消耗大得多。

（3）该拆卸的坚决要拆。对于工作在高水头且水流中含有大量泥沙的水轮机，在很短的运行时间内，其过流部件有可能遭到严重的泥沙磨损，导致机组运行的技术经济指标明显下降，有的机组运行 1～2 年就需进行类似扩大性大修的检查工作。此时，尽管发电机未损坏，但为了检修导水机构和水轮机转轮，不得不将其解体，将转动部分吊出。

总之，定期检修周期和规模，应根据机组的工作条件、特点及各水电厂机组的具体情况来确定。不可脱离实际，机械照搬，否则只会事半功倍，严重的可能适得其反，大大降低机组设备运行的可靠性。

8.1.3 水轮发电机组检修工作的组织和实施

机组的检修工作，应由专门从事机组安装与检修的专业队伍来完成。有条件的水电厂，可由专门的检修班组与运行人员相结合来进行检修。个别的零部件由于损坏严重，或由于条件所限而不能在现场修复时，则需运至原供货厂家进行修理或更换新件。机组大修工作常常是靠整个水电厂的集体力量来完成的。因此，制订计划要考虑各部门工作的相互衔接，以保证每项作业的连续性与最大程度的相互配合。

机组大修应先确定机组的拆卸范围。确定拆卸范围的一般原则是按需拆卸：在保证质量的前提下，应尽量少拆卸零部件，尤其是运行正常的部件一般不轻易拆卸，如果必须进行分解时，也应尽可能缩小拆卸的范围。既要防止盲目扩大拆卸范围，又要防止漏修现象发生。

机组大修，一般分为以下三个阶段。

1. 准备阶段

（1）根据运行记录和上一次大修与中间的临时性检修的验收记录，以及机组历次大修的经验总结，并经停机后的详细检查，检修人员应掌握机组的结构、性能、运行情况和缺陷情况，准确确定大修作业内容和工作量，制定具体的大修计划和施工进度。

（2）在对设备缺陷及检修工作量进行具体分析的基础上，确定每个单独作业内容的起止时间、完成该项作业的主要负责人、完成作业的步骤、计划的劳动消耗等，制定机组检修计划图表。

（3）做好检修工器具、材料、备品备件、起吊工具和设备、电焊机、机床以及检修场地等必要的准备工作。

（4）在大修之前，必须检查机组在各种工况下的运行情况，并记录如下主要数据：水轮机的启动开度和空载开度、主轴的摆度、油压装置的油罐压力与压油泵的工作状态、在运行水头下机组的最大功率等。检查完成后停机，关闭闸门或水轮机主阀，排净蜗壳与尾水管积水，测量记录导轴承间隙、迷宫环间隙值等。

2. 修理阶段

（1）在拆卸每个部件之前，必须检查被连接零件的标号。缺少的应及时补充，标号打在非工作面上。对拆卸的零件进行清洗，检查是否有缺陷，并设法消除。当零件严重损坏且修复很困难时，应更换。

（2）必须测量导轴承、止漏环及主要相对运动零部件间的间隙值，检查机组轴承，测量主配压阀遮程和缓冲器的缓冲时间。记录测量与检查结果，要同上次安装后的检查结果进行比较，从而确定本次检修的质量和下次检修工作的相关内容。

3. 试验阶段

（1）机组经大修后，若被拆卸、分解的部件较多，则应进行规模较大的试验和检查。测出导叶开度与接力器行程之间的关系曲线，测定协联关系，试验转速继电器，进行机组的突然甩负荷与突然增负荷试验，并测定功率特性曲线等。

（2）机组检修完毕，经空载和带负荷运转，一方面检查机组运行状态是否正常，另一方面要进行一系列的电气试验。若发现仍存在缺陷，则在消除设备缺陷后，再重新进行机组的带负荷试验。

8.1.4　网络图在水轮发电机组大修中的应用

1. 网络图的概念与构成

网络技术是一种现代化的科学管理方法。所谓网络，就是用点与点之间的连线来表示所要研究对象的相互关系，并标注上相应数量指标的一种图形。

网络图可以清晰描述机组检修的图像，如图 8-2 所示。它由项目（事项）、工序和路线三部分构成。

（1）项目。在网络图中用圆圈来表示，它是两条或两条以上箭线的交接点，又称为节（结）点。第一个圆圈代表网络的始点项目，表示检修工作开始；最后一个圆圈代表网络的终点项目，表示检修工作结束；介于两者之间的圆圈，则代表中间项目。

（2）工序。工序一般用箭线表示，箭头表示工序流向，箭尾表示工序开始，箭头表示工序结束。箭线上方填写工序名称，箭线下方注明完成该工序的作业天数。

（3）路线是指从始点项目开始，沿箭头方向到终点项目为止的一条通道。一条通道上各工序作业时间之和称为路长。网络图中控制工期的路线称为关键路线。关键路线用双箭线或带颜色的箭线表示，是网络图的重点。

2．网络图的主要特点

（1）能明确表达各项工作之间的逻辑关系。网络图可以表明各工序间的内在联系，前后工序的连接及各工序所需作业天数。

（2）能立足检修全局，把握检修重点。通过网络图时间参数的计算，可以清楚机组检修所需总天数和检修后的投产日期，并可找出关键路线，明确机组检修工期中控制的重点。

（3）通过网络图时间参数的计算，可以明确各项工作的机动时间。

（4）网络图可以利用计算机来进行计算、优化和调整。

总之，网络图是编制检修计划、劳动计划及物资供应计划的依据，可以反映出各检修项目之间相互制约、相互依赖的关系，可以预见某项检修项目因故提前或推迟完成对整个检修安排的影响程度，既能掌控全局，又能抓住重点，还可针对某些检修项目在时间上挖掘潜力。

3．网络图的绘制

在绘制网络图前，首先要对检修项目、工期、计划安排及以往检修经验进行认真分析，搞清检修项目所包括的全部工序及工序间的逻辑关系及每道工序所需的作业时间。

（1）绘制网络图的步骤。

1）划分工序项目。

2）分析和确定各工序之间的前后衔接关系。

3）确定每个工序的作业时间。

4）列出工序明细表。

5）绘制网络图。

（2）绘制网络图应遵循的规则。

1）不允许出现循环路线。

2）节点编号从左到右，由小到大，不能重复。也可跳着编号，中间适当空出几个编号，以便于在节点（项目）有所增减时，不致打乱全部编号进行修改网络图。

3）箭线必须从一个节点开始，到另一个节点结束。

4）两节点之间只能有一条箭线，而出入某节点的箭线可以有若干条。

5）网络图中只能有一个始节点和一个终节点。

4．网络计划的动态调整与优化

（1）检修过程中，经常会遇到要缩短或适当增加工期、增加检修项目等实际情况，使原来的网络计划必须进行调整。根据客观条件的千变万化，应对网络图进行重新设计，找出新的关键工序与关键路线，重新选择最优方案。

（2）网络图在检修过程中，要借助于计算机，研究如何利用各工序间的时间差，调整施工组织，抽调非关键工序上的技术、人力及物力等去支援关键项目与工序，调整网络结构，不断优化，以达到缩短检修工期的目的。

5．机组大修网络图举例

某立式水轮发电机组解体与修理网络图如图 8－2（a）所示，其大修回装网络图如

图 8-2（b）所示。

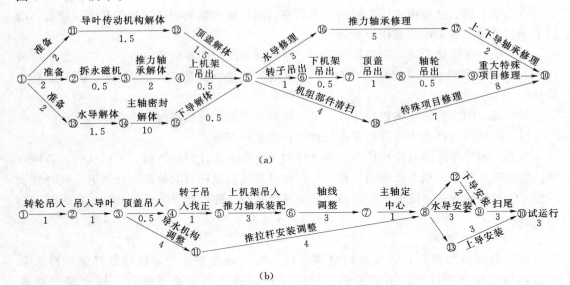

图 8-2　某立式水轮发电机组大修网络图
（a）机组解体、修理网络图；（b）机组装复网络图

8.2　水轮机转轮的检修

对于混流式水轮机，其检修项目主要有转轮空蚀检查及处理、转轮叶片裂纹检查及处理、止漏环测圆及圆度处理、叶片开度检查及处理、水轮机大轴拆装及轴颈处理等。下面以混流式水轮机检修为主进行介绍。

8.2.1　转轮空蚀检查及处理

水轮机过流部件遭到破坏的原因较多，除事故损坏之外，最主要的原因则是空蚀破坏和泥沙磨损。这两种破坏的形式虽有所不同，但却有着最为基本的共同点，即过流部件表面金属的大量流失和在局部形成穿孔。所以，这两种情况的修复工作基本相同，并构成了水轮机检修工作的主要内容。

对于混流式水轮机，主要采用表面分层补焊的方法来修复转轮。

1. 准备工作

所需的主要工具和设备有直流电焊机、焊具、风铲、碳弧气刨、砂轮机、探伤设备、加温与保温设备，以及测量工具与仪器等。

对于空蚀破坏的转轮，可选用价格较高的国产奥 102、107、112、132 等焊条，以及进口的 18～8 系列、25～20 系列、E-401 不锈钢焊条，还可选用价格较低的国产堆 277 和堆 276 焊条。

对于泥沙磨损破坏的转轮，宜采用国产堆 217 焊条。为节省抗空蚀焊条，底层可用优质低碳钢焊条来堆焊。

2. 转轮磨损量测量

对已遭受破坏并计划对其修理的转轮，应先测量其侵蚀面积、深度和金属失重量，检查确定其受空蚀、泥沙磨损破坏的程度。

（1）侵蚀面积测量。在侵蚀区域的周边涂刷墨汁等着色材料，待涂料干燥前用纸印下，再将纸放在刻有 10mm×10mm 方格的玻璃板下，用数方格的方法求得各侵蚀区面积，将每块面积叠加便得每个叶片或整个转轮叶片的侵蚀面积。此方法称为涂色翻印法。

（2）侵蚀深度测量。用探针或大头针插入破坏区，再用钢板尺量取即可，也可自制测量器。

（3）金属失重量测量。用腻子按叶片的曲面形状涂抹在侵蚀区上，然后取下称重，按其比重换算出金属的失重量。

上述测量结果，应作为评定破坏程度的原始数据和检修工作的必备资料加以记录、保存。

3. 侵蚀区的处理

（1）侵蚀处理区域确定。因为侵蚀区域周围的金属组织实际上也遭到了轻度的疲劳破坏，存在隐患。在破坏区域补焊前，应先对侵蚀区域进行处理，需要处理的区域应比实测区域的面积略大。

（2）铲削。就是用风铲或碳弧气刨，铲除破坏区域损坏的金属。铲削对后续的堆焊和打磨有直接影响：铲削过深，增加堆焊工作量；铲削过浅，影响堆焊质量；铲削高低不平也会增加堆焊和打磨的困难。

一般铲削深度要使 95% 以上的面积露出基体金属光泽，用砂轮将高点和毛刺磨掉。

对于侵蚀深度不超过 2mm 的区域可直接用软质砂轮打磨；对于个别小而深的孔可不必铲除；对于较大的深坑，为避免铲穿成孔，可留下 3mm 左右不予铲除，作为堆焊的衬托。

对于穿孔严重的出水边，可采用整块镶补法。即根据事先测好的空蚀部位的型线做出样板，成块割去侵蚀区，按样板用与叶片材质相同的钢板热压成与样板相同的镶块，并在叶片与镶块对焊部位打成 X 型坡口，焊接在叶片上。然后在该镶块上堆焊抗空蚀层，用砂轮将堆焊区按原来的叶片型线磨光。对焊缝要求无气孔、夹渣、裂纹等缺陷。若焊接的面积较大，转轮应作应力消除处理。

考虑到风铲虽能保证质量，但工效低、振动大、劳动条件差，近年来，一些水电厂采用碳弧气刨代替风铲进行侵蚀区域的铲削。碳弧气刨操作简单，工效较高，不需要复杂的设备和贵重材料且操作影响较小，只要控制一次气刨的面积不过大，一般不会导致叶片发生较明显的变形。但碳弧气刨作业时，烟雾大，碳粉飞溅厉害，必须加强通风以改善工作条件。

4. 转轮预热

转轮大面积堆焊，最好施焊前用远红外加热片将转轮进行整体预热到 100℃ 左右。若转轮尺寸很大，预热有困难时，应设法将周围环境温度提高到 20～30℃ 以上进行堆焊，切忌在室温 15℃ 以下作业。因为低温下进行转轮堆焊，难以进行热处理和矫形，内应力大、不均匀变形大，且容易发生裂纹。

5. 转轮焊补

一般采用对称分块跳步焊法。这种方法可消除焊工使用电流、施焊速度不同所造成的不均衡热影响，使转轮受热均匀，不致热量过分集中。其具体工艺如下：

当转轮直径较小时，可由一人施焊，轮流对称焊。

对直径较大的转轮，宜采用四名焊工沿圆周方向对称施焊。如图 8-3 所示为 14 个叶片转轮的堆焊，A、B、C、D 四人分别占据 1 号、8 号、4 号、11 号叶片，同时对称施焊，然后四人同时沿同一绕行方向转换至相邻的叶片施焊。如果同一个叶片补焊的工作量很大，应采取分块跳步焊的方法。分块的尺寸一般为 200mm×150mm，没有严格限制，各接头要错开。为使叶片均匀受热，最好间隔 1～2 个方块区跳步焊。堆焊时，最好每层交叉焊，交叉焊有困难的位置可考虑往返焊，且每次的堆焊量要小。对于已穿孔的部分，孔中应事先加入填板，填板周围分几次施焊，最后在填板表面和焊缝上堆焊一层抗磨损或抗空蚀的表面层。焊肉要高出原表面 2mm 以上，如图 8-4 所示。

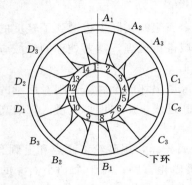

图 8-3　对称分块跳步焊工作图

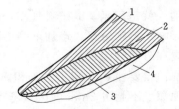

图 8-4　侵蚀补焊

1—母材；2—碳素钢；3—不锈钢抗蚀层；4—磨去部分

6. 磨光和探伤

补焊完成后，应进行表面磨光。磨光前先用超声波进行补焊区的探伤检查。若不合格，应铲（刨）掉重焊。磨光一般在砂轮机上进行，直到恢复到原来型线为止。

7. 转轮补焊的质量要求

转轮经补焊修复后，必须达到如下补焊要求：

(1) 叶片上冠与下环根部、中部及侵蚀堆焊区等经探伤检查不得有裂纹，夹渣与气孔。

(2) 堆焊打磨处理后，转轮叶片曲面光滑，粗糙度至少应达到 $Ra12.5$ 以上，不得有深度超过 0.5mm、长度大于 50mm 的沟槽与夹纹。经验证明，在叶片型线与原来一致的前提下，表面越光滑，组织越细密，抗蚀能力越强。

(3) 补焊的抗空蚀或泥沙磨损层不应薄于 5mm。

(4) 经修型处理叶片，与样板的间隙应小于 2mm，且间隙宽度与长度之比应小于 2%。

（5）转轮补焊后应做消除焊接应力处理。

（6）修复后的转轮必须做静平衡试验，以消除不平衡重量。

（7）对于转轮的变形，根据现场情况，应尽量满足如下规定。

1）上冠与下环圆度的单侧变形，从迷宫环处测量，应小于原有单侧间隙的±10%。

2）上冠与下环不同心度的变形，应在原定迷宫环间隙的±10%以内。

3）转轮轴向变形应小于 0.5mm。

4）叶片开口变形应在检修前叶片开度的 1%～1.5%以内。

5）法兰变形应小于 0.02mm/m，不得有凸高点。

运行实践表明，在叶片泥沙磨损和空蚀破坏未发生前，对叶片进行预防性的处理，可有效延缓叶片空蚀、磨损的发生，效果十分明显。

8.2.2 转轮叶片裂纹检查及处理

水轮机转轮叶片，特别是中、高比速混流式水轮机转轮叶片裂纹现象在世界各国早已屡见不鲜，严重时叶片出现龟裂，甚至裂纹长度伸展到整个叶片而导致断裂，对机组安全运行构成很大威胁，必须注意检查，及早发现和处理。

1. 叶片裂纹的常见发生部位

叶片裂纹常发生在受力较大，材料厚薄又不均匀的部位。如混流式水轮机转轮的裂纹，通常发生在叶片与上冠、下环的连接处；轴流式转轮的裂纹，通常在叶片与枢轴法兰的过渡段；水斗式转轮的裂纹通常在水斗根部。

2. 叶片裂纹的检查方法

大修时，应对叶片裂纹进行检查及探伤。主要检查方法如下：

（1）宏观法。叶片或其他过流部件表面裂纹，采用目力及放大镜检查即可。转轮清洁完毕后，用 10 倍左右的放大镜检查。对于可疑之处，用 0 号砂布将表面打磨光滑光亮，然后再用 20%～30%的硝酸酒精溶液侵蚀，呈现黑色纹路的部分就是裂纹。

（2）着色探伤和磁粉探伤法。接近表层的裂纹可采用着色探伤或磁粉探伤进行检查。

1）着色探伤法。着色探伤法的原理是液体对固体的渗透和毛细现象。具体操作方法是：首先用丙酮（600mL）加上煤油（300mL）再加入汽油清洗剂，将叶片要探伤部位的氧化层、漆、油污等物擦掉；然后用软毛刷在叶片表面均匀地刷一层渗透剂，每次保持 10～15min，反复 2～4 次；晾干后，用布蘸上清洗剂将表面的渗透剂擦去；干燥后用软毛刷在叶片表面薄而均匀地抹一层显示剂，如用喷雾器效果更好。过 5～6min 后即可显出裂纹位置和形状，用肉眼或用 3～10 倍放大镜观察。

这种方法对各种金属材料制成的转轮均可使用，不受材料磁性的限制，简单易行，显示直观，具有较高的灵敏度，可发现 $0.4\mu m$ 的微小裂纹，缺点是不能观察到内部的裂纹，另外，要求零件表面光洁度较高，否则不准确。

2）磁粉探伤法。磁化方法有局部磁化和整体磁化之分。只需对裂纹区或有怀疑的地方进行探伤时可用局部磁化法；当转轮需做全面检查时采用整体磁化法。

转轮叶片裂纹探伤的局部磁化原理，如图 8-5 所示。将直流电焊机的两极触在叶片的某相近的部位上，触点间距 150～200mm。当通过电流在 600～800A 时，电流磁场使叶

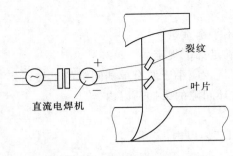

图 8-5　局部磁化裂纹探伤原理图

片磁化。若两极中间的叶片上存在裂纹，便会形成局部磁极，磁力线以裂纹向两边外泄。如果用磁粉颗粒撒在两极之间，磁粉就会集中并沿着裂纹的形状形成一条由磁粉组成的黑线，观察叶片上有无集中的铁粉即可确定是否有裂纹，由于裂纹的长度和深浅不同，裂纹各处的磁力线泄漏也有所不同，铁粉聚集时各处的粗细也不一样，按聚集的铁粉形状便可大致判断裂纹的长度和走向。为增强磁粉显示效果，常用磁粉加上丙酮制成溶液，再用毛刷涂在两极中间的叶片上。

整体磁化探伤法，就是将整个转轮进行磁化。用载流量为 400～800A 的软胶皮电缆将叶片每隔一个绕上 20 匝，或相邻两叶片绕线方向相反，如图 8-6 所示。为确保人身安全和保护电缆，在叶片和导线之间、线匝上面分别垫覆 2～3 层和 1～2 层石棉布。在线圈底层埋入 0～200℃的测温元件。然后接入 1000A 的直流电焊机。从空载开始逐渐增加电流，检查接头情况和极性，同时观察磁力强弱。最简便的试验方法是用小铁钉撒在叶片上，看看能否站立。如不能站立，就需要加大电流，直至能被吸住或直立于叶片表面，说明磁感应强度满足探伤要求。据经验，铸钢件的磁化饱和强度约等于 1.5T。

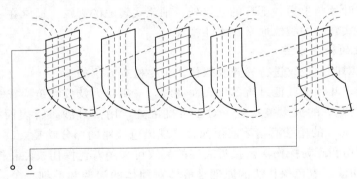

图 8-6　整体磁化法转轮绕线

磁化法对叶片裂纹检验非常有效，其特点是：设备和操作均较简单；检验速度快，一般磁感应强度达到 0.8T 左右就能发现裂纹；便于在现场进行探伤；检验费用也较低；但仅能显出缺陷的长度和形状，而难以确定其深度，一般根据经验断定其深度。

磁化法仅适用于铸钢材料的叶片，对不锈钢或其外层铺不锈钢或陶瓷的叶片不适用。

采用这种方法时，受检叶片表面要注意干燥和清洁，必要时就打磨或喷砂处理；尽量使裂纹方向和磁力线方向垂直，以增强显示效果；在记录和标记之后要进行退磁处理。

磁化法探伤设备有固定式和携带式两种，水轮机探伤主要采用携带式，常用的有 CJX-515、CEX-500 交流磁粉探伤仪和 CYE-5 型旋转磁场探伤仪等。旋转磁场探伤仪的优点是只需一次磁化就可以探出各个方向的缺陷，而一般探伤仪对同一个探伤部位至少要进行两次（互相垂直）磁化才能保证探伤质量。

（3）超声波探伤。对于结构内部裂纹，可采用超声波探伤或放射线探伤。它是利用金属材料及其缺陷的声学性能差异对超声波传播的影响来检验材料内部缺陷的无损检验方法。超声波探伤法有脉冲反射法、穿透法和谐振法三种。用得最多的是脉冲反射法，它是根据反射波的强弱、位置及波形，来判断叶片内部缺陷的有无、大小和位置，并结合其他情况来确定缺陷的性质。

3. 裂纹的处理

根据裂纹的部位、性质、基材情况等，选择裂纹补焊的材料和工艺。

（1）前期准备工作。

1）将通过探伤发现的裂纹的长度、大小及部位详细记录，用粉笔标明其长度和走向，记录方法如图8-7所示，可以在裂纹上打上洋冲眼，以便进行电弧刨和铲削工作。注意裂纹资料必须备案或拍成照片存档。

2）根据叶片材料的化学成分及机械性能方面，选取与之相接近的焊条。在处理比较严重的裂纹时，须先鉴定所采用焊条的性能。有条件时，请焊工进行试焊，作机械性能和断面分析试验。

3）焊前要对场地进行检查，劳动保护措施是否合格，通风是否良好，电路接得是否合格。

4）补焊前，应在裂纹的两端钻上止延孔，孔径不应小于5～7mm。凡在铸造中留下的、对强度影

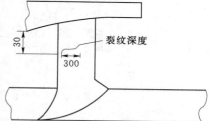

图8-7 叶片裂纹记录

响不大的微小裂纹可不作处理，但要在裂纹两端打上洋冲眼，以便日后运行监视。

5）在裂纹处开好坡口。为了将焊件截面熔透并减少熔合比，应将焊件的待焊部位加工成一定几何形状的坡口。常用的坡口形式有V、X、U、K形等，如图8-8所示，主要根据裂纹情况、铲除及施焊方便而定。

凡不穿透叶片厚度的裂纹，深度在30mm以内可开V形坡口，如图8-8（a）所示；30mm以上开U形坡口，如图8-8（b）、（d）所示；靠近根部的采用V形坡口，如图8-8（c）所示。其中以图8-8（b）、（d）为好，而图8-8（a）、（c）角度太尖、易夹渣。

凡穿透叶片厚度的裂纹，深度在40mm以内开X形坡口，如图8-8（e）所示；靠近根部的开K形坡口，如图8-8（g）所示；厚度在40mm以上的需开U形坡口，如图8-8（f）所示；靠近根部的开K形坡口，如图8-8（h）所示。其中8-8（f）适宜于发生在叶片上的裂纹，图8-8（g）常用在叶片与下环结合部位的裂缝上。在采用双面焊坡口时，为防止产生夹渣，应将母材预先留下2～3mm，在焊过几道焊肉之后，再将母材铲去。

开坡口的方法主要有风铲铲削和电弧刨两种。前者比较费力，因为叶片材料较硬，有时裂纹在狭窄处又不易施工，一般采用钻排孔加上风铲一起开坡口的办法。这种方法开的坡口质量好，但费事。

电弧刨法是利用电弧热量将叶片金属表面熔化后用压缩空气将熔化的金属吹掉，逐层地开出坡口。这种方法省力、进度快，但有两个缺点：一是在坡口内有渗碳氧化层，必须用砂轮打磨掉，才能露出母材的金属光泽。二是为防止叶片在温度应力下使裂纹扩展，电弧刨需间断使用。

图8-8（a）～图8-8（d）用于裂纹没有穿透叶片厚度的情况，其中以图8-8（b）、

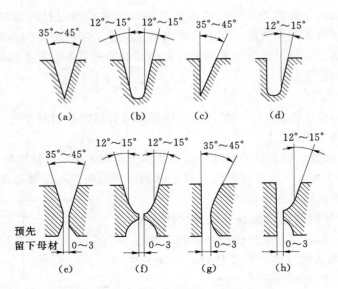

图 8-8　各种坡口的形状和尺寸

（d）为好，而图 8-8（a）、（c）角度太尖、易夹渣。

6）酸洗检查。开出坡口后，用毛笔蘸 30％浓度的硝酸溶液涂在坡底，过几秒钟后用棉布将酸液擦干。如有黑色的裂纹，继续加深坡口，再重复检查，直至裂纹不存在为止。

7）预热。根据施焊条件与焊缝质量要求，预热方法一般有电涡流、电炉加热及气割枪烘烤法三种。整体加热以温升 8～10℃/h，温度至 100～150℃后保温 4h 为宜。对裂纹较少的局部加热至 100℃，保温 2h 后即可。也可用电热器先加热至 70℃左右，再用气焊烤至 100℃。加热过程中用半导体温度计、热电偶或水银温度计进行测温监视，测温点应大于 3～4 点。焊前对缺陷部位进行整体或局部预热的目的是改善焊缝的金相组织，防止焊接应力过大，特别是焊缝与基材过渡区的热影响导致二次裂纹产生。

（2）裂纹焊接工艺。

1）为防止变形，各焊点应均匀、对称地分布。

2）每个起弧点与熄弧点都应在引弧板上或坡口外。引弧板的材料必须与工件的相同，或在其表面堆焊上相同的材料。

3）长焊缝宜采取分段焊，段长 100～150mm。300mm 以上的焊缝采取分段退步焊，300mm 以下可由中间向外焊。修复过程中，注意防止施焊起弧和断弧产生的裂纹。

4）分段接头处应逐层搭接，正反面焊缝轮流施焊，以防止接头处平齐而影响焊缝质量。

5）深度在 40mm 以上的坡口，应双侧镶边施焊，当间隙小于 4mm 左右后再进行正常焊接；深度在 40mm 以下和靠叶片根部的坡口则宜单侧镶边施焊。

各种坡口焊接顺序见图 8-9。其中，图 8-9（a）为单面焊，头几道焊肉先镶在较厚的一面，以防发生焊接裂缝。

6）坡口焊满后，需焊一层退火层，并采取保温措施使之缓慢冷却。如坡口在空蚀区，则退火层应采用抗空蚀焊材（如堆 277），其厚度要高出 3mm 左右，以便进行表面磨平处

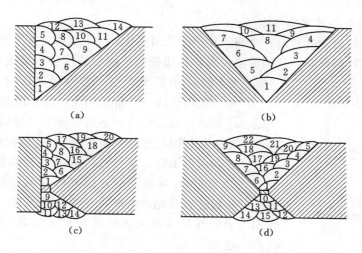

图 8-9 各种坡口焊接顺序

(a)、(b) V形坡口；(c) K形坡口；(d) X形坡口

理，如图 8-10 所示。

7) 穿透性裂纹在其正面焊 2～3 道焊波后，应用风铲在其背面铲除坡口底部的焊瘤，待露出新的焊波时再开始施焊。

8) 裂纹堆焊中，底下几层宜用直径小于 4mm 的焊条、小电流、短电弧（一般 2～25mm）、慢速度施焊，以减小母材的熔深，但要保证将母材熔透，避免夹渣及未熔合等缺陷，要求焊搭接宽度不小于焊链宽度的 1/3，防止咬边与弧坑及弧坑裂纹的产生。

9) 根据施焊位置的不同来调节施焊电流。

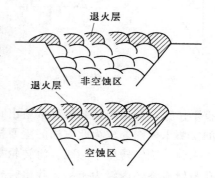

图 8-10 坡口表面焊层

10) 施焊过程中，除第一道焊肉和退火层外，每焊完一层，用带圆角的小锤锤击焊缝，将药皮氧化物彻底清除干净，以消除内应力。锤击时，锤头尖部应垂直焊道，要求落锤力均匀，往返 2～3 次，焊波模糊平缓即可。图 8-11 为锤头移动方向。

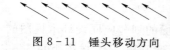

图 8-11 锤头移动方向

11) 裂纹焊完后，适当保温，缓冷之后用砂轮按叶片型线打磨裂纹焊缝。磨去退火层后进行外观和探伤检查，要求补焊区不得有裂纹、气孔、夹渣、未焊透等缺陷，与叶型一致，表面光滑。否则重新处理。

8.2.3 转轮叶片的测绘方法

转轮叶片的测绘，是一项非常重要的基础性技术工作，是改进整个水轮机空蚀性能和设计研究新转轮的重要参考资料。叶片实测，对电站来说，根据测绘进行修理整形，可以提高机组效率、改善机组稳定性、减轻空蚀磨损破坏；对制造厂来说，根据测绘结果与实际运行情况进行研究，可提高水轮机设计制造水平。

1. 叶片线型测绘的方法与原则

混流式水轮机转轮叶片是一个相当复杂的几何形体，叶片数多，相互之间的空间位置又很狭窄，实测相当困难。我国混流式水轮机转轮叶片测绘曾用过靠模法、石膏脱模法、滚轮法，用铅条或退火紫铜条靠压叶片背面的造型法、三角形法、直角坐标法，还有以直角坐标法为基本测绘思想的双坐标感应同步器数显测绘、微机双坐标数显打印测绘以及梳齿侧针靠模与微机双坐标数显打印混合测绘、水轮机叶片云纹检测仪测量等方法。20 世纪 90 年代前后，国外叶片测绘的主要方法有：样板法、激光干涉仪法、便携臂法等。近年国外又推出彩色三维激光测绘系统用于叶片线型测绘，效果很好。

水轮机转轮叶片测绘的方法虽有很大差别，但其基本原则只有一个：就是要尽量保证实测基准与叶形设计基准相一致。下面主要介绍三角形法。

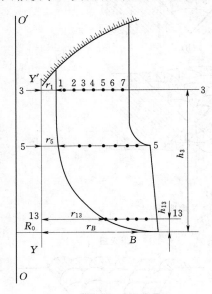

图 8 - 12　确定叶片轴平面

2. 三角形法

三角形法测绘叶片线型的基本原理，是以主轴中心线和辅助垂线所决定的轴面作为基准，用三边决定三角形的几何原理，确定叶片各水平截面上各测点的投影位置，根据测量结果直接绘出叶片的木模图。因此，减少数据的累积误差，绘出合格的实测木模图，成为此方法的主要技术问题。具体步骤如下：

（1）确定转轮中心线。将转轮支撑在牢固的基础上，并调整水平。以水轮机主轴中心孔与转轮下环内缘为基准，找出转轮中心线。

（2）确定轴平面。在转轮被测叶片出水边上找出最低点 B，其高度可大致选择，对测量结果并无影响。转轮中心线 OO' 与 B 点即构成该转轮被测叶片的一个轴平面，如图 8 - 12 所示。一般混流式水轮机转轮出水边的水平投影均设计在同一子午线上，即在 OO' 与 B 点所构成的轴平面上。用叶片出水边上选择一些点挂垂线方式调整 B 点位置就可校正轴平面。

（3）挂辅助垂线。为便于测量，在被测叶片出水边附近挂辅助垂线 YY'，YY' 应在上述轴平面内。

（4）在被测叶片的正面和背面上分别作水平截面。水平截面的划分应同设计木模图的尺寸、位置相对应，以便实测翼型与设计木模图的尺寸比较。通常以下环上平面的 5—5 截面为基准找出其他水平截面，实测的 5—5 截面应同设计的 5—5 截面相符。一般用测量 5—5 截面到上冠和下环下端面的距离方式来进行校核。

在各水平截面上定出测点，做上标记。一般在翼型头部和尾部线型变化较大的地方，测点应适当稠密些；翼型平缓的地方，测点可选择稀少些。

（5）测定距离。量取中心线 OO' 到辅助垂线 YY' 的距离 R_0，YY' 到 B 点的距离 r_B，量取 YY' 到叶片各水平截面正面、背面出水边第一点的距离 r_x、r_x'，YY' 到叶片各水平截面正面出水边第一点的距离为 r_1、r_2、…、r_{13}。YY' 叶片各水面截面背面出水边第一点

的距离为 r'_1、r'_2、$\cdots$、r'_{13}。

量取 B 点到最下边一个水平截面（13—13 截面）的距离 h_{13}，由于各水平截面间的距离是已知的，故 B 点到各水平截面的距离 h_1、h_2、$\cdots$、h_{12} 均可求得。

由于每一个水平截面、背面出水边第一个测点不一定恰好在轴平面内，故还需分别从叶片正面、背面第一个测点吊垂直线，量取正面、背面第一测点到轴平面的距离 k_x、k'_x。图 8-13 所示为叶片 3—3 水平截面正面出水边第一个测点位置的测量示意图，正面距离为 k_3，背面距离为 k'_3。

（6）叶片工作面的测绘。先按叶片的大小制作两把折叠式卡尺，以便量取流道中各测点的尺寸。如图 8-14 所示，用折叠卡尺量取最低点 B 到 2 点的距离 l_1，用铁圆规量取同一截面出水边第一测点到第二测点的距离 l_2。在直角三角形 $B2C$ 中，h_3 为已知，则可求得 BC 的数值，也就是 l_1 的水平投影 l_3 的数值。其余各测点的量取方法依此类推。所测数值记入特设的表格中。

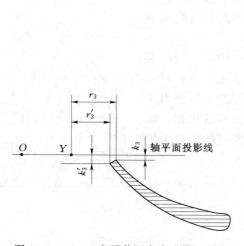

图 8-13 3—3 水平截面出水边第一测点
位置的测量

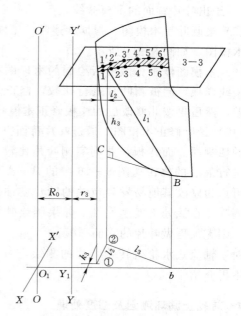

图 8-14 3—3 水平截面叶片工作面测绘示意图

下面开始绘制各水平截面水平投影。先确定转轮的中心线 OO' 的投影 O_1，划一条通过 O_1 点的水平线为轴面的投影线。从 O_1 点量取 R_0 得 Y_1 点，即为 YY_1 辅助垂线的水平投影点。从 Y_1 点量取 r_B 即为 B 点的水平投影 b。从 Y_1 点量取 Y_3，便可确定出水边第一测点的水平投影位置。如实测的 k_3 值为零，则第一测点的水平投影应在 $O_1 b$ 线上；如 k_3 值不为零，则量取第一测点到轴平面的距离 k_3（图 8-14 中 k_3 为负值），可确定第一测点在水平面上的投影点①。由已知的 l_2 和 l_3，则由图解可确定 3—3 水平截面上第二测点的水平投影②的位置，然后把各点圆滑地连接起来，便得水平截面叶片工作面的木模截线。

（7）利用相邻叶片的出水边进行叶片背面的测绘。

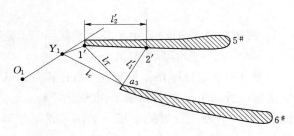

图 8-15　3—3 水平截面叶片背面测绘示意图

如图 8 - 15 所示，以 5# 叶片 3—3 水平截面的背面测点 2′为例来说明。

1）在相邻 6# 叶片出水边工作面上，测出与 5# 叶片各水平截面相应的等高点 a_1、a_2、a_3、…，并划出标记。假定 1′、2′点为叶片背面的第 1、第 2 测点，则 △1′2′a_3 在 3—3 水平截面上。

2）先测 YY′到 a_3 点的距离 l_a（即点 Y_1 与 a_3 的距离），并分别测得 a_3 点到 1′、2′点的距离 l_T、l_1'，再测点 1′、2′ 之间的距离 l_2'。由 △$Y_1$1′a_3（$Y_1$1′的长度已知）可确定 a_3 点的水平投影位置。在三角形△1′2′a_3 中三边长度已测得，这样，3—3 水平截面的背面测点 2′的水平投影位置就可以确定了。

3）同样，叶片背面其他各测点的水平投影位置就可以确定了。

4）绘出叶片背面的木模截线。

（8）绘制叶片木模图。根据上述叶片工作面与背面各水平截线测点所得数据，绘制叶片的木模图，如图 8 - 16 所示。

（9）木模图修正。做出所绘制的木模图各水平截面正、背面的型线样板，同被测叶片进行比较，修正某些测量与绘制中的误差，然后再按此修改后的样板修正木模图。

（10）最后修正木模图。通过叶片背面空蚀区中心，做出需修型的切割面立面样板，并同实测叶片比较、修正，然后对木模图进行最后的修正。图 8 - 16 中的 A—A 为切割面的立面样板，可作为修改其他易发生空蚀的叶片空蚀区翼型的依据，因为被测叶片在该处不发生空蚀。如果测绘叶片的目的不是为了修型，则无须再做叶片的立面样板。

对于轴流式水轮机转轮叶片的测绘，由于方法较简单，这里就不再介绍了。

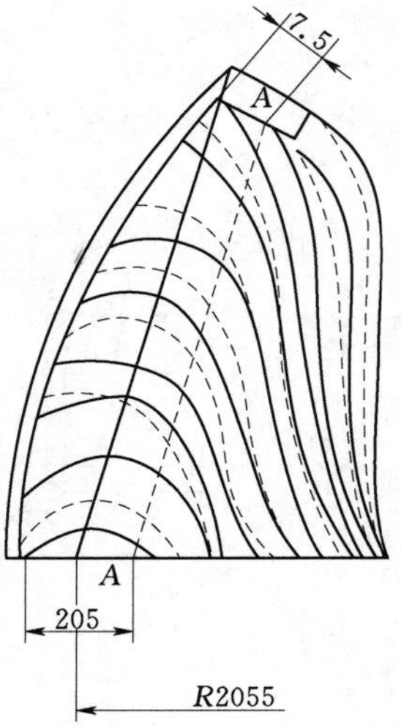

图 8 - 16　叶片木模图

8.2.4　转轮止漏环测圆及圆度处理

在运行中由于安装质量或其本身材质空蚀或泥沙磨损原因，混流式转轮的上、下止漏环可能会出现被磨成椭圆或局部掉边的现象，甚至严重磨损而使间隙变得很大，从而会加剧水力不平衡冲击，产生机组振动，影响机组安全运行和经济效益，甚至造成事故。如 2001 年二滩水电站，四台国产发电机组止漏环都出过问题。因此，大修时必须进行止漏环的修复工作。

止漏环的测圆装置一般为测圆架，见图 2 - 20（b）。先用砂纸将上、下止漏环打光，个别高点用锉刀或砂轮除去，用抹布擦净。由两人轻轻转动测圆架，测量出各点数值并记录下来。测量时应注意保证转动部分处在自由状态，测量者不要站在转轮叶片上。一般规定，测量误差不超过 0.05mm，不圆度（即 180°方向上两点数值之差）不超过止漏环实测平均间隙的±10%。否则要视具体情况进行技术处理。如果高点仅在个别地方存在，可用手砂轮或刮刀、锉刀削去；如果高点分布面较广，可借助专用支架，用砂轮磨削，然后用砂纸打光、抹布擦净，再进行测圆，直至合格为止。

如果止漏环严重破坏，如大片掉边时，可先用不锈钢焊条补焊，焊肉高出原来 2～4mm，然后进行磨圆处理。

水轮机止漏环本身很薄，尺寸又很大，圆度和表面质量要求又很高，损坏后很难再修复。因此，大多数时候都是采取更换新止漏环的方法。

当止漏环损坏不太严重时，为了降低成本，可以轮流更换固定止漏环和转动止漏环。如果先更换转动止漏环，为适应固定止漏环因磨损而增大了的内径，其外径尺寸应稍大些。

8.3　导水机构主要部件的检修

导水机构检修是水轮机大修的主要内容之一。机组大修时，导水机构的检修程序往往是先进行几项试验和测量（漏水试验，导叶间隙测定、接力器压紧行程测定、导叶开度测定），然后将各部件拆卸、检查、处理，装配后进行修后试验。下面介绍目前应用较多的圆柱式导水机构的主要部件的检修方法。

1. 顶盖的检修

顶盖的检修主要包括清扫顶盖、疏通排水管路、防腐处理以及顶盖与导轴承的结合面的修复。对于分块组装式顶盖，还要检查焊缝的质量和顶盖的把合面。前者焊接不好的部位应及时补焊；后者用 0.05mm 的塞尺检查，允许的间隙不能超过 20%，把合螺栓松动的要及时把紧。

2. 底环的检修

对于泥沙含量大的机组，运行较长时间后，必须检查底环的磨损量。底环与座环的结合部位密封不好时，会对底环产生损害，要检查这些结合部位的完好性。

顶盖与底环过流面的抗磨板，没有的应设法加设；被损坏的，用补焊的办法修复；已损坏严重、难以修复的，予以更换。

由于抗磨板尺寸大而薄，为了避免补焊时产生扭曲变形，须用螺栓加固后再施焊。目前新建的大型水电厂都采用带自补偿的不锈钢抗磨板，基本不需检修。

3. 导叶轴承的检修

导叶轴承是导水机构中一个较易损坏的部件。混流式机组目前采用的主要有锡青铜轴承和工程塑料轴承。由于润滑方式的不同，使得其轴承的结构不同，检修的方法也不一样。

导叶轴承现场检修时，一般只检查导叶轴承的磨损情况。如果磨损严重，间隙已超过与导叶轴颈的配合间隙则就必须更换新的轴承。通常，导叶轴承每隔 1～2 个周期就需要更换一次。更换时要根据导叶轴颈的配合间隙进行轴承尺寸加工。

4. 导叶的检修

（1）导叶磨蚀处理。由于泥沙磨损和间隙空蚀，导叶表面，特别是两导叶的接缝处，易产生汽刨破坏，处理方法有两种：

1）不吊导叶，原地处理。在非接触面空蚀区，当空蚀损坏深度小于 3mm 时，可直

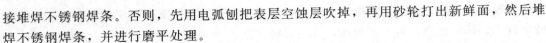

接堆焊不锈钢焊条。否则，先用电弧刨把表层空蚀层吹掉，再用砂轮打出新鲜面，然后堆焊不锈钢焊条，并进行磨平处理。

导叶接触面的空蚀破坏，一般只发生在某一段内，先用电弧刨把空蚀破坏段吹掉，再用砂轮磨出新鲜金属面，采用小电流施焊工艺堆焊不锈钢焊条以避免产生温度应力而出现裂纹。然后参照基准打磨堆焊面，最后用锉刀锉削接触面，用钢板尺找直。处理后，关闭导叶，检查该导叶立面间隙，合格为止。处理过程中，注意做好工作场所通风工作。

2) 吊出导叶，在机坑外处理。对于泥沙磨损和空蚀破坏严重的机组，可在导叶接触面内镶嵌不锈钢板条，对于间隙空蚀损坏的导叶，可在其上、下端面各堆焊一层不锈钢焊条，然后磨平。这样既可减小端面间隙，减少漏水，又可减缓间隙空蚀的破坏。

(2) 导叶轴颈检修。导叶轴颈仅在 0~60° 范围内转动，速度在 0~0.02m/s 范围内变化，正常时压力为 0~10MPa。全关闭时，受压紧量的影响，压力增大；剪断销断后强行关闭时，压力倍增。因此，处于较特殊的不规则的受力状态，轴颈易发生偏磨和损坏。

轴颈磨损严重时，将导叶轴车圆后包焊一层不锈钢，再车到规定尺寸（不锈钢的厚度不得小于 2mm）。不严重时，可喷镀一层表面粗糙度在 $R_a 0.63$ 以上的铬或不锈钢层，降低摩擦系数，防止腐蚀。

(3) 导叶间隙调整。导叶间隙包括立面间隙和端面间隙。按规定，导叶上、下端面间隙总和的偏差值，最大不得大于设计最大间隙值，最小不得小于设计最小间隙值的 70%；上端面间隙一般为实际间隙总和的 60%~70%，下端面间隙一般为实际间隙总和的 30%~40%；导叶止推压板轴向间隙不应大于该导叶上端面间隙的 50%。

1) 导叶立面间隙调整，在钢丝绳捆紧导叶的情况下，要求关闭紧密，立面用 0.05mm 塞尺检查应通不过。

2) 导叶端面间隙调整，如果发现导叶上、下端面间隙和超过图纸规定值，要吊出导叶和底环，在底环下加垫，使上、下端面的间隙变小；如要加大端面间隙，可在顶盖与座环的接合处加垫。

(4) 导叶转动机构检修。

1) 连杆拆装。连杆拆前，应做好两轴销的方位记号，测量出两轴孔间的距离。松去连杆的背帽，拔出两端的轴销，移走连杆。回装时与拆卸顺序相反。

2) 拔分半键。拆去导叶轴端的支持盖，装上拔分半键工具进行拔键。拔出后应立即编号，清扫干净，用绳索成对捆好，存放于专用木箱内。

3) 拐臂拆装。拆前应检查拐臂编号，然后装上拔拐臂工具将拐臂顶起。当拐臂顶起到一定高度后，改用导链将它吊起。拐臂拔出后，运到检修场地进行清扫。若过紧，可用刮刀、锉刀、砂布等修刮，打磨拐臂内孔及导叶轴头。检查剪断销无错位、受剪情况，如有缺陷，可更换新的。安装前应清扫导叶轴头及拐臂内孔，涂以润滑油。将拐臂吊起、找正，套装于导叶轴头。保持拐臂的水平，一直落到底。

4) 导叶轴套拆装。在拆卸前用塞尺测量导叶上部轴承间隙。将导叶轴套上连接的各种管路拆除，拔出轴套定位销、拆除连接螺栓。装上拔导叶轴套工具，拔出导叶轴套后，清扫轴套内积存的脏物，检查上、中轴瓦有无磨损，测量内孔尺寸应符合图纸要求。

导叶轴套的止水皮碗应无破损、老化，应柔软，富有弹性，否则应更换新的。导叶轴套回装与拆卸顺序相反。轴套装复后，检查上部轴承间隙，应符合图纸要求。用导叶扳手以1～2人转动导叶应灵活。否则应进行处理。

5）控制环检查。推拉杆分解后，拆去控制环下部润滑油槽盖板，做好控制环方位记号。用塞尺测量各立面抗磨板与支持环的间隙，其两侧之和应符合图纸要求。将控制环吊起、清扫、检查立面与平面抗磨板磨损情况，润滑油路有否堵塞，存在缺陷应处理。立面抗磨板间隙如果超过图纸规定值，应同时缩小相对方向两侧抗磨板间隙，可在抗磨板背面加铜垫片，直至符合图纸规定。

8.4　轴流式水轮机主要部件的检修

8.4.1　转轮室的修复

钢制的转轮室受到磨损或空蚀破坏后，用补焊的方法进行修复。补焊完后按样板进行打磨，使补焊区域同未磨损的区域光滑连接，既要保证转轮叶片调节自如，又不使漏损增大。转轮室损坏严重时，可装置由小块不锈钢板拼焊成一带状的护面。

铸铁制作的转轮室遭到严重磨损后，可更换钢制的转轮室；也可采用过流面为不锈钢、背面为碳钢的复合钢板。

8.4.2　受油器的检修

1. 受油器的解体步骤

（1）分解外油管路与回油管路的连接法兰。

（2）拆卸轮叶恢复机构。

（3）用塞尺测量受油器轴套与油管间的径向间隙，各间隙均应按十字方向或均布的8点进行测量。

（4）拆卸受油器体。

（5）作好甩油盆的方位记号，拆卸并吊出甩油盆。

（6）作好受油器中操作油管的方位记号，拆卸并吊出这些操作油管。

（7）受油器底座绝缘测量，若绝缘合格，可不拆卸受油器底座，否则应将受油器底座拆出。

（8）用框形水平仪对受油器底座进行水平测量，并标记框形水平仪放置的位置，以便于回装时按原位置复测水平。

（9）拆卸受油器底座。

2. 受油器的检修工艺

（1）操作油管轴承配合的检查与处理。测量各轴套的内孔尺寸，检查各轴瓦的磨损情况。测量内、外油管与轴套配合部分的外径尺寸。分析各轴承的配合间隙是否符合图纸要求，若因轴套磨损，配合间隙大于允许间隙，应更换轴套。

（2）操作油管的圆度和同心度的检查与处理。将操作油管组合在一起，检查内、外油管的同心度与椭圆度是否符合图纸要求。如果超出允许范围，应进行喷镀或车圆处理；无法处理的或者管壁厚度已不合格的，更换新管。新管要严格清洗，并用 1.25 倍的工作压力进行严密性耐压试验，保持 30min，应无渗漏。

（3）轴套的研刮。将受油器体倒置，放在支墩上找平。把处理合格的操作油管吊入受油器体内，与上、中、下三轴套配合。用人工的方法使操作油管的工作面与轴套进行上下及旋转研磨。然后加以修刮，直到轴套配合间隙与接触面符合图纸要求为止。最后在轴瓦表面上挑花。

3. 受油器下部操作油管的检修

受油器下部操作油管的上、中、下三段，可以分段拆出，主要检修内容如下：

（1）检查各引导瓦及导向块的磨损情况；测量各引导瓦的内径、圆度及各导向块的外径和圆度，其配合间隙应符合图纸要求。

（2）检查各组合面。组合面应无毛刺、垫片完好。用 0.05mm 塞尺检查应通不过；用 0.03mm 的塞尺检查，通过的范围应小于组合面的 1/3。

（3）操作油管的外腔用 1.25 倍的工作油压进行耐压试验，0.5h 内应无渗漏。

4. 受油器的回装步骤

受油器的回装，基本上与拆卸程序相反，主要有以下几方面。

（1）将受油器底座按原来方位回装。

（2）将操作油管按原位置回装，然后盘车找正。

（3）受油器的预装。吊入受油器体，机械盘车研磨各轴套，再吊出受油器体。

8.4.3　轮叶操作机构的检修

轮叶操作机构的检修目的在于检查转轮体内某些零件的磨损及损坏（如连杆销孔变形、轮叶枢轴止推轴套磨损等）情况，并进行相应的处理或更换。此工作必须在扩大性大修对转轮解体时才能进行。

1. 无操作架式轮叶操作机构的检修

（1）轮叶操作机构拆卸程序。

1）水轮机主轴拆吊。接排油管将转轮内油排走，主轴法兰分解，操作油管分解并与主轴一起吊出机坑。

2）转轮起吊。有的水电站将转轮体与主轴一起吊出，到安装间后再分解。

3）转轮体安放。将转轮吊放在安装间转轮组装平台的支墩上并固定。

4）轮叶拆吊。

5）轮叶传动机构解体。

（2）轮叶操作机构的检查与测量。

1）检查止推轴套的磨损与损坏情况，测量其内径，确定是否需要更换。

2）检查枢轴结构的止推面及轴颈有无研伤，测量各轴颈的尺寸。

3）检查套筒的伤痕、裂纹及配合等情况。

4）检查活塞缸内壁的磨损和伤痕情况。测量活塞缸的内径，检查其圆度和锥度；测量活塞外径，检查其磨损情况；测量活塞环涨量和开口尺寸，检查其磨损及损坏情况。

5）检查连杆、销轴、活塞杆或操作轴及其余铜套的配合情况。

（3）转轮的组装，叶片开口度的调整。由于制造与装配上的误差，轮叶传动部分组装以后，各轮叶的开度误差可能会超过规定的范围，必须进行调整。

2．带操作架式轮叶操作机构的检修

轮叶操作机构分解时及解体后，要对止推轴套、活塞及有关轴套的配合间隙进行测量，并检查各配合处的磨损、损坏情况；检查传动件的变形，裂纹等缺陷，并进行清扫、处理及必要的更换。其检修方法与无操作架式基本相似，不再叙述。

8.5　主轴的检修

通常情况下，发电机主轴一般不易损坏，而水轮机主轴则因为装有水导轴承及主轴密封，容易磨损。通常水导处的摆度最大，主轴轴颈的磨损也就较其他导轴承轴颈磨损更大一些。因此，主轴的检修实质是指水轮机主轴的检修工作。

主轴的破坏形式主要有：裂纹和不均匀磨损，轴颈偏磨失圆、出现沟槽（密封处）等。主轴轴颈直径偏差不大于 $0.05 \sim 0.1 \text{mm}$；沟槽深度不大于 0.5mm 时为轻度损坏，检修时只需将少数沟槽作修整，主要工作是主轴磨圆。对于损坏严重的主轴，则要采取焊条焊补、打磨和包焊钢板（不锈钢板）等措施加以处理。

如果现场解决不了，则需将大轴拆下，运往制造厂进行车削。

8.6　水导轴承的检修

在 1.4.4 节已介绍过水导轴承的类型及特点，下面以分块瓦油润滑导轴承（图 1-35）为例，介绍其检修的方法。

分块瓦油润滑水导轴承，其主要优点是轴瓦分块，间隙可调，并有一定的自调能力，运行可靠，制造、安装均很方便，适合承受大的负荷。其缺点是主轴上要套装轴领使得制造复杂，检修也复杂一些。

1．水导轴承拆卸程序

（1）将油槽内的油排除干净，拆除与油槽相连的油管、水管、温度计、油位信号器等附件。

（2）将密封盖与轴承盖进行编号、分解、拆除。

（3）轴瓦间隙测量完后，将抗重螺栓的背帽松开，再把抗重螺栓旋松。分别吊出分块轴瓦，运到检修场地，并用油纸毛毡盖好。

（4）卸下瓦块托架，作好记号后，将轴承体拆卸吊出。

（5）松开螺丝，放下挡油管及轴领密封，将冷却器拆卸吊出。

（6）必要时分解挡油箱或油槽并将其吊出。

轴承的回装可按与拆卸相反的顺序进行。注意瓦托与轴领间的间隙要均匀（其间隙测量调整方法与前面 4.8 节中介绍的发电机导轴承间隙测量方法相同），并符合有关要求。

2．水导轴承的主要检查项目

（1）检查油槽密封及轴领密封的磨损情况，确定是否需要更换。

（2）检查巴氏合金与瓦衬的结合处是否有脱壳现象。较大部分脱壳时，应重新挂瓦或更换新瓦。

（3）检查油面的位置是否符合图纸要求。

（4）检查支柱螺钉端部与瓦背垫块的接触情况。必要时进行修刮。

（5）检查主轴轴领上与水导瓦接触的部位，若发现有毛刺、磨损等，用细油石沿旋转方向进行研磨。伤痕面积较大时，用专用工具加研磨膏进行研磨。

3. 轴瓦研磨和刮削

根据轴瓦表面磨损情况，进行相应处理。

（1）挑花。通常轴瓦磨损并不严重，对于金属瓦，除少数高点被磨去瓦花之外，余下部分瓦花仍然存在。这时，用平刮刀刮去高点，并重新挑花，以利于油膜的形成，保证润滑。刀花可以是方开、三角形、燕形等，行与行之间要彼此交错，刀花面积以 $0.2cm^2$ 左右为好，被刮去的深度大约为 $0.01mm$。

需要说明的是塑料瓦一般不需挑花。

（2）熔焊。当轴瓦的局部区域因摩擦而出现条状沟，或因轴电流而破坏合金时，轻微者可用刮刀将毛刺刮去，修整平滑；严重者则采用合金熔焊的办法进行处理。

（3）研磨和刮削。分块式弧形瓦在焊接之后，可用样板刀把焊过的瓦表面刮成近似原来曲面的形状，再进行研磨和刮削。

一般情况下，检修轴瓦时，只进行刮花处理，很少进行研磨。但在大面积熔焊后，为了保证轴瓦表面有很高的光滑度，为使轴领与轴瓦有良好的配合，则要进行研磨。

8.7　引水钢管与蜗壳的检修

在钢管、蜗壳和尾水管内进行检修工作，要有足够的照明，所有的电气设备应按"在金属容器内工作"的安全条件要求，登高作业需搭设可靠的脚手架和工作平台。

1. 压力钢管的锈蚀检查

用刨锤、抢子等工具刨铲钢管内表面，检查锈蚀的深度、面积及原防锈漆变质程度。若锈蚀严重，特别是明管段（包括主阀阀壳及蜗壳进口部分），应先除锈，然后涂上防锈漆。

2. 伸缩节的检修

压力钢管与主阀连接时，往往带有伸缩节，如图 8-17 所示。检修时，应将压环移至一边，扒出盘根检查，如盘根有破损或老化无弹性时，应更换新的，然后将压环压入，均匀地拧紧螺母。

图 8-18 是钢管无伸缩节而与主阀直接连接的形式。钢管与主阀阀壳之间用压板压住，胶板带起缓冲作用，垫环和压环起支撑作用。检修更换胶板前，应将压板编号后逐块拆去，新胶板带装好后，再按号逐块上紧压板。高水头机组常用如图 8-19 所示的伸缩节，钢管的端部只含半个耐油橡皮密封环，以便于检修。

3. 钢管进人孔检查

钢管进人孔如图 8-20 所示。检修时，要搭牢固的平台。拆开时，先松开螺母，取下横梁，向里推人孔门，清扫干净门槽，检查盘根是否损坏。安装时，用绳子吊住两侧涂铅油的盘根，并在人孔门槽内摆正（不要碰跑盘根），架上横梁，拧紧螺母。

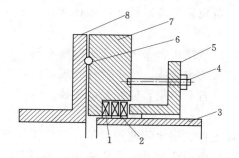

图 8-17　伸缩节

1—橡皮盘根；2—石棉盘根；3—钢管；4—螺母；5—压环；
6—橡皮圆盘根；7—活动法兰；8—阀壳法兰

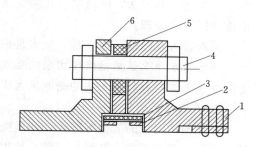

图 8-18　钢管与主阀连接

1—钢管；2—压板；3—胶板带；
4—螺杆；5—压环；6—阀壳

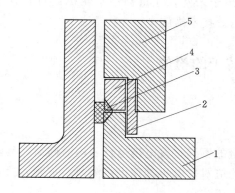

图 8-19　高水头机组伸缩节

1—钢管；2—圆环；3—橡皮密封环；
4—盘根压环；5—法兰

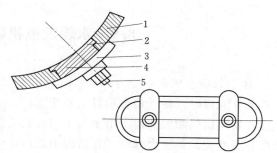

图 8-20　钢管进人孔

1—钢管；2—橡皮盘根；3—横梁；
4—进人孔门；5—螺母

4. 钢管排水阀检查

钢管与蜗壳的排水阀大都采用盘型阀，使用移动式油压装置操作，应检查阀的连接部位是否漏水、操作是否灵活，其余与一般阀门相同。

5. 蜗壳检查

蜗壳大都为钢板卷焊件。大修时打开进人孔，进入内部，用刨锤或刨子检查锈蚀情况，如锈蚀严重，应除锈涂漆。进人孔检查与钢管进人孔检查相同。

8.8　尾水管及其他部件的检修

1. 尾水管的检修

主要检查项目有：尾水管里衬、进人孔和排水管水龙头。

一般机组的吸出高度，若选择适宜，且安装质量合格，尾水管里衬发生空腔空蚀不很严重时，可参照转轮叶片空蚀补焊的方法，用堆 277 等焊条补焊即可；如果尾水管里衬遭受严重空腔空蚀破坏，在检修时对里衬的处理应根据实际情况，采用如抗空蚀复合钢板铺焊等新工艺、新方法，同时结合改善吸出高度、避免低负荷运行、加强补气等一系列技术措施加以综合处理。

检查进人孔门框，应平整，止水盘根完好，位置摆正，关闭后充水时应不漏。

排水管水龙头是指检修排水泵的吸水管进口处的水龙头。当水位低到规定值时，可穿上防水衣下去检查吸水龙头的栅网是否腐蚀损坏。若有破损，应修补或更换。

2. 其他部件的修复

对于损坏轻微的其他零部件，如蜗壳、座环支柱、尾水管起始段等，只要损伤不是太深，实际上就无须进行补焊；而需要补焊的部位，由于线型并无严格要求，故只要将补焊处打光即可。

特别要指出的是，必要的零件修复工作是很重要的，但频繁、大量的修复会使水轮机的性能下降，关键是在提高检修质量的同时，防患于未然，注重提高水轮机运行管理水平，积极寻求减轻水轮机空蚀和泥沙磨损破坏的有效技术措施。

8.9　水轮发电机转子的检修

1. 转子的检修项目

扩大性大修时，转子检查项目主要如下：

（1）发电机气隙的测定。由于加工和安装质量的不同，发电机运行一段时间后，气隙可能会有所变化。每次大修时，在吊转子之前，均应对发电机气隙进行测量、记录，检查是否符合规定值，并以此作为分析振动、摆度的起因依据。

（2）磁极拆装。为了处理转子圆度和更换磁极线圈等，需检修前后吊出、吊入磁极。

（3）转子测圆。机组运行后，转子圆度也可能发生变化，大修时应检查转子圆度是否符合要求。

（4）检查转子各部情况及打紧磁轭键。机组频繁起动，使转子与主轴承受交变脉冲力的低频冲击，长时间会造成螺栓松动、焊缝开裂、转子下沉、磁轭键松动等情况，大修时应仔细检查各项并做好记录和进行相应处理。

发电机转子检查的主要项目及技术要求如表 8－2 所示。

表 8－2　　　　　　　　　　　发电机转子检修项目及技术要求

项 目	技术要求与质量标准
转子圆度	各半径和平均半径的差值，不得超过设计气隙的±5%
磁极铁芯中心高程	允许误差不大于±2mm（水斗式机组应为±1mm）
转子对定子相对位置高差	磁极低于定子铁芯中心的平均高差，其值应在铁芯有效长度 0.4% 以内

2. 转子检修工艺

下面主要以悬式机组为例介绍转子的检修工艺。

（1）吊出发电机转子。

1）认真检查发电机气隙有无杂物，其余各处有无妨碍起吊之物。

2）下导油槽已分解完毕，密封盖、下导轴瓦、下导支柱螺栓、挡油筒等均已拆除，上、下导轴颈表面涂以猪油并用毛毡包好（对伞型机组，应分解推力轴承的有关部件，将油槽的密封盖取出）。

3）发电机轴与水轮机轴法兰分解（对伞型机组使轮毂法兰分解）。

4）检查起重设备和吊具，必要时要做起重试验。起吊工具及工艺与安装时相同。

（2）磁极拆装。水轮发电机的磁极靠T形接头嵌在磁扼的T形槽内，再用磁极键打紧、固定。较长时间运行后，可能出现由于T形部分及磁极键变形而使转子失圆的现象，甚至出现磁极松动问题。检修时需将磁极拆下，适当修整后重新挂装。

磁极修整须保证转子静平衡和同心度的要求，用测圆架、百分表进行检查和调整。

（3）检查转子各部，打紧磁轭键。

1）检查连接螺栓及焊缝。仔细检查转子焊缝是否开焊，连接螺栓是否松动，风扇片（装有风扇的转子）有无裂纹，螺母的锁锭是否松动（或点焊处是否开焊）等现象。对有开焊的焊缝（如轮毂焊缝），要用电弧刨吹去，开成V形坡口，用电热加温后进行堆焊。对于轮毂与支臂的连接螺栓，要用小锤敲击，检查是否松动。如有松动应用大锤打紧，重新立焊。

2）检查磁轭松动及下沉情况。由于原磁轭铁片压紧度不够或原磁轭键打紧量不够，致使磁轭可能下沉，磁轭键、磁极键焊口开焊，磁轭与支臂发生径向和切向移动等，从而影响机组动平衡，产生过大的摆度与振动。严重的还会发生支臂合缝板拉开，支臂挂钩因受冲击而断裂等严重质量事故。

磁轭下沉量可以法兰面为基准检查，若有下沉情况，就需重新紧固压紧螺杆。压紧后的磁轭要符合安装时对铁片压紧的要求。如发现磁轭与支臂有径向或切向位移，则要打紧磁轭键，以克服磁轭松动。打紧磁轭键一般采用热打键，打键时还要兼顾转子圆度要求。

8.10 水轮发电机定子的检修

1. 定子铁芯松动处理

由于定位筋的尺寸和位置是保证定子铁芯圆度的首要条件，定子检修时，首先应检查定位筋是否松动，定位筋与托板、托板与机座环结合处有无开焊现象。一旦发现，应立即恢复原位补焊固定。其次，检查通风铁芯衬条和铁芯是否松动，定子拉紧螺杆应力值是否达到规定要求。如果发现铁芯松动或进行更换压指等项目时，必须重新对定子拉紧螺杆应力进行检查。

常用的检查方法有两种：一种是利用应变片测螺杆应力，另一种是利用油压装置紧固拉紧螺杆，使其达到满足铁芯紧度规定要求的应力。

紧固拉紧螺杆后，如个别铁芯端部有松动，可在齿压板和铁芯之间加一定厚度的槽形铁垫，并点焊于压齿端点。

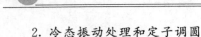

2. 冷态振动处理和定子调圆

（1）冷态振动处理。由于分瓣定子组合缝处产生间隙，铁芯松动而导致机组在开机空载升压过程中会产生振动，这种振动的轴向分量极小，而沿着径向和切向的分量却较大。其振幅随线圈和铁芯温度的变化而变化，一旦达到额定电压，带部分负荷后，振动就会消失。由于这种振动发生在发电机定子铁芯温度较低的"冷态"，所以叫做冷态振动。

对于铁芯松动产生的冷态振动，处理方法是紧固拉紧螺杆，使其达到满足铁芯紧度规定要求的应力。

对于合缝不严而产生的冷态振动，一般须采取铁芯合缝处加垫，消除间隙，增加刚度（如定子铁芯在工地叠装，则不用加垫）的措施加以处理。

（2）定子调圆。定子铁芯的圆度、波浪度，安装时要求非常严格，但在运行输、吊运过程中可能产生变形。另外，机组多年运行后，由于电磁力、机械力、振动等原因影响，可能使结构损坏而产生定子变形。一般只要叠片时，将通风沟内的工字型衬条排在一条垂线上，定子铁芯不会出现波浪度。

一般地说，定子的不圆度（即最大直径与最小直径的差值）不得超过空气间隙的10%，否则会引起磁拉力不均衡和发电机参数的变坏。因此，检修时应测定子圆度。但运行实践证明，尽管定子的圆度并不理想，运转时的电流波形、磁拉力、振动等方面情况并不明显，故不一定要处理定子圆度。若定子不圆度很大，影响安全运行，则必须重新叠装定子扇形冲片，用千斤顶顶圆或用花兰螺栓拉圆等方式进行处理。

8.11　水轮发电机推力轴承的检修

1. 检修的主要内容

检修的主要内容有：推力轴承的拆装，镜板的处理，推力瓦的刮削，轴线的测量与调整，推力瓦受力调整及轴承甩油处理等。

2. 推力轴承的拆装

（1）拆卸前工作。

1）轴承拆卸前，先将油槽中油排回油库，注意管路连接和阀门开闭位置，打开通气孔，严防跑油。拆下油位信号器、测温连线、温度计等，对拆下的温度计要进行试验，要求误差值不超过±4℃，否则应予更换。然后分解油槽，吊走冷却器并对它进行加压试验。吊走冷却器时，在管路法兰口中打入木塞，以防漏水。最后将油槽清扫干净。

2）检查测量推力轴承绝缘电阻值，以防止轴电流。

3）检查各螺栓是否松动，各瓦温度计是否损坏，绝缘是否良好，推力瓦与镜板接触处有无磨损。

（2）推力头拆卸。推力头与主轴的配合情况决定拆卸方法。国产机组大部分推力头与主轴采用过渡配合，其公差为 0.02～0.08mm。由于配合公差很小，为了在拔出时不憋劲，使主轴处于垂直状态是很必要的。

1）调整主轴垂直。将各制动闸闸瓦顶面调至同一水平面，使转子落在制动器上，尽可能取得水平。

2）取下推力头的卡环。

3）拔切向键。一般在推力头与主轴之间有两对或四对切向键，在拔推力头之前先将切向键拔出。

4）拔出推力头。推力头与主轴一般采用过渡配合。先卸下推力头与镜板的连接螺栓，用钢丝绳将推力头挂在起重机主钩上并拉紧稍许。启动油泵顶起转子，在互成 90°方向的推力头与镜板之间加上 4 个铝垫，然后排油。主轴随转子下降，而推力头却被垫住，因而被拔出一段距离。这样反复几次，每次加垫的厚度控制在 6～10mm 之内，渐渐拔出推力头，直至能用主钩吊出推力头为止。

有的老机组由于多次拆卸，可能造成推力头与主轴配合紧度下降，不用借转子自重及加垫的办法，仅用吊车起吊力配合方木振击等办法便可拔出推力头。

对伞式机组而言，拔推力头时，一般采用加热法使推力头膨胀，并在主轴内壁通水冷却主轴即可将推力头拔出。注意，推力头加热要均匀，要进行保温，加热时间一般不应超过 4h，并要做好与镜板隔热措施，防止镜板被加热产生退火和变形。

（3）推力头吊入安装。

1）加热推力头。通常采用电热法，加热速度不易太快，一般控制在 （15～20）℃/h 并采取断续加热方式，达到规定的内孔膨胀量后套入主轴。

2）吊入推力头。用三块推力瓦调整镜板至水平，按原来位置放好，再把镜板表面及推力头底面与内孔擦干净，在主轴配合表面涂碳精或二硫化钼，把键放好。将推力头吊起、找好水平和中心，套入主轴、装上卡环，均匀拧紧螺钉，然后找正镜板位置，打入定位销，拧紧连接螺钉。

3）顶起转子。将凸环或锁定螺母落下或恢复原位，使转子落在推力瓦上。

3. 镜板处理和推力瓦的刮削

为避免推力瓦损坏事故发生，大修时必须研磨镜板和刮削推力瓦。

轴瓦研刮 2.4.2 节中已介绍过。大修中，如果发现镜板有严重损坏，如镜板磨偏或被磨出深沟，镜板表面发毛或有锈蚀现象等，应送到制造厂进行精车或研磨处理。

对推力瓦的检查，可在顶起转子后，将推力瓦抽出、吊走。检查其表面磨损情况，如发现有轴电流烧伤处，应将周围刮得稍低一些并找平。检查推力瓦背面与托盘的接触面是否磨损，尤其要检查支柱螺栓球面与托盘的接触面是否良好，并妥善保管。一般情况下，推力瓦只有局部被磨平，只要增补刮花即可。如果推力瓦磨损严重，应重新刮削。

4. 镜板与推力头之间的止油处理

有的推力轴承镜板较薄，推力头的刚性远远大于镜板，较薄的镜板在分块推力瓦的支持下，会发生弹性变形。机组运转时，镜板就出现周期性的波浪形蠕变，如图 8-21 所示。镜板与推力头结合面在处于两块相邻推力瓦之间的位置处产生缝隙。当镜板的缝隙位置旋转到推力瓦支持部分时，缝隙被压合。而未被推力瓦支持的位置部分，缝隙瞬间体积膨胀产生真空，油在负压作用下被吸入，油中产生气泡；而在缝隙被压合的瞬间，气泡受压而突然破裂，产生冲击波，形成推力头和镜板结合面间的冲击剥蚀破坏。气泡的产生—压缩—突然破裂，周而复始，久而久之，使镜板结合面出现麻点、坑穴，受力面积减小。

这就是镜板的空蚀破坏。镜板的空蚀破坏不但造成了机组摆度增大，而且会加剧轴承甩油。特别是在推力头和镜板间垫有绝缘垫的机组，由于绝缘垫的损坏，轴线变坏、摆度增大、轴承甩油问题更为突出。

为此，可在推力头与镜板之间加装"O"形密封橡皮盘根处理，其位置见图 8-22。在车"O"形密封圈沟槽之前，应将被空蚀破坏的镜板车削和磨平，镜板与橡皮盘根接触的表面光洁度不得低于 ▽ 3.2，两面的不平行度不大于 0.05mm。并应注意，在加盘根前盘车使摆度合格，加盘根后再进行一次盘车，其摆度没有多大变化时才可以使用。

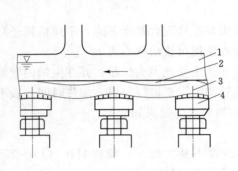

图 8-21　镜板的周期性波浪变形

1—推力头；2—缝隙；3—镜板；4—推力瓦

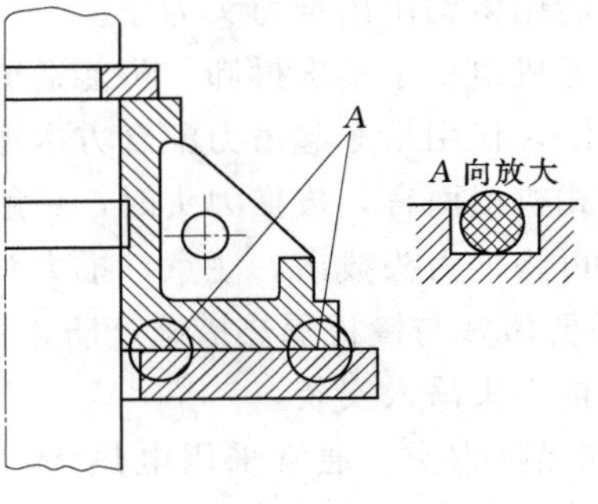

图 8-22　推力轴承加圆形密封盘根处理

5. 盘车测镜板水平

检修后的推力轴承，其高程应符合转子高程的要求，镜板的水平值应在 0.02mm/m 以内。推力卡环受力后，同安装时要求一样，用厚 0.03mm 的塞尺检查，有间隙的长度不得超过圆周的 20%，并且不得集中在一处，推力瓦受力应均匀。

对一般性大修，支柱螺栓如未变动，可不测镜板水平，只在调整推力瓦受力时一并调整水平即可。如果大修中动了各支柱螺栓，就要调整镜板水平。

8.12　水轮发电机导轴承的检修

一般发电机导轴承都采用分块瓦稀油润滑结构，与水轮机水导轴承中分块瓦稀油润滑结构相同。

发电机导轴承主要检修工作是导轴瓦的修理和刮削，导轴承间隙的调整，三个导轴承同心度的调整等。

1. 导轴瓦的修理

在拆导轴瓦前，应测量导轴承的间隙，并作记录，测量方法与水导轴承相同。

将轴瓦松开，放在垫有木块的地面上，检查轴瓦表面的磨损情况。通常轴瓦磨损并不严重，局部被磨损，可用平刮刀刮去高点，再重新挑花。若局部区域磨损严重，如出现条状沟或由于轴电流使钨金被损坏时，须采用熔焊的办法进行处理，处理后的轴瓦要进行研磨和刮削，并修刮进油边，达到有关技术要求。

2. 导轴承装复

（1）导轴瓦装复应符合下列要求：

1）轴瓦装复应在机组轴线及推力瓦受力调整合格后，水轮机止漏环间隙及发电机气隙均符合要求，即机组轴线处于实际回转中心位置的条件下进行。一般应在轴承固定部分适当位置建立测点，并记录有关数据，以方便复查轴承中心位置。

    2）导轴瓦装配后，间隙调整应根据主轴中心位置，并考虑盘车的摆度方位、大小，进行间隙调整。安装总间隙应符合设计要求。

    3）导轴瓦间隙调整前，必须检查所有轴瓦是否已顶紧靠在轴领上。

    4）分块式导轴瓦间隙允许偏差不应超过±0.02mm。

    （2）导轴领表面应光亮，对局部轴电流烧损或划痕，可先用天然油石磨去毛刺，再用细毛毡、研磨膏研磨抛光。轴领清扫时，必须清扫外表面及油孔。

    （3）导轴承装复后应符合的要求。

    1）导轴承油槽清扫后进行煤油渗漏试验，至少保持 4h，应无渗漏现象。

    2）油质应合格，油位高度应符合设计要求，偏差不超过±10mm。

    3）导轴承冷却器应按设计要求的试验压力进行耐压试验。设计无规定时，试验压力一般为工作压力的两倍，但不得低于 0.4MPa，保持 60min，无渗漏现象。

8.13　水轮发电机组状态检修

8.13.1　机组状态检修的概念

    水轮发电机组状态检修，是以机组的运行状态为基础的预防性检修方式，它根据机组状态监测和故障诊断系统提供的信息，经过统计分析和数据处理，来判断机组的整体和部件的劣化程度，并在故障发生前有计划地进行针对性检修，能明显提高机组运行的可靠性，延长机组检修周期，降低机组检修费用。

    水轮发电机组状态检修是国际上一种先进的检修管理方式。它要求从设备的基础资料收集开始，建立一个完整的在线监测、诊断分析及决策系统。通过测量、采集数据获取机组工作状态，将获取的状态监测数据进行综合评估和诊断，对机组可能发生或已发生的故障进行预测和判断，提出消除故障的措施及办法。

    水轮发电机组属于低速旋转机械，突发的恶性事故比较少，故障的发展有一个从量变到质变的渐变过程，这就使得利用状态监测、故障诊断和趋势分析技术来捕捉事故征兆、早期预警和防范故障成为可能。随着计算机技术、传感技术、信号检测、信号处理技术以及专家系统的发展和应用，特别是许多水电厂已投运的计算机监控系统，为设备状态监测及诊断提供了坚实的技术基础和物质保证。

    水轮发电机组状态检修工作主要由机组系统—状态监测—诊断分析并判断决策—检修管理—检修评估五个环节组成，形成有机的闭环系统。状态检修的基础是测试技术、状态监测技术和设备诊断技术。开展状态检修必须掌握设备运行规律，对故障机理深入研究，分析发电设备长期运行记录，熟悉设备的特性和运行状况。

    水轮发电机组开展状态检修必备的条件是：

    （1）机组运行状态的相关参数（如主轴各关键处的摆度、各个轴承和机架的振动、轴承温度、蜗壳和尾水管的压力、发电机功率、接力器行程、发电机绝缘状况、气隙的动态变化、水轮机流量以及空化噪声和超声波等参数)。

(2) 判定机组运行状况好坏程度的参照标准,这是衡量机组状态的尺度,判断机组是否需要检修的依据。也就是说先对机组运行状态进行实时监测,然后对机组进行故障诊断和综合状态评估,从而判定机组是否需维修、何时维修、维修部件和部位,为检修计划制订提供依据。

8.13.2　机组设备的故障分类

通常设备的状态可分为正常状态、异常状态和故障状态。正常状态指设备的整体或局部没有缺陷,或虽有缺陷但其性能仍在允许的限度以内;异常状态指缺陷已有一定程度的扩展,使设备状态信号发生一定程度的变化,设备性能已劣化,但仍能维持工作,此时应特别注意设备性能的发展趋势,即设备在监护下运行;故障状态是指设备性能指标已有大的下降,设备不能维持正常工作。

水轮发电机组的设备故障从不同的角度出发,通常有以下几种。

1. 按故障持续时间分类

(1) 临时性故障。在很短时间内发生的丧失某些局部功能的故障。

(2) 永久性故障。一直持续到修复或更换零部件后,才能恢复设备丧失功能的故障。

2. 按故障表现形式分类

(1) 功能故障。因个别零件损坏或卡滞而造成的机组设备应有的工作能力或特性明显降低,甚至根本不能继续完成其预定功能的故障。

(2) 潜在故障。机组设备自身存在的且逐渐发展的,但尚未在功能方面表现出来,却接近萌发的阶段,又能够为人们鉴别的故障。

3. 按故障产生原因分类

(1) 人为故障。由于在设计、制造、大修、使用、运输、管理等方面存在问题,使机组设备过早地丧失了应有的功能的故障。

(2) 自然故障。机组设备在其使用期内,因受到外部或内部各种不同的自然因素影响而引起的故障,如磨损、老化等。

4. 按故障发生时间分类

(1) 早发性故障。由于机组设备在设计、制造、装配、调试等方面存在问题引起的故障。

(2) 突发性故障。由于机组设备本身各种不利因素和偶然的外界因素共同作用效应,超出了其所承受的限度所造成的故障。此类故障一般与使用情况有关,难以预测,但它容易排除。

(3) 渐进性故障。因设备技术特性参数的劣化包括腐蚀、疲劳、老化等,逐渐发展而成的故障。其特点是故障发生的概率与使用时间有关,只是在设备有效寿命的后期才明显地表现出来。故障一经发生,就标志着寿命的终结。通常它可以进行预测。

(4) 复合型故障。这类故障包括上述两种及两种以上故障的特征。

5. 按造成的后果分类

（1）致命故障。指危及人身安全，引起机组设备报废，造成重大经济损失或人身伤亡，导致灾难性事故的破坏性故障。

（2）严重故障。严重影响机组设备正常使用，在较短的有效时间内无法排除，已发展到机组设备不能运行且必须停机的故障。

（3）一般故障。明显影响设备正常使用，在较短时间内可以排除但程度尚不严重，机组设备尚可勉强"带病"运行的一般功能性故障。

（4）轻度故障。已有故障萌生，并有进一步发展趋势的或轻度影响机组设备正常使用，能在日常保养中用随机工具排除的故障。如零件松动等。

设备故障具有同一性、多样性、层次性、多因素和相关性、延时性、不确定性和可修复性等特点。同一类故障可能有不同的故障现象，不同类故障可能是同种故障现象，一个零部件故障可能影响其他零部件，其他零部件故障之间又可能相互影响。这些故障特性，给查找故障带来了复杂性。但机组设备大部分故障在发生之前都有一定的先兆，采用适当方法可以对其发展变化进行预测。

8.13.3　机组状态监测与诊断分析的主要内容

水轮发电机组状态监测与诊断分析，一般包括发电机、水轮机、轴系、励磁系统、调速系统、变压器与断路器、辅助设备和机组集成监测与诊断单元八个部分。它综合了设备各个专项状态监测信息和离线监测信息，并可进行初步的诊断、分析。

1. 发电机状态监测与诊断单元

（1）定子、转子电气状态（电压、电流、波形、有功、无功、频率等）监测。

（2）定子铁芯和线棒振动状态监测。

（3）发电机主绝缘状态监测。

（4）定子、转子间气隙与磁场强度监测。

（5）发电机发热与冷却状态监测。包括定子绕组温度、定子铁芯温度、定子冷却水温度、冷却空气温度、滑环温度及转子温度（推算）等。

（6）流量监测。包括定子冷却水流量、定子冷却空气流量等。

（7）臭氧、湿度监测和分析。

2. 水轮机状态监测与诊断单元

（1）噪声状态监测。

（2）效率监测。

（3）流态监测。

（4）水导轴承状态监测

（5）导叶动作协调性监测。

（6）转轮叶片表面粗糙度监测。

（7）尾水管、蜗壳和顶盖压力脉动监测。

3. 励磁系统状态监测与诊断单元

（1）自动工况辨识

（2）自动性能评价。

（3）状态与性能趋势分析。

（4）设备状况分析。如调节器、整流桥、灭磁回路、碳刷与滑环等。

励磁系统状态监测与诊断单元通过通信采集励磁调节器状态信息。

4. 调速系统状态监测与诊断单元

（1）运行状态监测。

（2）机组工况辨识。

（3）调速系统性能评价。

（4）调速系统状态分析。

调速系统状态监测与诊断单元通过接口通信采集机组相关状态、电调状态、机调状态信息。

5. 轴系状态监测与诊断单元

（1）振动监测。包括推力轴承、机架和楼板的振动。

（2）摆动监测。

（3）大轴轴向窜动监测。

（4）温度监测。包括推力瓦温度、发电机轴承润滑油温度。

（5）流量监测。包括冷却水流量（轴承）、润滑油流量。

6. 变压器与断路器状态监测与诊断单元

（1）局放超高频监测与局放超声波定位。

（2）变压器油色谱分析。

（3）套管绝缘监测。

（4）铁芯接地监测。

（5）断路器动作次数与动作工况统计。

7. 辅助设备状态监测与诊断单元

（1）水系统监测。

（2）气系统监测。

（3）油系统监测。

8. 机组集成监测与诊断单元

机组集成监测与诊断单元，是最优检修信息系统的数据存储和处理中心。其主要功能是收集各个监测和诊断单元传递来的设备状态信息并进行合理的存储，运用专家经验知识库和人工智能技术，自动地对异常现象进行甄别、分析，提出检修决策方案；对未最终准确定位的故障，提供直接、全面的信息，给出测试方案提示。

机组状态监测内容可以从调节控制系统和监控系统获取，也可以通过附加传感器、变送器等专项监测装置。采集技术上可以实现在线连续监测但监控系统没有或不便直接从监控系统中提取的信息，如水轮机空蚀状态、发电机绝缘等。对于不适合自动监测且实时性要求不高的状态信息，可以用在线巡检或离线实验的办法人工采集，相关的数据通过人机接口输入到状态监测系统中。

检修决策的整体思路：当诊断分析准确定位故障原因后，综合考虑设备健康状态（机情、生产能力）、水力资源情况和电力市场情况，以可靠性为中心，以经济效益最佳为目标，制定出最优的检修计划与方案及检修监管方案。

检修决策的具体内容如下：

（1）检修等级提示。根据性能降低和故障的严重程度及其对设备安全、生产可靠性的影响，给出是否进行专门的检修甚至停机检修以及必须检修的最长期限。

（2）检修范围确定。根据诊断定位，找到性能降低和故障的原因，确定最小的检修范围。

（3）检修技术方案的确定。包括检修队伍、时间安排、备品备件、准备工作、检修工具、监管措施及验收方法与标准等。

（4）检修工艺流程。包括设备拆装流程与工艺、设备（或零部件）维修（或更换）流程与工艺等。

（5）检修操作规范、检修工作票、安全措施及恢复措施等。

（6）通过监测诊断系统，判定维修质量与效果，决定是否返工。

8.13.4 机组实现状态检修的基本步骤

实现状态检修，需要根据检修的最终目的和本厂的条件，确定实施的范围、步骤，列出需要解决的关键技术问题及所需采取的技术措施，落实并组织人员。结合我国的国情，总结国内外的实践经验，可以把实施水轮发电机组状态检修归纳为如下四个基本步骤（图8-23）。

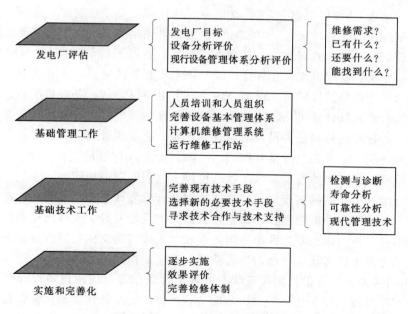

图 8-23 水轮发电机组实施状态检修的基本步骤

1. 发电厂评估

发电厂评估要解决的问题如下：

（1）通过对发电厂设备基本情况（如装机容量、制造厂商、型号与投运时间、机组运行方式等）及发电机组运行和维修的基本情况（如机组运行性能参数、停运的主要原因、机组现行检修方式和检修周期等）调查研究，明确电厂实施状态检修的最终目标和检修工作的考核指标。

（2）对设备可靠性以及重要度的评估。

（3）对现行的设备管理体系进行评估，分析已经具备的和欠缺的可以支持状态检修的技术、装备、系统和管理体系。

（4）就现有的技术和维修管理方式进行研究，寻求适合本电厂的成熟产品、系统和解决方案。对于没有现成产品或服务的项目，确定技术开发的原则，选定合作厂商。

2. 基础管理工作

状态检修的基础管理工作有 4 个方面。

（1）不同层次人员的培训和状态检修实施中的人员组织工作。高素质检修人员（包括检修管理人员、技术人员和检修工人）是状态检修能取得成功的关键。因此，应作好人员的定期培训工作，使他们充分了解状态检修的基本知识和实施过程的各个环节，掌握状态监测和故障分析的手段，能综合评价设备的健康状态，参与检修决策，能制定优化检修计划和检修工艺，有丰富的检修经验和高超的检修技术，做到修能修好。

同时建立一些新的、有活力的实施状态检修的人员组织管理形式，如行业性的集中检修公司，一些发达国家采用的瘦型检修管理方式等。

（2）完善设备的基本管理体系。我国在发电设备基础管理方面，有许多诸如："安全第一"的指导思想、"两票三制"（工作票制度、操作票，交接班制度、巡回检查制度和设备缺陷管理制度）的优良传统、"十项制度"（岗位责任制度、运行管理制度、检修管理制度、设备管理制度、安全管理制度、技术培训制度、备品配件管理制度、燃料管理制度、技术档案与技术资料管理制度、合理化建议与技术革新管理制度）等成功的宝贵经验，这些经验是推行状态检修工作的基本保证，应当科学地予以总结、完善和提高。

（3）维修管理系统计算机化。这是实现状态检修的一个重要基础。其基本功能包括对设备详细信息进行登记和维护的设备综合管理功能；记录和管理备件、材料、仓储综合信息的备件管理功能；记录和报告设备缺陷、故障以及有关问题的故障（缺陷）管理功能；实时跟踪、执行、纠正预防性检修以及状态检修全过程的管理功能等。

（4）运行维修工作站的实现。运行维修工作站是依靠计算机技术完成对在线和离线监测诊断数据、设备寿命预测数据、可靠性评价数据、设计参数、维修历史数据、同类设备统计数据的综合分析，以及状态评价准则体系和决策模型确立的数据管理、分析、决策系统，是支持水力发电设备状态检修的核心系统。其主要作用如下：

1）为运行维修人员提供反映设备状态的各类背景信息，包括设备设计、安装、维修历史，以及同类设备故障统计分析等。帮助运行维修人员全面详实地掌握设备状态。

2）根据各种不同状态监测与诊断手段提供的设备状态信息，对设备运行过程中的状态进行全面的分析与预测。

3）在设备故障分析与预测的基础上，辅助维修工程师制定维修计划，也就是决定修什么、怎么修、何时修。

4）对设备维修过程进行跟踪，及时反馈维修状态信息，记录设备状况变更和维修历史。

3. 基础技术工作

状态检修的实现离不开先进的技术支持，但是在寻求新的技术之前，应首先完善已经采用的技术，使之能为状态检修服务。在此基础上，再确定要补充的、新的技术手段，从而构建完整的技术平台。

4. 状态检修的实施和完善化

在上述状态检修几个步骤完成后，可逐步实施状态检修。逐步实施的含义在于选择部分设备或选择设备的部分检修项目开始实施，在具体进行工作时，还要细化和不断完善每个步骤，取得经验，不断推广。

8.13.5 我国机组状态检修的概况

我国长期以来，水电站的机电设备检修工作一直执行的是原水利电力部颁发的《发电厂检修规程》中规定的"到期必修，修必修好"原则，按检修周期进行。基于国外设备诊断技术的迅速发展，1987年水利电力部正式提出了对机组运行设备的监测和诊断，确定了机组设备维修内容和计划，以及实现以状态监测和诊断为主的预测维修制度的指导思想。

20世纪90年代初，以水轮发电机组振动监测和分析为主的系统开始在水电厂中应用，对运行机组的稳定性监测和故障分析取得了较好的作用。1996年我国水电科研人员按照水电厂无人值班、少人值守的若干规定，进一步研究开发了水电机组运行设备状态监测与诊断系统，提出了水电厂实施状态检修的管理模式。同时，广州抽水蓄能电站1号机组状态监测及跟踪分析系统的投入，在技术上提供了宝贵的实践经验。

2000年国家电力公司等单位联合召开了"水电厂在线监测、状态检修工作研讨会"，状态检修工作开始步入正轨。

2001年国家电力公司颁布了《关于开展水电厂状态检修试点工作的通知》，确定丰满水电厂、十三陵蓄能电厂、宝珠寺水电厂、东风水电厂、鲁布革水力发电厂为状态检修试点单位，标志着我国水电厂状态检修工作正式进入实施阶段。

2002年国家电力公司又颁布了《水电厂开展设备状态检修工作的指导意见》，对状态检修的定义、目的、基本原则等做了规定。至此，水电厂状态检修工作进入了迅猛健康的发展时期。

近年来，国外一些比较成熟的状态监测诊断分析系统在我国陆续投入应用。如主要用于机组的振动监测和分析的 Vibrocontrol4000 系统（德国申克公司）已在漫湾等水电厂投入应用；发电机自动监测（AGM）系统（加拿大 VIBROSYSTM 公司）已在二滩等水电厂投入应用；局部放电分析（PDA）系统（加拿大 ADWEL 公司）已在隔河岩等水电厂投入应用，还有 VM600 系统（瑞士 VBRO-METER 公司）、HydroVU 系统（美国内华达公司）、Scard 系统（德国西门子公司）等也在我国许多水电厂中得到应用。

国内的一些高等院校、科研机构，在引进、消化吸收国外先进的机组状态检测设备、状态检修理论和实践经验的基础上，结合我国国情，研制开发了一些实用性较强的状态监测系统，在个别单项诊断技术上有些突破，也积累了一些经验，但主要限于机组稳定状态的监测与故障分析。例如华中科技大学研制的水电机组状态监测、诊断及综合试验分析系统及 HSJ 型系列多功能水力机械监测分析系统，集在线监测与机组性能试验功能于一体，已应用到三峡、二滩、刘家峡、葛洲坝等大型水电站；北京奥技异电气技术研究所与清华大学摩擦学国家重点实验室联合开发的水轮发电机组状态监测与诊断系统，已在广州抽水蓄能、福建池坛水电厂等 30 余家水电站得到应用。

尽管我国对水电机组故障机理及其诊断技术的研究有了较大进展，但水电机组状态监测诊断系统的开发在实际应用中还存在一些问题，主要表现如下：

（1）功能比较单一。有的状态监测诊断系统往往集中在机组的振动、摆度，而不能将影响机组运行稳定性的其他因素和空蚀等其他状态量集中在一个系统中进行监测诊断分析。

（2）功能不强。有的水电机组配备的状态监测诊断分析系统是从火电机组等高速旋转机械的检测设备演变而来，对低转速的低频信号处理分析能力不足。还有的在功能上仅限于参数通道名称、工况状态监测数值显示和报警（一、二级报警值）、开停机趋势显示等，缺乏能反映运行设备的内在状态的特征数值和信号提取及辨识功能，真正适用可靠、准确可信的故障诊断专家系统还有望突破。

（3）集成化差。状态监测诊断分析系统并没有将其与水电厂的监控系统，按照信息交流和资源共享的原则，处理好它们之间的通信接口，进行有机地结合。

（4）机组型号、水头、工况、转速、结构不同，测点的布置是有差异的，信号采集频率和周期也是不同的。在设备参数选择和监测点布置上，应根据机组的运行特性、设备结构及性能特点，按照设备监测诊断的要求准确选择监测参数、合理布置测点，不应全部套用其他机组的布点。

8.14　机组经常出现的故障及处理方法

水轮发电机组在运行中如出现故障或事故时，运行人员应根据故障及事故音响发出报警的具体情况，正确判明起因，稳、准、快地进行处理，以减少不必要的损失。

8.14.1　水轮机与附属设备在运行中的故障及处理方法

（1）机组逸速。

产生原因：在转速继电器的调整阶段或甩负荷时，调速器工作不正常或故障。

处理方法：①导叶如未关闭，检查有关保护装置是否动作，否则手动操作关闭导叶；②检查事故配压阀是否动作，否则手动操作；③上述两项操作无效时，应立即关闭进水口快速闸门或主阀，切断水流；④停机过程中监视制动装置动作，若转速降至额定转速的 35％～40％时拒动，手动加闸停机。

（2）抬机。

产生原因：轴流式水轮机甩负荷时，尾水管内由于产生真空而形成反水击并进入水泵工况。

处理方法：①甩负荷后机组转速上升值不超过规定的条件下，适当延长导叶的关闭时间或分段关闭导叶；②减小转轮室真空度，确保真空破坏阀动作快速和灵活性；③装设限制抬机高度的限位装置；④事故时快速停机，采取安全措施后，全面检查记录各有关设备的损坏情况并作相应的修理。

（3）导水机构全关闭后，机组长时间不能降到制动转速。

产生原因：导水机构立面与端面密封严重损坏；导水机构的剪断销、脆性连杆等安全设备因导叶间异物卡死而破坏。这些原因均可导致导叶不能完全切断水流。

处理方法：切换为手动调节或开度限制；根据技术安全操作规程，更换导叶的安全设备，可消除后一种原因产生的故障。对于前一种原因引起的故障，由于故障状态是渐近恶化的，应提早安排修理。

（4）转速继电器拒动，不发出闸门下落和主阀关闭脉冲。

设法使机组转速恢复到额定转速，然后停机检查转速继电器和调速器，在查明故障原因后予以消除。

（5）水轮机在带负荷运行时，发出闸门下降和主阀关闭脉冲。

检查转速继电器、压力油罐及压力继电器，查明故障原因后予以消除。

（6）导叶开度不变时并列运行的机组，出力下降；单个独立运行的机组，转速下降。

产生原因：拦污栅通道被杂物堵塞引起。

处理方法：测量拦污栅前、后压力降，可在不停机的情况下用专用清污设备清理。

（7）开机时空载额定转速下的导叶开度，大于安装后首次运行的空载开度

产生原因：拦污栅被木材、冰块等异物堵塞、闸门或主阀未全开启、转桨式水轮机转轮叶片的启动角度不正确等。

处理方法：检查拦污栅的堵塞情况并清扫；检查闸门与主阀是否在全开位置；根据指示仪表，调整转轮叶片的启动角度。

（8）转桨式水轮机调速系统大量漏油。

产生原因：转轮叶片密封不良。

处理方法：检查叶片密封，如是否橡胶盘根老化、撕裂，密封弹簧的弹性不足等。

（9）导轴承瓦温过高。

产生原因：①对巴氏合金油轴承，可能是油泄漏太多，油泵或毕托管工作异常，水浸入轴承油室，油冷却器水源中断等；②对水润滑的橡胶轴承，可能是由于润滑水流量过小。

处理方法：①在运行过程中持续观察，投入备用油泵，增加油室充油量，当油温上升到极限的安全值时，立即停机处理；②检查示流继电器的工作情况，切换备用水源。

（10）水轮机顶盖被水淹没。

产生原因：顶盖排水系统工作不正常和水轮机顶盖损坏。

处理方法：检查顶盖排水监视系统是否正常，切换水泵；改变水轮机运行工况，使转轮上部的水压接近零值。采取措施后，如仍漏水严重，不能消除故障，则停机处理。

（11）水轮机甩负荷时，真空破坏阀不动作，空气不能进入转轮区域。

产生原因：真空破坏阀机械部分破坏或操作杆卡死。

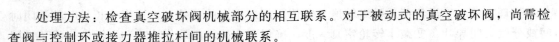

处理方法：检查真空破坏阀机械部分的相互联系。对于被动式的真空破坏阀，尚需检查阀与控制环或接力器推拉杆间的机械联系。

（12）启动时，机组主轴在水导轴承处的摆度不超过标准值，随着推力轴承温度的升高，主轴摆度增大，当温度为 60～70℃时，摆度值可能增大 5～10 倍。

产生原因：油温升高引起推力轴承热变形。

处理方法：停机调整推力轴承。

（13）压力表指示不正常。

产生原因：压力表测量管路中有空气，或压力表损坏。

处理方法：前者排除空气，后者更换压力表。

8.14.2　水轮发电机在运行中的故障及检修

1. 发电机电压不正常

（1）发电机启动时不能升压。

1）产生原因：由于突然甩负荷、在运行过程中机组振动或长时间不发电，发电机或励磁机转子铁芯剩磁消失，导致发电机不能自励建压。

处理方法：开机升至额定转速，把励磁机的磁场变阻器电阻调到最小值，然后将 4～5 节干电池串联后的正、负极，分别接到励磁机的"＋"极和"－"极上进行充磁。充磁时间一般只需要几秒钟即可。半导体励磁装置的发电机，把电池的正、负极，分别接到发电机接线盒上的"＋"极和"－"极即可。

2）产生原因：定子绕组到配电盘之间的连接线头有油泥或氧化物；接线螺丝松脱；连接线断线。

处理方法：清除接线头的油泥或氧化物；拧紧接线螺钉。对于断线部位，用万用电表检查，查明修复。

3）产生原因：励磁回路断线或接触不良。

处理方法：用万用表查明断线处，将断处焊牢，并包扎绝缘。磨光变阻器及灭磁开关的触点。

4）产生原因：励磁机励磁绕组极性接反。

处理方法：在发电机接近额定转速时，用万用电表测量正、负极碳刷间的电压。若电压略大于额定值，且减小磁场变阻器电阻时电压反而降低，说明励磁绕组和换向器的正负极接反了，可将极性互换再接上并重新充磁。

5）产生原因：磁场变阻器未调好。

处理方法：在水轮发电机达额定空载转速时，将磁场变阻器电阻调到使发电机达空载额定电压时的标准位置上。

6）产生原因：励磁机碳刷与换向器接触不良或压力不够。

处理方法：碳刷与换向器的接触面应无油污和锈渍、无毛刺；对新更换的碳刷，一定要将碳刷与换向器的接触面用 00 号玻璃砂纸研磨；适当调整碳刷上面的弹簧压力，一般为 20～30kPa。

注意事项：①不能用金刚砂布研磨；②研磨时，砂纸有砂的一面朝着碳刷，加大弹簧压力，用手沿换向器的弧面方向往返拉动砂纸，不能离开换向器的弧面拉动，直到碳刷底面与换向器圆弧面相符为止，如图8-24所示，最后用气筒吹去碳屑；③各碳刷与换向器的压力，应尽量一致。

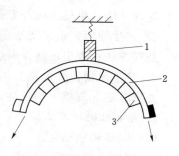

图8-24 研磨碳刷接触面的方法
1—碳刷；2—砂纸；3—换向器

7）产生原因：碳刷位置不正。

处理方法：松开刷架的固定螺钉，将碳刷沿发电机旋转方向慢慢移动，在碳刷火花最小时即是其正确位置。一般只要移过1～2个换向片的距离即可。

8）产生原因：励磁机换向器铜片磨损，使云母片高于铜片。

处理方法：将换向器的铜片车平，用锯条轻轻割低云母片，使之比铜片约低0.8～1.0mm。

9）产生原因：发电机定子、转子或励磁机绕组接地。

处理方法：用兆欧表查明后处理。把兆欧表的接地端接到机壳上，另一端与待检查的绕组连接。注意检查定子时，需把绕组中性点拆开。

10）产生原因：半导体励磁装置因过电压或过电流，使部分或全部硅整流管击穿。

处理方法：用万用表或停机后用手触摸硅整流管感温进行测定，查明后更换。

（2）发电机电压太低。

1）产生原因：水轮机转速太低，水量不足和超负荷。

处理方法：调整进水量，提高发电机转速；水量不足时，可切除部分负荷或轮流供电。

2）产生原因：励磁回路电阻太大。

处理方法：减小磁场变阻器电阻值。

3）产生原因：励磁机碳刷位置不正或弹簧压力不足。

处理方法：同上述（1）中6）、7）。

4）产生原因：部分半导体硅整流管被击穿。

处理方法：同上述（1）中10）。

5）产生原因：定子绕组和励磁绕组中有短路或接地等故障。

处理方法：查出短路或接地部位，予以修复，见上述（1）中1）、9）。

（3）发电机电压过高。

1）产生原因：转速过高。

处理方法：减少水轮机流量，使转速正常。

2）产生原因：磁场变阻器调压失灵，短路或断线。

处理方法：查出短路或断线部位，予以修复。

3）产生原因：发电机飞逸。

处理方法：作紧急事故处理。

（4）发电机三相电压不平衡。

1）产生原因：定子绕组接线头松动，或开关触头接触不良。

处理方法：将接线头拧紧；检查开关触头，用 00 号砂布擦净接触面，如损坏则更换。

2）产生原因：定子绕组短路或断线。

处理方法：查出短路及断线部位，予以修复。详见上述（1）中 2）、9）。

3）产生原因：外电路三相负荷不平衡。

处理方法：调整三相负荷，使之基本相等。

2. 发电机励磁不正常

（1）励磁机逆励磁。

1）现象：发电机运行中，励磁电流表、电压表的指针指向反向，其他仪表指示正常。

2）产生原因。

a. 发电机停机时，若磁场变阻器手柄越过空载额定电压值位置才跳开关，发电机从系统吸收无功电流激磁，处于欠激状态。当突然跳开关时，由于电枢反应使磁通很强，可能使励磁机剩磁改变极性。

b. 励磁回路突然断开后又接通，如由于换向器片间凸出与碳刷接触不良，造成短时失磁，从系统吸收无功电流的电枢反应有可能使励磁极性变反向。

c. 励磁回路突然短路，当碳刷不放在几何中心线上时，由于很强的电枢反应的去磁作用超过了主磁场，使励磁极性改变。

d. 外电路发生突然短路时，发电机定子电流突然增加，转子绕组中感应出一个直流分量电势，方向与励磁磁场方向相反，当这个电势达到比励磁机电枢电势还大时，就有可能出现励磁极性变反的现象。

3）处理方法：一般不必停机处理，把连接励磁电压表和电流表的接线端子互换即可，并做好记录。再次停机后，把绕组极性改变过来并将各表接线端子重新互换回去。

（2）发电机失去励磁。运行中的水轮发电机组出现失磁的主要表象是：励磁电流表、励磁电压表指针突然降到零且有摆动；定子三相电流剧增；无功功率表指示为负值，功率因数表指示为进相，发电机从电网吸收无功功率运行；各仪表指示均产生周期性摆动；转速高于电网同步转速，变为异步发电机运行，单机运行时发电机仪表盘上的所有仪表指示为零，且发电机严重过速。

1）产生原因：灭磁开关误动作。

处理方法：检查灭磁开关有无跳闸，如已跳闸，要迅速合上。

2）产生原因：磁场变阻器接触不良。

处理方法：检查变阻器。

3）产生原因：磁场变阻器或励磁绕组断线。

处理方法：停机检查断线处，予以修复。

4）产生原因：励磁自动调整装置故障。

处理方法：检查励磁自动调整装置，若装置失灵，立即切除，改用励磁变阻器手动增大励磁。

对于单机运行的机组，失磁时，立即关闭水轮机导叶，停机检查处理。

（3）发电机转子绕组接地。在转子运行过程中，由于集电环绝缘套管积灰、油污或受潮破裂；旋转过速时，励磁绕组因离心力作用发生晃动，使内套绝缘擦伤；转子长期处在温度偏高情况下运行而致绝缘老化，产生裂纹；磁极间连接线与风扇相摩擦，造成绝缘损坏；转子引线进出轴处，在开停机时与轴相碰造成绝缘磨损等原因，可能会发生转子绕组接地。

转子绕组一点接地，由于电流未形成回路，尚可继续运行。但极易引发另一点或励磁回路中任一部位接地，形成两点接地，使转子绕组短路，引起转子过热和产生强烈振动。

若励磁电流和定子电流突然增大，励磁电压和交流电压突然下降，功率因数表指示升高或进相时，说明转子已发生两点接地，应立即停机检查，予以排除和修复。

3. 发电机产生异常声响及其他故障

（1）发电机在运行时产生的异常声响的原因及处理方法。

1）产生原因：非同期并列，产生较大冲击电流，发电机发出强烈吼声。

处理方法：检查非同期并列原因，重新同期并列。

2）产生原因：外部线路短路或雷击，发生瞬间异响。

处理方法：恢复正常运行。

3）产生原因：外部线路故障，发电机三相电流严重不平衡。

处理方法：消除线路故障。

（2）发电机运行时发出严重噪声的原因及处理方法。

1）产生原因：发电机或励磁机的定子和转子相摩擦，或有异物落进间隙中。

处理方法：多为轴承磨损引起，应更换轴承。对间隙中异物予以清除。

2）产生原因：换向器凹凸不平或云母片凸出。

处理方法：挫平换向器并磨光，用锯条将云母片割低，使之比铜片低 0.8～1.0mm。

3）产生原因：碳刷太硬或压力太大。

处理方法：更换软的同型号碳刷，调整压紧弹簧，减小碳刷压力。

（3）发电机振动较大。运行中机组的正常振动是允许的，但当振动超过正常工作时的最大允许值，或超出标准规定的允许振动值时，应查明原因予以处理。

1）产生原因：发电机定子与转子，或发电机转子与水轮机轴不同心。

处理方法：重新校正并调整同心度。

2）产生原因：地脚螺栓松动，或基础产生不均匀沉陷。

处理方法：拧紧地脚螺栓，加固地基。

3）产生原因：轴颈弯曲。

处理方法：用百分表检查轴是否弯曲或不圆，进行修直或车圆。

4）产生原因：转子绕组匝间短路，有两点接地或接线有错误。

处理方法：检查转子绕组有无匝间短路及集电环对地绝缘情况，并解除故障。

5）产生原因：发电机定子三相电流严重不平衡。

处理方法：调整三相负载，使之基本平衡。

6）产生原因：定子绕组短路或接地。

处理方法：按上述（1）中1）、9）方法，查出故障部位予以排除。

（4）发电机与电网非同期并列，引起严重电流冲击。非同期并列瞬间，定子电流突增，电网电压下降，电流表指针激烈摆动，发电机发出强烈吼声。发电机及变压器、开关等设备会受到冲击破坏，严重时会使发电机绕组绝缘损坏或烧毁以及端部变形，甚至会因发电机和系统间产生功率振荡而使电网瓦解。因此，非同期并列是发电厂的严重事故。

一旦出现非同期并列而不能牵入同步，应立即断开发电机主开关与灭磁开关，关闭水轮机导叶，停机检查。

非同期并列产生的原因及处理如下：

1）产生原因：同期并列时，没有满足电压、频率、相位、相序相同的要求。

处理方法：严格按同期并列条件进行操作。

2）产生原因：同期回路故障。

处理方法：检查同期回路。

3）产生原因：发电机主开关有一相未接触。

处理方法：检查主开关触头。

（5）发电机正常启动，接通外电路后熔断器熔断或断路器跳闸。

1）产生原因：发电机外部电路有短路故障。

处理方法：查出外电路短路处，予以修复。

2）产生原因：负荷太大。

处理方法：减负荷运行。

（6）发电机温度过高。

1）产生原因：发电机超负荷运行，定子电流和励磁电流都超出额定值，且超出允许过负荷运行时间。

处理方法：减负荷运行。

2）产生原因：三相电流严重不平衡。

处理方法：调整外电路三相负荷，使得基本平衡。

3）产生原因：通风冷却系统不良，如通风道堵塞、进出风短路，或发电机内部绕组间灰尘堆积等。

处理方法：查明原因，排除故障，改善通风条件。

4）产生原因：轴承安装不良或损坏。

处理方法：重新安装或更换轴承。

5）产生原因：轴承润滑油缺少或油号不对，油质变坏以及油中有其他杂质，使轴承运转不良。

处理方法：清洗轴承，加入合格的润滑油脂。

（7）发电机冒烟或着火。发电机产生冒烟着火时，应紧急停机，与电网解列，切断通气道，迅速灭火。要用喷水灭火或四氯化碳灭火器、干粉灭火器灭火，不得使用泡沫灭火器或砂子灭火。因为泡沫灭火器有的化学物质是导电的，将使绕组绝缘性能大大降低；而用砂子灭火，将会给检修绕组造成极大困难。

发电机冒烟或着火的原因及解决措施和处理方法如下：

1）产生原因：发电机超负荷运行时间过长。

解决措施：减负荷，短时过载运行时间不能超出允许范围。

2）产生原因：定子绕组匝间或相间短路。

处理方法：查出短路部位，予以修复。

3）产生原因：雷击、过电压或机械原因引起绝缘损坏击穿。

处理方法：安装防雷措施。查出绝缘损坏处，予以修复。

4）产生原因：发电机转子和定子摩擦严重或绕组被异物擦伤。

处理方法：检查故障部件予以消除。

5）产生原因：并列误操作。

处理方法：严格执行发电机并列条件，正确操作。

（8）碳刷产生较大火花的可能原因及处理方法。

1）产生原因：碳刷与换向器接触不良。

处理方法：将换向器（或集电环）磨光、整平，沾少量汽油或酒精，用布擦拭干净。

2）产生原因：碳刷磨损或破裂，压力不足。

处理方法：更换同型号碳刷，调整压紧弹簧压力。

3）产生原因：碳刷压力调整不匀。

处理方法：碳刷各压紧弹簧压力要调整得尽量一致，可用弹簧秤来均匀调整。

4）产生原因：因碳刷过热，引起碳刷压紧弹簧退火，失去弹力。

处理方法：更换新弹簧，并重新调整弹簧压力。

5）产生原因：碳刷位置不正。

处理方法：调整碳刷至正确位置，拧紧固定螺栓。

6）产生原因：碳刷规格、型号不符。

处理方法：采用型号规格合格的碳刷。

7）产生原因：换向器铜片间有金属粉末、石墨粉等导电杂质。

处理方法：刷清或吹净铜片间导电杂质。

8）产生原因：换向器铜片后面连接线短路或断线。

处理方法：查出短路或断线部位，予以修复。

9）产生原因：换向器的云母片损坏或短路。

处理方法：修理换向器。

10）产生原因：励磁机电枢绕组开焊，接触不良。

处理方法：查出开焊部位予以补焊。

另外，发电机仪表指示突然消失时，首先应考虑仪表本身或其测量回路故障所致，尽可能不改变发电机的运行方式，采取措施消除故障。如果影响发电机正常运行，应根据实际情况减负荷或停机处理。

上面介绍的机组在运行中经常出现的故障及处理方法仅仅是个梗概。在实践中，应结合机组情况具体分析，不能生搬硬套。要不断地提高安全运行技术水平，坚持预防为主，早期杜绝设备故障的发生，避免或者减少故障，提高水轮发电机组运行的可靠性。

习　题

8.1　水轮发电机组的检修一般分哪几类，各有什么特点？

8.2　检修工作中应注意哪些问题？

8.3　维护检查、小修、大修、扩大性大修的基本任务是什么？

8.4　对机组检修工程的基本要求有哪些？

8.5　水轮机转轮常见的损坏形式有哪些？转轮的焊补有哪些步骤？

8.6　举例说明水轮发电机组检修网络图的绘制方法。

8.7　如何测量转轮泥沙磨损和空蚀破坏的侵蚀面积、深度及金属的失重量？

8.8　如何检查转轮的裂纹？焊补裂纹应如何进行？

8.9　如何调整导叶的立面间隙和端面间隙？

8.10　简述受油器的解体步骤。

8.11　主轴的主要破坏形式有哪些？有哪些修复方法？

8.12　水导轴承的主要检查项目有哪些？

8.13　简述尾水管检修的主要内容？

8.14　水轮发电机转子的检修项目主要有哪些？

8.15　如何进行定子拉紧螺杆应力检查？

8.16　发电机推力轴承检修的主要内容有哪些？轴承甩油应如何处理？

8.17　导轴承的损坏形式有哪些？如何修复？

8.18　什么是水轮发电机组状态检修？机组实现状态检修的基本步骤是什么？

8.19　水轮机与附属设备在运行中经常出现哪些故障？原因如何？如何处理？

8.20　水轮发电机在运行中的故障经常出现哪些故障？原因如何？如何处理？

参 考 文 献

[1] 陈造奎. 水力机组安装与检修（第三版）[M]. 北京：中国水利水电出版社，2006.

[2] 于兰阶. 水轮发电机组的安装与检修 [M]. 北京：中国水利水电出版社，1998.

[3] 林亚一. 水轮发电机组的安装与检修 [M]. 北京：中国水利水电出版社，2000.

[4] 单文培. 水电站机电设备的安装、运行与检修 [M]，北京：中国水利水电出版社，2005.

[5] 江小兵. 三峡 700MW 水轮发电机组安装技术 [M]. 北京：中国电力出版社，2006.

[6] 陈锡芳. 水轮发电机结构运行监测与维修 [M]. 北京：中国水利水电出版社，2008.

[7] 高建铭. 水轮机及叶片泵结构 [M]. 北京：清华大学出版社，1992.

[8] 陈新芳. 水轮机结构分析 [M]. 北京：中国水利水电出版社，1994.

[9] 黄源芳，刘光宁，等. 原型水轮机运行研究 [M]. 北京：中国电力出版社，2010.

[10] 王海. 水轮发电机组状态检修技术 [M]. 北京：中国电力出版社，2004.

[11] 周厚全，汪俊. 水轮机机组安装与检修 [M]. 郑州：黄河水利出版社，2009.

[12] 左光壁. 水轮机 [M]. 北京：中国水利水电出版社，2009.

[13] 巫世晶，胡建钢，等. 水利水电工程建设机电设备制造监理[M]. 北京：中国电力出版社，2010.

[14] 刘云. 中小型水轮发电机的安装与维修 [M]. 北京：机械工业出版社，1998.

[15] 戴钧，王洪云. 中小型混流式水轮发电机组机械检修及主要易损部件的修复技术 [M]. 北京：中国水利水电出版社，2007.

[16] 沈东. 水力机组故障分析 [M]. 北京：中国水利水电出版社，1996.

[17] 袁蕊，田子勤. 水轮机检修 [M]. 北京：中国电力出版社，2004.

[18] 白家骢. 水轮发电机组检修工艺 [M]. 北京：电力工业出版社，1982.

[19] 盛国林. 水轮发电机组安装与检修 [M]. 北京：中国电力出版社，2008.

[20] 肖惠民. 中小型水轮发电机组运行与检修 [M]. 北京：中国电力出版社，2007.

[21] 郑源，张强. 水电站动力设备 [M]. 北京：中国水利水电出版社，2003.

[22] 张来斌，等. 机械设备故障诊断技术及方法 [M]. 北京：石油出版社，2000.

[23] 黄雅罗，黄树红. 发电设备状态检修 [M]. 北京：中国电力出版社，2000.

[24] 王方. 现代机电设备安装调试、运行检测与故障诊断、维修管理实务全书（第三册）[M]. 北京：电子出版公司，2002.

[25] 毛慧和. 中小型水电站电气设备 [M]. 北京：中国电力出版社，2006.

[26] 程远楚. 中小型水电站运行维护与管理 [M]. 北京：中国电力出版社，2006.

[27] 中国水力发电年鉴编辑部. 中国水力发电年鉴（2003）[M]. 北京：中国电力出版社，2004.

[28] 王修斌，程良骏. 机械修理大全（第 4 卷）[M]. 沈阳：辽宁科学技术出版社，1993.

[29] 王玲花. 水轮发电机组振动及分析 [M]. 郑州：黄河水利出版社，2011.

[30] 王启茂. 三峡左岸电站 700MW 水轮发电机组安装技术[J]. 中国水力发电论文集，2008；565－570.

[31] 李军. 龙滩水电站 700MW 水轮机埋件结构设计与安装 [J]. 水电站机电技术，2008，31（1）：40－42.

[32] 赵七美. 大型水轮发电机定子定位筋安装技术 [J]. 水电站机电技术，2009，32（5）：41－43.

[33] 杨建平. 大中型水轮发电机组散装定子工地组装施工 [J]. 水利水电施工，2009（3）：74－77.

[34] 吕日新. 水轮发电机定子改造的安装技术 [J]. 上海大中型电机，2009（1）：42－44.

[35] 杨军. 三峡左岸电站 ALSTOM 700MW 水轮发电机组安装技术革新 [J]. 湖北水力发电，2006

(3)：58－61.

[36] 银立新. 三峡电站首批机组的起动调试及试运行 [J]. 水力发电，2003 (12)：71－74.

[37] 聂启蓉. 岩滩水电站 1 号水轮发电机组的试运行 [J]. 水电站机电技术，1996 (增)：110－118.

[38] 陈正新. 三峡左岸电站 VGS 水轮发电机组启动试运行程序 [J]. 水电站机电技术，2004 (2)：74－77.

[39] 徐刚，堪德清. 龙滩水电站 1 号机组启动试运行试验情况综述 [J]. 大型水轮发电机组技术论文集，2008：120－124.

[40] 邓键，陈钢. ZZ500－LH－1020 水轮机转轮现场静平衡试验方案及优化 [J]. 水力发电，2002 (6)：24－25.

[41] 徐刚，沈才山，何帆. 龙滩水电站 1 号机转轮组焊及静平衡试验 [J]. 水力发电，2006，32 (9)：24－25.

[42] 张传军. 二滩水电站水轮机转轮静平衡试验 [J]. 吉林水利，2007 (10)：45－47.

[43] 厉倩，黄晓军. 大型水轮机转轮静平衡测试 [J]. 东方电机，2010 (2)：31－34.

[44] 王海，李启章，郑莉媛. 水轮发电机转子动平衡方法及应用研究 [J]. 大电机技术，2002 (2)：12－16.

[45] 胡永利，黄永华. 水轮发电机组动平衡试验 [J]. 西北水电，2006 (3)：62－65.

[46] 陈慕雄，徐松. 水轮发电机转子现场动平衡试验的实践 [J]. 人民珠江，2010 (2)：35－36.

[47] 刘保生，姚大坤，胡建文. 动平衡消除水轮发电机振动故障 [J]. 大电机技术，2005 (3)：5－8.

[48] 李友平，易琳，等. 国内水电机组状态检修技术现状分析 [J]. 水电自动化与大坝监测，2008，32 (1)：58－61.

[49] GB/T 15468—2006　水轮机基本技术条件 [S]. 中华人民共和国国家质量监督检验检疫总局，中国国家标准化管理委员会发布，2006.

[50] DT/T 507—2002　水轮发电机组启动试验规程 [S]. 中华人民共和国国家经济贸易委员会发布，2002.

[51] GB/T 8564—2003　水轮发电机组安装技术规范 [S]. 中华人民共和国国家质量监督检验检疫总局发布，2004.

[52] 罗伟文，等. 大型混流式水轮机转轮叶片裂纹及其成因分析 [J]. 机械工程师，2006 (8)：98－100.

[53] 刘华康. 浅谈水轮发电机组的检修特点及检修周期 [J]. 甘肃科技，2010，26 (12)：84－85.

[54] 张礼达，任腊春. 水电机组状态监测与故障诊断技术研究现状与发展 [J]. 水利水电科技进展，2007，27 (5)：85－89.

[55] 刘晓亭，刘昱，等. 水电机组状态检修的实施及关键技术 [J]. 水力发电，2004，30 (4)：38－44.

[56] 瞿嫑，等. 水电机组状态检修现状分析 [J]. 中国电力，2007，40 (10)：20－23.